复变函数与积分变换

马　荣　徐根玖　王永忠　主编

西北工业大学出版社

西　安

【内容简介】 本书主要介绍复变函数与积分变换的相关理论与方法. 全书共 8 章,内容包括复数与复变函数、解析函数、复变函数的积分、级数、留数、共形映射、Fourier 变换、Laplace 变换等.复变函数与积分变换的理论与方法广泛应用于理论物理、电磁学、热学、流体力学、空气动力学、弹性力学、自动控制和信号分析等领域. 书中各章节均有小结并配有习题,书后附有习题答案或提示.

本书可作为高等院校工科类各专业学生的教材,也可供科技、工程技术人员参考使用.

图书在版编目(CIP)数据

复变函数与积分变换 / 马荣,徐根玖,王永忠主编. — 西安 : 西北工业大学出版社,2023.9
ISBN 978 - 7 - 5612 - 8801 - 6

Ⅰ.①复… Ⅱ.①马… ②徐… ③王… Ⅲ.①复变函数-高等学校-教材 ②积分变换-高等学校-教材 Ⅳ.①O174.5 ②O177.6

中国国家版本馆 CIP 数据核字(2023)第 158195 号

FUBIAN HANSHU YU JIFEN BIANHUAN
复 变 函 数 与 积 分 变 换
马荣　徐根玖　王永忠　主编

责任编辑：张　潼		策划编辑：杨　军	
责任校对：曹　江		装帧设计：董晓伟	

出版发行　西北工业大学出版社
通信地址　西安市友谊西路 127 号　　　邮编：710072
电　　话　(029)88491757,88493844
网　　址　www.nwpup.com
印 刷 者　陕西向阳印务有限公司
开　　本　710 mm×1 020 mm　　　　1/16
印　　张　16.5
字　　数　296 千字
版　　次　2023 年 9 月第 1 版　　　2023 年 9 月第 1 次印刷
书　　号　ISBN 978 - 7 - 5612 - 8801 - 6
定　　价　49.00 元

前言

"复变函数与积分变换"是运用复变函数的基础与理论解决实际问题中遇到的微分方程和积分方程等的一门课程,是工程技术领域应用所不可或缺的基础知识,是解决流体力学、电磁学、热学、弹性理论中的平面问题的有力工具.

本书包含复变函数、积分变换两部分内容.复变函数包含复变函数的定义及性质、复变函数的导数与积分、级数、留数和共形映射,主要介绍复变数之间的相互依赖关系.复变函数中的许多概念、理论和方法,是实变函数在复数领域内的推广和发展,其在数学、自然科学和工程技术中有着广泛的应用.积分变换包含Fourier 变换、Laplace 变换等内容,是为了把较复杂的运算转化为较简单的运算通常所采取的一种积分变换手段。积分变换的理论和方法在数学以及其他自然科学和工程技术领域同样有着不可或缺的重要作用.

通过本书的学习,学生可以逐渐培养自己的抽象思维能力、逻辑推理能力、空间想象能力和科学计算能力等基本数学素养.复变函数与积分变换一直伴随着科学技术的发展,从实际需要中提炼数学理论并进行研究,并反过来促进科学技术的发展.学生通过学习会发现,本课程除了其严谨且完整的理论体系外,在应用方面尤其有着独到的作用,它既能简化计算,又能体现明确的物理意义,因此在许多领域有广泛应用,如电气工程、通信与控制、信号分析与图像处理、机械系统、流体力学、地质勘探与地震预报等工程技术领域。通过对本课程的学习,学生不仅可以掌握复变函数与积分变换的基础理论及工程技术中的常用数学方法,还可以为后续有关课程的学习奠定必要的数学基础.

本书融合了笔者多年教学的经验体会,力求逻辑清晰、推理完整简洁,为理工科本科生提供一套系统而完整的复变函数与积分变换理论与方法,是理工科学生学习复变函数与积分变换课程的通用教材.如果学时有限,可将复变函数中的第 6 章共形映射和第 7、8 章积分变换中选取 1 章内容作为自学内容.

书中每章开始先简单介绍本章的意义及内容,每章知识点分若干个小节,每章最后设有本章小结及习题,供读者对本章内容有一个整体的总结与检验.

另外,部分章节介绍了复变函数与积分变换和其他学科的联系,给出了一些实际应用问题以帮助学生加深对课程的理解,培养学生解决实际问题的能力.

同时,部分章节中打 * 号的内容,可根据不同专业、不同需求选择学习.

在编写本书的过程中,笔者参考了大量文献资料,向其作者表示感谢;同时还要感谢王力工、王勇、温金环、宋曼利、李斌龙、朱项项等教师的指导与支持,感谢王浩东、李妮、张君丽、王嘉琦等学生对教材内容的修正与校对.

由于水平有限,书中难免会有一些疏漏之处,恳请广大读者批评指正.

编者

2023 年 6 月

目录

第1章　复数与复变函数

复数最早出现在16世纪，人们为了解一类代数方程，发现它的解不能用实数表示而引入.复变函数是自变量为复数的函数.本课程主要研究复变函数的导数与积分，进而研究在其上的积分变换.

复数与复变函数在工程领域的很多方面都有重要应用：如对于正弦交流电路的分析计算可转化为复数运算，这样可采用类似于直流电路的分析方法，使问题变得清晰；又如平面电磁波在电工学、量子力学等学科中广泛应用，一般在研究电磁场的传播和辐射时常采用复数形式表示平面电磁波.这使得在数学上复数的计算比三角函数方便，在物理上用复数表示一些物理量要比实数方便.

本章主要介绍复数及复变函数的相关概念与性质.首先介绍复数的概念及其基本运算，其次介绍复平面上的区域以及复变函数的极限与连续，为后续进一步研究解析函数理论和方法奠定必要的基础.有些内容在中学阶段已经讲过，因此只作简要的复习与补充.

1.1　复数及其基本运算

1.1.1　复数的引入

在代数学中，当解方程

$$x^2 = -1$$

时，发现它在实数范围内是无解的，因为任何一个实数的二次方都大于等于0，不可能为-1. 这也充分说明，实数集也是有局限性的，是不够用的.

为了能够求解此类方程，引入一个新数i，并规定

$$i^2 = -1,$$

至此，方程$x^2 = -1$有解i，或者说，这个新定义的数i是方程的一个根.把i称为虚数单位.有了虚数单位i，就可以定义复数了.

1.1.2　复数的定义

设x，y为任意两个实数，形如$z = x + iy$或$z = x + yi$的数z称为复数，其中x和y分别称为复数z的实部和虚部，记作

$$x = \text{Re}(z), \ y = \text{Im}(z).$$

例如，复数$z = 1 + \sqrt{3}i$的实部、虚部分别为

$$\mathrm{Re}(z) = 1, \ \mathrm{Im}(z) = \sqrt{3}.$$

特别地：当$x = 0$，$y \neq 0$时，则$z = \mathrm{i}y$或$z = y\mathrm{i}$，称为纯虚数；当$y = 0$时，则$z = x + 0\mathrm{i}$，即$z = x$为实数.例如复数$1 + 0\mathrm{i}$可以看作实数1.

由于复数可由它的实部和虚部唯一确定，所以两个复数相等的充要条件是它们的实部和虚部分别相等.特殊地，一个复数等于零等价于它的实部和虚部同时等于零.

任何两个非实数的复数不能比较大小，这是复数与实数不同的地方.事实上，虚数单位i是引进的第一个复数，若复数可以比较大小，则i 到底是大于0还是小于0呢？若$\mathrm{i} > 0$，则两边同乘以i，有$-1 = \mathrm{i}^2 > 0$，这是不可能的；若$\mathrm{i} < 0$，则两边同乘以i，此时不等号变方向，有$-1 = \mathrm{i}^2 > 0$，矛盾.因此对于i的正负都不能判断，更别说一般的非实数的复数了.

1.1.3 复数的代数运算

两个复数$z_1 = x_1 + \mathrm{i}y_1$，$z_2 = x_2 + \mathrm{i}y_2$的加法、减法、乘法及除法(又称为和、差、积、商)定义为

$$z_1 + z_2 = (x_1 + \mathrm{i}y_1) + (x_2 + \mathrm{i}y_2) = (x_1 + x_2) + \mathrm{i}(y_1 + y_2),$$

$$z_1 - z_2 = (x_1 + \mathrm{i}y_1) - (x_2 + \mathrm{i}y_2) = (x_1 - x_2) + \mathrm{i}(y_1 - y_2),$$

$$z_1 z_2 = (x_1 + \mathrm{i}y_1)(x_2 + \mathrm{i}y_2) = (x_1 x_2 - y_1 y_2) + \mathrm{i}(x_2 y_1 + x_1 y_2),$$

$$\frac{z_1}{z_2} = \frac{x_1 + \mathrm{i}y_1}{x_2 + \mathrm{i}y_2} = \frac{x_1 x_2 + y_1 y_2}{x_2{}^2 + y_2{}^2} + \mathrm{i}\frac{x_2 y_1 - x_1 y_2}{x_2{}^2 + y_2{}^2} (z_2 \neq 0).$$

例如，$z_1 = 1 + 2\mathrm{i}$，$z_2 = 3 - 4\mathrm{i}$，则z_1与z_2的和、差、积、商为

$$z_1 + z_2 = (1 + 2\mathrm{i}) + (3 - 4\mathrm{i}) = 4 - 2\mathrm{i},$$

$$z_1 - z_2 = (1 + 2\mathrm{i}) - (3 - 4\mathrm{i}) = -2 + 6\mathrm{i},$$

$$z_1 z_2 = (1 + 2\mathrm{i})(3 - 4\mathrm{i}) = 11 + 2\mathrm{i},$$

$$\frac{z_1}{z_2} = \frac{1 + 2\mathrm{i}}{3 - 4\mathrm{i}} = -\frac{1}{5} + \mathrm{i}\frac{2}{5}.$$

显然，当z_1和z_2为实数(即$y_1 = y_2 = 0$)时，复数的四则运算法则与实数完全一致.例如，$z_1 = 1$，$z_2 = 3$，有

$$z_1 + z_2 = 1 + 3 = 4,$$

$$z_1 - z_2 = 1 - 3 = -2,$$

$$z_1 z_2 = 1 \times 3 = 3,$$

$$\frac{z_1}{z_2} = \frac{1}{3}.$$

容易证明，复数的加法和乘法都满足交换律和结合律，且加法和乘法满足分配律，这与实数的情形是一样的.

$$z_1 + z_2 = z_2 + z_1 \text{；}$$
$$z_1 z_2 = z_2 z_1 \text{；}$$
$$(z_1 + z_2) + z_3 = z_1 + (z_2 + z_3);$$
$$(z_1 z_2) z_3 = z_1 (z_2 z_3);$$
$$z_1(z_2 + z_3) = z_1 z_2 + z_1 z_3.$$

1.1.4 共轭复数

设复数 $z = x + \mathrm{i}y$，称 $x - \mathrm{i}y$ 为复数 $z = x + \mathrm{i}y$ 的共轭复数，记为 $\bar{z}$. 因此，共轭复数是实部相同而虚部互为相反数的复数. 如果 $z = x + \mathrm{i}y$，则 $\bar{z} = x - \mathrm{i}y$. 共轭复数有如下性质：

(1) $\overline{z_1 \pm z_2} = \overline{z_1} \pm \overline{z_2}$，$\overline{z_1 z_2} = \overline{z_1} \cdot \overline{z_2}$，$\overline{\left(\dfrac{z_1}{z_2}\right)} = \dfrac{\overline{z_1}}{\overline{z_2}}$；

(2) $\overline{\bar{z}} = z$；

(3) $z\bar{z} = [\mathrm{Re}(z)]^2 + [\mathrm{Im}(z)]^2$；

(4) $z + \bar{z} = 2\mathrm{Re}(z)$，$z - \bar{z} = 2\mathrm{i}\mathrm{Im}(z)$.

学生可将这些性质作为练习，自行验证.

利用共轭复数的性质 (3)，可求复数的商. 如在计算 $\dfrac{z_1}{z_2}$ 时，给分子和分母同乘以 $\overline{z_2}$，可得

$$\frac{z_1}{z_2} = \frac{x_1 + \mathrm{i}y_1}{x_2 + \mathrm{i}y_2} = \frac{(x_1 + \mathrm{i}y_1)(x_2 - \mathrm{i}y_2)}{(x_2 + \mathrm{i}y_2)(x_2 - \mathrm{i}y_2)} = \frac{x_1 x_2 + y_1 y_2}{x_2{}^2 + y_2{}^2} + \mathrm{i}\frac{x_2 y_1 - x_1 y_2}{x_2{}^2 + y_2{}^2}.$$

例如，

$$\frac{1 + 2\mathrm{i}}{3 - 4\mathrm{i}} = \frac{(1 + 2\mathrm{i})(3 + 4\mathrm{i})}{(3 - 4\mathrm{i})(3 + 4\mathrm{i})} = \frac{-5 + 10\mathrm{i}}{25} = -\frac{1}{5} + \frac{2}{5}\mathrm{i}.$$

例1.1 已知两个复数 $z_1 = -\mathrm{i}$，$z_2 = 1$，求 $\mathrm{Re}(z_2)$，$\mathrm{Im}(z_1)$，$z_1 + z_2$，$z_2 - 2z_1$，$z_1 z_2$，$\dfrac{z_1}{z_2}$ 与 $\overline{\left(\dfrac{z_1}{z_2}\right)}$.

解

$$\mathrm{Re}(z_2) = \mathrm{Re}(1) = 1,$$
$$\mathrm{Im}(z_1) = \mathrm{Im}(-\mathrm{i}) = -1,$$
$$z_1 + z_2 = (-\mathrm{i}) + 1 = 1 - \mathrm{i},$$
$$z_2 - 2z_1 = 1 - 2(-\mathrm{i}) = 1 + 2\mathrm{i},$$
$$z_1 z_2 = (-\mathrm{i}) \times 1 = -\mathrm{i},$$
$$\frac{z_1}{z_2} = \frac{-\mathrm{i}}{1} = -\mathrm{i},$$
$$\overline{\left(\frac{z_1}{z_2}\right)} = \overline{\left(\frac{-\mathrm{i}}{1}\right)} = \mathrm{i}.$$

例1.2 设$z_1 = x_1 + iy_1$, $z_2 = x_2 + iy_2$为任意两个复数，证明$z_1\overline{z_2} + \overline{z_1}z_2 = 2\mathrm{Re}(z_1\overline{z_2})$.

证明 由题意，得

$$z_1\overline{z_2} + \overline{z_1}z_2 = (x_1 + iy_1)(x_2 - iy_2) + (x_1 - iy_1)(x_2 + iy_2)$$
$$= (x_1x_2 + y_1y_2) + i(x_2y_1 - x_1y_2) + (x_1x_2 + y_1y_2) + i(x_1y_2 - x_2y_1)$$
$$= 2(x_1x_2 + y_1y_2) = 2\mathrm{Re}(z_1\overline{z_2}).$$

或

$$z_1\overline{z_2} + \overline{z_1}z_2 = z_1\overline{z_2} + \overline{z_1\overline{z_2}} = 2\mathrm{Re}(z_1\overline{z_2}).$$

1.2 复数的表示法

1.2.1 复数的代数表示

复数的定义即为复数的代数表示，即$z = x + iy$为复数z的代数表示形式.

1.2.2 复数的几何表示

对于任意一个复数$z = x + iy$，它由实部x和虚部y唯一确定，而x与y构成一对有序实数对(x, y)，该有序实数对可在平面直角坐标系中唯一确定一个点(x, y)，因此复数$z = x + iy$与平面直角坐标系中的点(x, y)是一一对应的，复数的全体与该平面上点的全体成一一对应关系，任何一个复数$z = x + iy$可以用平面上坐标为(x, y)的点来表示，任何一个平面上的点可以表示一个复数$z = x + iy$. 这是复数的几何表示方法. 此时的平面，也称为复平面或z平面，x轴也称为实轴，y轴也称为虚轴.因此能借助几何语言和方法研究复数，这也为复变函数的实际应用奠定了基础.

1.2.3 复数的向量表示

在复平面上，复数$z = x + iy$还与从原点指向点(x, y)的平面向量(称为向经)一一对应，因此复数z也能用向量$\overrightarrow{OP}$来表示.向量的长度称为z的模或绝对值，一般用r表示，记作

$$|z| = r = \sqrt{x^2 + y^2}.$$

显然，复数的模满足下列不等式和等式：

$$|x| \leqslant |z|,$$
$$|y| \leqslant |z|,$$
$$|z| \leqslant |x| + |y|,$$
$$z\overline{z} = |z|^2 = |\overline{z}|^2,$$
$$\frac{1}{z} = \frac{\overline{z}}{z\overline{z}} = \frac{\overline{z}}{|z|^2}, \ z \neq 0.$$

当$z \neq 0$时，以正实轴为始边，以表示z的向量$\overrightarrow{OP}$为终边的角的弧度数θ称为z的辐角，记作

$$\mathrm{Arg}z = \theta.$$

由正切函数的定义，有

$$\tan(\mathrm{Arg}z) = \tan\theta = \frac{y}{x}.$$

对于任何一个复数$z \neq 0$，如果θ_0是它的辐角，则$\theta_0 + 2k\pi(k = 0, \pm 1, \pm 2, \cdots)$也是它的辐角，因此复数$z$的全部辐角为

$$\mathrm{Arg}z = \theta_0 + 2k\pi, \quad k为任意整数.$$

由此可以看出，复数的辐角有无穷多个，是不唯一的．但在z的众多辐角中，有且仅有一个位于区间$(-\pi, \pi]$上，把满足$-\pi < \theta_0 \leqslant \pi$的$\theta_0$称为$\mathrm{Arg}z$的主值，记作$\theta_0 = \arg z$．

辐角的主值$\arg z(z \neq 0)$可以由反正切函数$\arctan\dfrac{y}{x}$来确定，即

$$\arg z = \begin{cases} \arctan\dfrac{y}{x}, & x > 0, \ y任意; \\ \pm\dfrac{\pi}{2}, & x = 0, \ y \neq 0; \\ \arctan\dfrac{y}{x} \pm \pi, & x < 0, \ y \neq 0; \\ \pi, & x < 0, \ y = 0. \end{cases}$$

其中，$-\dfrac{\pi}{2} < \arctan\dfrac{y}{x} < \dfrac{\pi}{2}$．

当$z = 0$时，$|z| = 0$，没有辐角．

根据复数的和差运算，两个复数z_1和z_2的加减法运算和两个复数分别对应的两个向量的加减法运算一致，符合向量运算的平行四边形法则和三角形法则．

由此可知，$|z_1 - z_2|$表示点z_1和z_2之间的距离，根据三角形两边之和大于第三边，两边之差小于第三边，有

$$|z_1 + z_2| \leqslant |z_1| + |z_2|,$$
$$|z_1 - z_2| \geqslant ||z_1| - |z_2||,$$

其中等号成立的充要条件是z_1和z_2与原点共线．

一对共轭复数z和$\bar{z}$在复平面内的位置是关于实轴对称，因而$|z| = |\bar{z}|$．如果z不在负实轴和原点上，有$\arg z = -\arg\bar{z}$．

1.2.4 复数的三角表示

设复数$z \neq 0$，r为z的模，θ是z的任意一个辐角，利用直角坐标与极坐标的关系

$$x = r\cos\theta, \ y = r\sin\theta,$$

可以把z表示成

$$z = r\cos\theta + \mathrm{i}r\sin\theta = r(\cos\theta + \mathrm{i}\sin\theta),$$

称为复数的三角表示式. 其中, $r = |z|$, $\theta = \mathrm{Arg}z$.

1.2.5 复数的指数表示

利用欧拉公式$\mathrm{e}^{\mathrm{i}\theta} = \cos\theta + \mathrm{i}\sin\theta$, 可以得到

$$z = r\mathrm{e}^{\mathrm{i}\theta},$$

这种形式称为复数的指数表示式.

因为$z = \cos\theta + \mathrm{i}\sin\theta = \cos(\mathrm{Arg}z) + \mathrm{i}\sin(\mathrm{Arg}z) = \cos(\mathrm{arg}z) + \mathrm{i}\sin(\mathrm{arg}z)$, 所以复数的三角表示与指数表示常常取辐角为辐角主值. 但当$\cos\theta_1 + \mathrm{i}\sin\theta_1 = \cos\theta_2 + \mathrm{i}\sin\theta_2$时, 有$\theta_1 = \theta_2 + 2k\pi$, k为某个整数. 实际应用中, 对于不同问题常常需要用复数的不同表示法, 以使计算更加简单方便.

例1.3 将下列复数化为三角表示式和指数表示式.

$$(1)z = -1 + \mathrm{i}; \qquad (2)z = \sin\frac{\pi}{7} + \mathrm{i}\cos\frac{\pi}{7}.$$

解 (1)因为$|z| = |-1 + \mathrm{i}| = \sqrt{(-1)^2 + 1^2} = \sqrt{2}$. 又由于$z$在第二象限, 所以有

$$\arg(-1 + \mathrm{i}) = \arctan\left(\frac{1}{-1}\right) + \pi = \frac{3\pi}{4}.$$

因此, z的三角表示式为

$$z = \sqrt{2}\left[\cos\left(\frac{3\pi}{4}\right) + \mathrm{i}\sin\left(\frac{3\pi}{4}\right)\right].$$

指数表示式为

$$z = \sqrt{2}\mathrm{e}^{\frac{3\pi}{4}\mathrm{i}}.$$

(2)显然, $|z| = \sqrt{\left(\sin\frac{\pi}{7}\right)^2 + \left(\cos\frac{\pi}{7}\right)^2} = 1$, 且

$$\sin\frac{\pi}{7} = \cos\left(\frac{\pi}{2} - \frac{\pi}{7}\right) = \cos\frac{5\pi}{14},$$
$$\cos\frac{\pi}{7} = \sin\left(\frac{\pi}{2} - \frac{\pi}{7}\right) = \sin\frac{5\pi}{14}.$$

故z的三角表示式为

$$z = \cos\frac{5\pi}{14} + \mathrm{i}\sin\frac{5\pi}{14},$$

指数表示式为

$$z = \mathrm{e}^{\frac{5\pi}{14}\mathrm{i}}.$$

例1.4 设z_1，z_2为两个任意复数，证明：

(1)$|z_1\overline{z_2}| = |z_1||z_2|$；

(2)$|z_1 + z_2| \geqslant ||z_1| - |z_2||$.

证明 (1)由共轭复数与模的关系，可知

$$|z_1\overline{z_2}| = \sqrt{(z_1\overline{z_2})\overline{(z_1\overline{z_2})}} = \sqrt{(z_1\overline{z_2})(\overline{z_1}z_2)}$$
$$= \sqrt{(z_1\overline{z_1})(z_2\overline{z_2})} = \sqrt{|z_1|^2|z_2|^2} = |z_1||z_2|.$$

(2)仍然利用共轭复数与模的关系来证明. 因为

$$|z_1 + z_2|^2 = (z_1 + z_2)\overline{(z_1 + z_2)}$$
$$= (z_1 + z_2)(\overline{z_1} + \overline{z_2})$$
$$= z_1\overline{z_1} + z_2\overline{z_2} + z_2\overline{z_1} + z_1\overline{z_2}$$
$$= |z_1|^2 + |z_2|^2 + z_2\overline{z_1} + z_1\overline{z_2}$$
$$= |z_1|^2 + |z_2|^2 + 2\mathrm{Re}(z_1\overline{z_2}).$$

由复数的模与其实部的关系和(1)得

$$|\mathrm{Re}(z_1\overline{z_2})| \leqslant |z_1\overline{z_2}| = |z_1||z_2|,$$

即

$$-|z_1||z_2| \leqslant \mathrm{Re}(z_1\overline{z_2}) \leqslant |z_1||z_2|,$$

于是有

$$|z_1 + z_2|^2 = |z_1|^2 + |z_2|^2 + 2\mathrm{Re}(z_1\overline{z_2})$$
$$\geqslant |z_1|^2 + |z_2|^2 - 2|z_1||z_2|$$
$$= (|z_1| + |z_2|)^2,$$

两边开二次方，得

$$|z_1 + z_2| \geqslant |z_1| + |z_2|.$$

利用类似方法，读者可自行证明其他的复数的模不等式.

1.2.6 复球面

除了用平面内的点或向量来表示复数外，还可以用球面上的点来表示复数，现在来介绍这种表示方法. 如图1-1所示，取一个与复平面切于原点$z = 0$的球面，球面上的点S与原点重合.通过S作垂直于复平面的直线与球面相交于另一点N，称N为北极，S为南极.

对于复平面内任何一点z，如果用一直线段把点z与北极N连接起来，那么该直线段一定与球面相交于异于N的一点P.反过来，对于球面上任何一个异

于N的点P，用一直线段把P与N连接起来，这条直线段的延长线就与复平面相交于一点z.这就说明：球面上的点，除去北极N外，与复平面内的点之间存在着一一对应的关系.前面已经讲过，复数可以看作是复平面内的点，因此球面上的点，除去北极N外，与复数一一对应.因此可以用球面上的点来表示复数.

但是，对于球面上的北极N，还没有复平面内的一个点与它对应，从图1-1中容易看到，当z点无限地远离原点时，或者说，当复数z的模$|z|$无限地变大时，点P就无限地接近于N.为了使复平面与球面上的点无例外地都能一一对应起来，规定复平面上有一个唯一的"无穷远点"，它与球面上的北极N相对应.相应地，又规定复数中有一个唯一的"无穷大"与复平面上的无穷远点相对应，并把它记作∞，因而球面上的北极N就是复数无穷大∞的几何表示.这样一来，球面上的每一个点，就有唯一的一个复数与它对应，这样的球面称之为复球面.

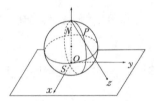

图 1-1　复球面

把包括无穷远点在内的复平面称为扩充复平面.不包括无穷远点在内的复平面称为有限平面，或者就称复平面.对于复数∞来说，实部、虚部与辐角的概念均无意义，但它的模则规定为正无穷大，即$|\infty| = +\infty$.对于其他每一个复数z则有$|z| < +\infty$.

复球面能把扩充复平面的无穷远点明显地表示出来，这是它比复平面优越的地方.

为了今后的需要，对复数∞的四则运算作如下规定：

加法：$\alpha + \infty = \infty + \alpha = \infty$，$\alpha \neq \infty$.

减法：$\alpha - \infty = \infty - \alpha = \infty$，$\alpha \neq \infty$.

乘法：$\alpha \cdot \infty = \infty \cdot \alpha = \infty$，$\alpha \neq 0$.

除法：$\dfrac{\alpha}{\infty} = 0$，$\dfrac{\infty}{\alpha} = 0$，$\alpha \neq \infty$，$\dfrac{\alpha}{0} = \infty$，$\alpha \neq 0$但可为$\infty$.

对于其他运算$\left(\infty \pm \infty,\ 0 \cdot \infty,\ \dfrac{\infty}{\infty}\right)$，不能规定其意义，就如同在实变数中一样，属于未定式.

这里引进的扩充复平面和无穷远点，能给很多讨论带来方便. 但在本书以后各处，如无特殊声明，所谓"平面"一般仍指有限平面，"点"仍指有限平面上的点.

1.3 复数的乘除与幂根运算

一般地，计算复数的乘幂与方根，用复数的三角表示或者指数表示较为简便，先来看复数的乘积与商的简便运算.

1.3.1 乘积与商

定理1.1 两个复数乘积的模等于它们的模的乘积，两个复数乘积的辐角等于它们的辐角的和.

证明 设两个复数的三角表示式分别为

$$z_1 = r_1(\cos\theta_1 + \mathrm{i}\sin\theta_1), \quad z_2 = r_2(\cos\theta_2 + \mathrm{i}\sin\theta_2),$$

利用复数乘法的四则运算法则及两角和的正余弦公式，有

$$z_1 z_2 = r_1 r_2(\cos\theta_1 + \mathrm{i}\sin\theta_1)(\cos\theta_2 + \mathrm{i}\sin\theta_2)$$

$$= r_1 r_2(\cos\theta_1\cos\theta_2 - \sin\theta_1\sin\theta_2) + \mathrm{i}(\sin\theta_1\cos\theta_2 + \sin\theta_2\cos\theta_1)$$

$$= r_1 r_2[\cos(\theta_1 + \theta_2) + \mathrm{i}\sin(\theta_1 + \theta_2)],$$

于是

$$|z_1 z_2| = r_1 r_2 = |z_1||z_2|,$$

$$\mathrm{Arg}\,(z_1 z_2) = \mathrm{Arg}z_1 + \mathrm{Arg}z_2.$$

注 在$\mathrm{Arg}(z_1 z_2) = \mathrm{Arg}(z_1) + \mathrm{Arg}(z_2)$中，辐角都不能写成辐角主值，因为辐角的多值性，这个式子左右两端均表示由无穷多个数构成的集合，两端相等表明两个集合中的元素的全体相同. 对于左端的任何一个数值，右端必有一个值与它相等. 反过来，对于右端的任何一个数值，左端必有一个值与它相等.

定理1.1表明，计算两个复数的乘积，只需计算两个复数的模的乘积和辐角的和即可. 从这个定理也可以看出复数乘法的几何意义. 当利用向量来表示复数时，那么复数的乘积$z_1 z_2$所对应的向量是把表示z_1的向量旋转一个角度$\mathrm{Arg}z_2$，并伸长(或缩短)到原来的$|z_2|$倍得到的，如图1-2所示. 如$(1+\mathrm{i})z_1$表示将z_1逆时针旋转$\mathrm{Arg}(1+\mathrm{i}) = \dfrac{\pi}{4} + 2k\pi$，模变为原来的$|1+\mathrm{i}| = \sqrt{2}$倍. 特别地，当$|z_2| = 1$时，乘法变成了旋转变换；当$\mathrm{arg}z_2 = 0$时，乘法就变成了伸缩变换. 例如$\mathrm{i}z$表示将$z$逆时针旋转$90°$，$3z$表示将$z$的模伸长到原来的3倍.

定理1.1也可以用复数的指数形式来表述，设

$$z_1 = r_1 \mathrm{e}^{\mathrm{i}\theta_1}, \quad z_2 = r_2 \mathrm{e}^{\mathrm{i}\theta_2},$$

9

则

$$z_1 z_2 = r_1 r_2 \mathrm{e}^{\mathrm{i}(\theta_1 + \theta_2)}.$$

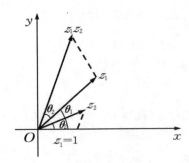

图 1-2　复数的乘法

更一般地，若

$$z_k = r_k \mathrm{e}^{\mathrm{i}\theta_k} = r_k(\cos\theta_k + \mathrm{i}\sin\theta_k), \quad k = 1, \ 2, \ \cdots, \ n,$$

则

$$z_1 z_2 \cdots z_n = r_1 r_2 \cdots r_n \mathrm{e}^{\mathrm{i}(\theta_1 \theta_2 \cdots \theta_n)}$$
$$= r_1 r_2 \cdots r_n [\cos(\theta_1 + \theta_2 + \cdots + \theta_n) + \mathrm{i}\sin(\theta_1 + \theta_2 + \cdots + \theta_n)].$$

定理1.2　两个复数的商的模等于它们的模的商，两个复数的商的辐角等于被除数与除数的辐角的差.

证明　设两个复数的三角表示式分别为

$$z_1 = r_1(\cos\theta_1 + \mathrm{i}\sin\theta_1), \ z_2 = r_2(\cos\theta_2 + \mathrm{i}\sin\theta_2),$$

利用共轭复数的性质及两角和的正余弦公式，有

$$\frac{z_1}{z_2} = \frac{r_1(\cos\theta_1 + \mathrm{i}\sin\theta_1)}{r_2(\cos\theta_2 + \mathrm{i}\sin\theta_2)}$$

$$= \frac{r_1}{r_2} \frac{(\cos\theta_1 + \mathrm{i}\sin\theta_1)(\cos\theta_2 - \mathrm{i}\sin\theta_2)}{(\cos\theta_2 + \mathrm{i}\sin\theta_2)(\cos\theta_2 - \mathrm{i}\sin\theta_2)}$$

$$= \frac{r_1}{r_2} \frac{(\cos\theta_1\cos\theta_2 + \sin\theta_1\sin\theta_2) + \mathrm{i}(\sin\theta_1\cos\theta_2 - \sin\theta_2\cos\theta_1)}{\cos^2\theta_2 + \sin^2\theta_2}$$

$$= \frac{r_1}{r_2}[\cos(\theta_1 - \theta_2) + \mathrm{i}\sin(\theta_1 - \theta_2)],$$

于是

$$\left|\frac{z_1}{z_2}\right| = \frac{r_1}{r_2} = \frac{|z_1|}{|z_2|},$$

$$\mathrm{Arg}\frac{z_1}{z_2} = \mathrm{Arg}z_1 - \mathrm{Arg}z_2.$$

注

(1) 同样地，在$\mathrm{Arg}\dfrac{z_1}{z_2} = \mathrm{Arg}z_1 - \mathrm{Arg}z_2$中，辐角都不能写成辐角主值，此式表明左右两端的两个集合相等.

(2) 定理1.2也可以用定理1.1来证明，即将复数的商看作是复数的乘法的逆运算. 事实上，当$z_2 \neq 0$时，有

$$z_1 = \frac{z_1}{z_2}z_2.$$

由定理1.1，有

$$|z_1| = \left|\frac{z_1}{z_2}\right||z_2|$$

与

$$\mathrm{Arg}z_1 = \mathrm{Arg}\frac{z_1}{z_2} + \mathrm{Arg}z_2,$$

于是

$$\left|\frac{z_1}{z_2}\right| = \frac{|z_1|}{|z_2|},$$

$$\mathrm{Arg}\frac{z_1}{z_2} = \mathrm{Arg}z_1 - \mathrm{Arg}z_2.$$

定理1.2也可以用复数的指数形式来表述，设

$$z_1 = r_1\mathrm{e}^{\mathrm{i}\theta_1}, \quad z_2 = r_2\mathrm{e}^{\mathrm{i}\theta_2},$$

则

$$\frac{z_1}{z_2} = \frac{r_1}{r_2}\mathrm{e}^{\mathrm{i}(\theta_1-\theta_2)}.$$

例1.5 已知$z_1 = 1 - \sqrt{3}\mathrm{i}$，$z_2 = -1 - \mathrm{i}$，求$z_1z_2$与$\dfrac{z_1}{z_2}$.

解 由题意，得

$$|z_1| = \sqrt{1+3} = 2, \quad |z_2| = \sqrt{1+1} = \sqrt{2};$$

$$\mathrm{arg}z_1 = \arctan(-\sqrt{3}) = -\frac{\pi}{3}, \quad \mathrm{arg}z_2 = \arctan 1 - \pi = -\frac{3\pi}{4}.$$

由定理1.1，有

$$z_1z_2 = 2\sqrt{2}\left[\cos\left(-\frac{\pi}{3} - \frac{3\pi}{4}\right) + \mathrm{i}\sin\left(-\frac{\pi}{3} - \frac{3\pi}{4}\right)\right]$$

$$= 2\sqrt{2}\left[\cos\left(-\frac{13\pi}{12}\right) + \mathrm{i}\sin\left(-\frac{13\pi}{12}\right)\right]$$

$$= 2\sqrt{2}\left(\cos\frac{11\pi}{12} + \mathrm{i}\sin\frac{11\pi}{12}\right).$$

由定理1.2，有

$$\frac{z_1}{z_2} = \frac{2}{\sqrt{2}}\left[\cos\left(-\frac{\pi}{3} + \frac{3\pi}{4}\right) + \mathrm{i}\sin\left(-\frac{\pi}{3} + \frac{3\pi}{4}\right)\right]$$

$$= \sqrt{2} \left(\cos \frac{5\pi}{12} + i \sin \frac{5\pi}{12} \right).$$

例1.6 已知等腰直角三角形的斜边的两个端点为$z_1 = 1$与$z_2 = 2 + i$，求它的直角顶点.

解 如图1-3所示，将表示$z_2 - z_1$的向量绕z_1旋转$\pi/4$(或$-\pi/4$)，且模缩短到原来的$1/\sqrt{2}$倍，得到另一个向量，所得向量的终点即为所求直角顶点z_3(或$z_3{}'$).由于复数$e^{\frac{\pi}{3}i}$的模为1，转角为z_3，根据复数的乘法，有

$$z_3 - z_1 = \frac{1}{\sqrt{2}} e^{\pm \frac{\pi}{4}i} (z_2 - z_1)$$

$$= \frac{1}{\sqrt{2}} \left(\frac{\sqrt{2}}{2} \pm \frac{\sqrt{2}}{2} \right) (1 + i)$$

$$= \frac{1}{2} (1 \pm i)(1 + i)$$

$$= i或1,$$

所以

$$z_3 = i + 1 = 1 + i,$$

$$z_3{}' = 1 + 1 = 2.$$

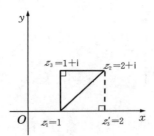

图 1-3 等腰直角三角形

1.3.2 乘幂与方根

n个相同复数z的乘积称为z的n次幂，记作z^n，即

$$z^n = \underbrace{z \cdot z \cdots z}_{n个z}.$$

设$z = r(\cos \theta + i \sin \theta)$，由定理1.1的推广形式，对任何正整数$n$，有

$$z^n = r^n (\cos n\theta + i \sin n\theta).$$

如果定义$z^{-n} = \dfrac{1}{z^n}$，那么当n为负整数时上式也成立. 读者可自己证明.

特别地，当 z 的模为 1，即 $r = 1$ 时，$z = \cos\theta + \mathrm{i}\sin\theta$，则

$$(\cos\theta + \mathrm{i}\sin\theta)^n = \cos n\theta + \mathrm{i}\sin n\theta.$$

这就是棣莫弗 (De Moivre) 公式.

此式可用来求三倍角公式. 令 $n = 3$，则 $(\cos\theta + \mathrm{i}\sin\theta)^3 = \cos 3\theta + \mathrm{i}\sin 3\theta$，而左边展开得到

$$(\cos\theta + \mathrm{i}\sin\theta)^3 = \cos^3\theta + 3\mathrm{i}\cos^2\theta\sin\theta - 3\cos\theta\sin^2\theta - \mathrm{i}\sin^3\theta,$$

于是有

$$\cos 3\theta + \mathrm{i}\sin 3\theta = \cos^3\theta + 3\mathrm{i}\cos^2\theta\sin\theta - 3\cos\theta\sin^2\theta - \mathrm{i}\sin^3\theta,$$

分别对比两边实部和虚部，得到

$$\cos 3\theta = \cos^3\theta - 3\cos\theta\sin^2\theta,$$

$$\sin 3\theta = 3\cos^2\theta\sin\theta - \sin^3\theta.$$

这两个式子就是中学学过的三倍角公式，用这种方法证明比用中学的和差化积方法更简便.

下面介绍方根. 设 w 和 z 均为复数，n 为整数，若 $w^n = z$，称 w 是 z 的 n 次方根，记作 $w = \sqrt[n]{z}$.

为了求出 z 的 n 次方根 w，令

$$z = r(\cos\theta + \mathrm{i}\sin\theta), \quad w = \rho(\cos\varphi + \mathrm{i}\sin\varphi),$$

由棣莫弗公式，得

$$\rho^n(\cos n\varphi + \mathrm{i}\sin n\varphi) = r(\cos\theta + \mathrm{i}\sin\theta),$$

于是

$$\rho^n = r, \quad \cos n\varphi = \cos\theta, \quad \sin n\varphi = \sin\theta,$$

解得

$$\rho = r^{\frac{1}{n}}, \quad \varphi = \frac{\theta + 2k\pi}{n}.$$

当 $k = 0,\ 1,\ 2,\ 3,\ \cdots,\ n-1$ 时，得到 n 个相异的根：

$$w_0 = r^{\frac{1}{n}}\left(\cos\frac{\theta}{n} + \mathrm{i}\sin\frac{\theta}{n}\right),$$

$$w_1 = r^{\frac{1}{n}}\left(\cos\frac{\theta + 2\pi}{n} + \mathrm{i}\sin\frac{\theta + 2\pi}{n}\right),$$

$$\cdots\cdots$$

$$w_{n-1} = r^{\frac{1}{n}}\left[\cos\frac{\theta + 2(n-1)\pi}{n} + \mathrm{i}\sin\frac{\theta + 2(n-1)\pi}{n}\right].$$

当k为其他整数时，这些根又重复出现. 于是，一个复数z的n次方根有n个不同值. 这n个值可用下式表示：

$$w = \sqrt[n]{z} = r^{\frac{1}{n}}\left(\cos\frac{\theta + 2k\pi}{n} + \mathrm{i}\sin\frac{\theta + 2k\pi}{n}\right), \quad k = 0,\ 1,\ 2,\ \cdots,\ n-1.$$

在几何上不难看出，z的n次方根的n个不同值的任意两个相邻值的辐角差为$2\pi/n$，因此$\sqrt[n]{z}$的n个值是以原点为中心，以$r^{\frac{1}{n}}$为半径的圆的内接正n边形的n个顶点.

例1.7 求$(1+\mathrm{i})^4$和$\sqrt[4]{1+\mathrm{i}}$.

解 因为

$$1+\mathrm{i} = \sqrt{2}\left(\cos\frac{\pi}{4} + \mathrm{i}\sin\frac{\pi}{4}\right),$$

所以

$$(1+\mathrm{i})^4 = 4(\cos\pi + \mathrm{i}\sin\pi) = -4,$$

$$\sqrt[4]{1+\mathrm{i}} = \sqrt[8]{2}\left(\cos\frac{\frac{\pi}{4} + 2k\pi}{4} + \mathrm{i}\sin\frac{\frac{\pi}{4} + 2k\pi}{4}\right), \quad k = 0,\ 1,\ 2,\ 3.$$

即

$$w_0 = \sqrt[8]{2}\left(\cos\frac{\pi}{16} + \mathrm{i}\sin\frac{\pi}{16}\right),$$

$$w_1 = \sqrt[8]{2}\left(\cos\frac{9\pi}{16} + \mathrm{i}\sin\frac{9\pi}{16}\right),$$

$$w_2 = \sqrt[8]{2}\left(\cos\frac{17\pi}{16} + \mathrm{i}\sin\frac{17\pi}{16}\right),$$

$$w_3 = \sqrt[8]{2}\left(\cos\frac{25\pi}{16} + \mathrm{i}\sin\frac{25\pi}{16}\right).$$

这4个根是中心在原点，半径为$\sqrt[8]{2}$的圆的内接正方形的4个顶点.

1.4 平面点集与区域

本节是1.5节内容的准备与基础，即复变函数所定义的范围. 同实变数一样，任何一个复变数都有自己的变化范围. 这个变化范围指的就是区域. 在介绍区域之前，先介绍复平面上点集的基本概念，包括一点的邻域、集合的内点与开集等概念.

1.4.1 平面点集

平面上以z_0为中心，δ(任意的正数)为半径的圆的内部的点的集合称为z_0的邻域，即

$$|z - z_0| < \delta$$

称由不等式$0 < |z - z_0| < \delta$所确定的点集为z_0的去心邻域.

设G为一平面点集. 如果存在z_0的一个邻域, 该邻域内的点都属于G, 那么称z_0为G的内点. 若该邻域内的点都不属于G, 则称z_0为G的外点. 若z_0任一邻域内, 既有属于G的点, 也有不属于G的点, 则称z_0为G的边界点. G的所有边界点组成G的边界. 边界可能是由几条曲线和一些孤立的点组成的.

若存在以R为半径, 以原点为圆心的圆, 使得点集G中所有的点都位于圆内, 则称G为有界点集, 否则称为无界点集.

1.4.2 区域

如果G内的任意点都是它的内点, 则称G为开集. 如果G内任意两点都能用折线相连, 且折线上的点均属于G, 则称G为连通集. 如果平面点集G既是开集, 也是连通集, 则称G为区域. 区域连同它的边界一起构成闭区域, 简称闭域, 记作$\overline{G}$. 如果一个区域G可以被包含在一个以原点为中心的圆里面, 则存在正数M, 使区域G的每个点 z 都满足$|z| < M$, 则G称为有界的, 否则称G为无界的.

例如, 点集$G = \{z | |z-1| < 1$或$|z+1| < 1\}$是开集, 不是区域, 因为$|z-1| < 1$中的点与$|z+1| < 1$中的点无法用完全属于G的折线相连, 因此G 不是连通集, 也不是区域. 又如满足不等式$r_1 < |z - z_0| < r_2$ 的所有点构成的集合既是开集也是连通集, 因而是区域, 而且是有界的, 此种区域称为圆环域. 如果在圆环域内去掉一个(或几个)点, 它仍然构成区域, 只是区域的边界由两个圆周和一个(或几个)孤立的点组成. 这两个区域都是有界的. 无界区域如圆的外部($|z - z_0| > R$)、上半平面($\text{Im} z > 0$)、角形域($0 < \arg z < q$) 及带形域($a < \text{Im} z < b$)等.

1.4.3 平面曲线

平面曲线可以用参数方程

$$x = x(t), \ y = y(t), \ a \leqslant t \leqslant b$$

来表示. 对于复平面上的曲线, 也可以用参数方程表示为

$$z(t) = x(t) + \mathrm{i} y(t), \ a \leqslant t \leqslant b,$$

这就是平面曲线的复数表示式.

如果$x(t)$和$y(t)$是两个连续的实变函数, 则称$z(t)$所表示的曲线为连续曲线. 如果$x'(t)$和$y'(t)$都是连续的, 且对于任何一个t的值, 有

$$[x'(t)]^2 + [y'(t)]^2 \neq 0,$$

则称这曲线是光滑曲线. 由几段依次相接的光滑曲线所组成的曲线称为按段光滑曲线.

设C：$z = z(t)(a \leqslant t \leqslant b)$为一条连续曲线，$z(a)$与$z(b)$分别称为$C$的起点与终点.对于满足$a < t_1 < b$，$a \leqslant t_2 \leqslant b$的$t_1$与$t_2$，当$t_1 \neq t_2$而有$z(t_1) = z(t_2)$时，点$z(t_1)$称为曲线$C$的重点. 无重点的连续曲线$C$称为简单曲线或若尔当(Jardan)曲线. 如果简单曲线C的起点与终点重合，即$z(a) = z(b)$，那么曲线C称为简单闭曲线. 由此可知，简单曲线自身不会相交.

任意一条简单闭曲线C把整个复平面唯一地分成三个互不相交的点集，一个是有界区域，称为C的内部，另一个是无界区域，称为C的外部，C为它们的公共边界. 可以用简单闭曲线的这一性质，来区别区域的连通情况.

下面通过两个例子说明，很多平面曲线能用复数形式的方程(或不等式)来表示；给定复数形式的方程(或不等式)，可确定它所表示的平面曲线.

例1.8 将通过两点$z_1 = x_1 + \mathrm{i}y_1$与$z_2 = x_2 + \mathrm{i}y_2$的直线表示成复数形式的方程.

解 通过点(x_1, y_1)与(x_2, y_2)的直线可以用参数方程表示为

$$\begin{cases} x = x_1 + t(x_2 - x_1), \\ y = y_1 + t(y_2 - y_1). \end{cases}$$

因此，它的复数形式的参数方程为

$$z = z_1 + t(z_2 - z_1), \quad -\infty < t < \infty.$$

由此得知由z_1到z_2的直线段的参数方程可以写成

$$z = z_1 + t(z_2 - z_1), \ 0 \leqslant t \leqslant 1,$$

取$t = 1/2$，得知线段$\overline{z_1 z_2}$的中点为

$$z = \frac{z_1 + z_2}{2}.$$

例1.9 求下列方程所表示的曲线：

(1)$|z + \mathrm{i}| = 2$；

(2)$|z - 2\mathrm{i}| = |z + 2|$；

(3)$\mathrm{Im}(\mathrm{i} + \bar{z}) = 4$.

解 (1)在几何上不难看出，方程$|z + \mathrm{i}| = 2$表示所有与点$-\mathrm{i}$距离为2的点的轨迹，即中心为$-\mathrm{i}$，半径为2的圆.下面用代数方法求出该圆的直角坐标方程.

设$z = x + \mathrm{i}y$，方程变为

$$|x + (y + 1)\mathrm{i}| = 2,$$

也就是

$$\sqrt{x^2 + (y + 1)^2} = 2,$$

或

$$x^2 + (y+1)^2 = 4.$$

(2) 几何上，该方程表示到点2i和−2距离相等的点的轨迹，因此方程表示的曲线就是连接点2i和−2的线段的垂直平分线，它的方程为$y = -x$. 该方程也可以用代数的方法求得，请读者自己完成.

(3)设$z = x + \mathrm{i}y$，则

$$\mathrm{i} + \overline{z} = x + (1-y)\mathrm{i},$$

所以

$$\mathrm{Im}(\mathrm{i} + \overline{z}) = 1 - y,$$

由此立即可得曲线的方程为$y = -3$，这是一条平行于x轴的直线.

1.4.4 单连通域与多连通域

定义 设G是复平面上的一个区域，如果在其中任作一条简单闭曲线，而曲线的内部总属于G，称G为单连通域.不是单连通域的区域称为多连通域.

显然，一条简单闭曲线的内部是单连通域. 单连通域G具有这样的特征：G中的任意一条简单闭曲线可以经过连续变形而缩成一点，而多连通域不具有该特征.

1.5　复变函数与映射

1.5.1 复变函数的定义

定义 设G是复平面上的一个点集. 如果有一个确定的法则存在，按照这一法则，对于集合G中的每一个复数z，都有一个或几个复数$w = u + \mathrm{i}v$与之对应，则称复变数w是复变数z的函数(简称复变函数)，记作$w = f(z)$. 如果z的一个值对应w的一个值，则称函数$f(z)$是单值的；如果z的一个值对应w的两个或两个以上的值，则称函数$f(z)$是多值的. 集合G称为$f(z)$的定义集合，对应于G中所有z的一切w的值所构成的集合G^*，称为函数值集合.

在以后的讨论中，定义集合G常常是一个平面区域，称之为定义域. 如无特别声明，所讨论的函数均为单值函数.

由于给定了一个复数$z = x + \mathrm{i}y$，就相当于给定了两个实数x和y，而复数$w = u + \mathrm{i}v$也同样地对应一对实数u和v，所以复变函数w和自变量z之间的关系$w = f(z)$相当于两个关系式：

$$u = u(x,\ y),\ v = v(x,\ y),$$

它们确定了自变量为x和y的两个二元实变函数.

例如，考察函数 $w = z^2$. 令 $z = x + \mathrm{i}y$，$w = u + \mathrm{i}v$，则

$$u + \mathrm{i}v = (x + \mathrm{i}y)^2 = x^2 - y^2 + 2xy\mathrm{i},$$

因而函数 $w = z^2$ 对应于两个二元实变函数：

$$u = x^2 - y^2,\ v = 2xy.$$

1.5.2 映射的定义

在"高等数学"课程中，常把实变函数用几何图形来表示，这些几何图形可以直观地帮助学生理解和研究函数的性质. 对于复变函数，由于它反映了两对变量 u，v 和 x，y 之间的对应关系，所以无法用同一个平面内的几何图形表示出来，必须把它看成两个复平面上的点集之间的对应关系.

如果用 z 平面上的点表示自变量 z 的值，而用 w 平面上的点表示函数 w 的值，则函数 $w = f(z)$ 在几何上就可以看作是把 z 平面上的一个点集 G(定义集合)变到 w 平面上的一个点集 G^*(函数值集合)的映射(或变换). 这个映射通常简称为由函数 $w = f(z)$ 所构成的映射，如果 G 中的点被映射 $w = f(z)$ 映射成 G^* 中的点 w，则 w 称为 z 的象(映象)，而 z 称为 w 的原象.

例如，函数 $w = \bar{z}$ 所构成的映射，显然把 z 平面上的点：$z = a + \mathrm{i}b$ 映射成点 $w = a - \mathrm{i}b$；$z_1 = 2 + 3\mathrm{i}$ 映射成 $w_1 = 2 - 3\mathrm{i}$；$z_2 = 1 - 2\mathrm{i}$ 映射成 $w_2 = 1 + 2\mathrm{i}$；三角形 ABC 映成三角形 $A'B'C'$；等等. 如果把 z 平面和 w 平面重叠在一起，不难看出，函数 $w = \bar{z}$ 是关于实轴的一个对称映射. 因此，一般地，通过映射 $w = \bar{z}$，z 平面上的任一图形的映象是关于实轴对称的一个全同图形.

再来研究函数 $w = z^2$ 所构成的映射. 不难算得，通过函数 $w = z^2$，点 $z_1 = \mathrm{i}$，$z_2 = 1 + 2\mathrm{i}$ 和 $z_3 = -1$ 分别映射到点 $w_1 = -1$，$w_2 = -3 + 4\mathrm{i}$ 和 $w_3 = 1$.

根据乘法的模与辐角的定理可知，通过映射 $w = z^2$，z 的辐角增大一倍. 因此，z 平面上与正实轴交角为 α 的角形域映射成 w 平面上与正实轴交角为 2α 的角形域.

因此，它把 z 平面上的两族分别以直线 $y = \pm x$ 和坐标轴为渐近线的等轴双曲线

$$x^2 - y^2 = c_1,\ 2xy = c_2$$

分别映射成 w 平面上的两族平行直线

$$u = c_1,\ v = c_2.$$

下面再来确定直线 $x = \lambda$(常数)与 $y = \mu$(常数)的象. 直线 $x = \lambda$ 的象的参数方程为

$$u = \lambda^2 - y^2,\ v = 2\lambda y,$$

其中，y为参数. 消去参数y得直角坐标方程为

$$v^2 = 4\lambda^2(\lambda^2 - u).$$

它的图形是以原点为焦点、向左张开的抛物线.

同样地，直线$y = \mu$的象的方程为

$$v^2 = 4\mu^2(\mu^2 + u).$$

它的图形是以原点为焦点、向右张开的抛物线.

下面给出复变函数的反函数的概念. 假定函数$w = f(z)$的定义集合为z平面上的集合G，函数值集合为w平面上的集合G^*，则G^*中的每一个点w必将对应G中的一个(或几个)点. 按照函数的定义，在G^*上就确定了一个单值(或多值)函数$z = \varphi(w)$，它称为函数$w = f(z)$的反函数，也称为映射$w = f(z)$的逆映射.

从反函数的定义可知，对于任意的$w \in G^*$，有

$$w = f(\varphi(\omega)),$$

当反函数为单值函数时，也有

$$z = f(\varphi(z)), \quad z \in G.$$

后续不再区分函数与映射(变换). 如果函数(映射)$w = f(z)$与它的反函数(逆映射)$z = \varphi(w)$都是单值的，那么称函数(映射)$w = f(z)$是一一对应的. 此时，也称集合G与集合G^*是一一对应的.

1.6　复变函数的极限与连续

1.6.1 函数的极限

定义　设函数$w = f(z)$定义在z_0的去心邻域$0 < |z - z_0| < \rho$内. 如果有一确定的数A存在，对于任意给定的$\varepsilon > 0$，相应地必有一正数$\delta(\delta$与ε有关且$0 < \delta \leqslant \rho)$，使得当$0 < |z - z_0| < \delta$时，有

$$|f(z) - A| < \varepsilon,$$

称A为$f(z)$当z趋向于z_0时的极限，记作$\lim\limits_{z \to z_0} f(z) = A$，或记作当$z \to z_0$时，$f(z) \to A$.

这个定义的几何意义是：当变点z进入z_0的充分小的δ去心邻域时，它的象点$f(z)$就落入A的预先给定的ε邻域中.

应当注意，定义中z趋向于z_0的方式是任意的，就是说，无论z以什么方向，以何种方式趋向于z_0，$f(z)$都要趋向于同一个常数A. 这比一元实变函数极限定义的要求苛刻得多.

关于极限的计算，有下面两个定理.

定理1.3 已知函数 $f(z) = u(x, y) + iv(x, y)$，设 $A = u_0 + iv_0$，$z_0 = x_0 + iy_0$，则 $\lim\limits_{z \to z_0} f(z) = A$ 的充要条件是

$$\lim_{(x, y) \to (x_0, y_0)} u(x, y) = u_0, \qquad \lim_{(x, y) \to (x_0, y_0)} v(x, y) = v_0.$$

证明 如果 $\lim\limits_{z \to z_0} f(z) = A$，那么根据极限的定义，就有：当 $0 < |(x + iy) - (x_0 + iy_0)| < \delta$ 时，

$$|(u + iv) - (u_0 + iv_0)| < \varepsilon,$$

或当 $0 < \sqrt{(x - x_0)^2 + (y - y_0)^2} < \delta$ 时，

$$|(u - u_0) + i(v - v_0)| < \varepsilon.$$

因此，当 $0 < \sqrt{(x - x_0)^2 + (y - y_0)^2} < \delta$ 时，

$$|u - u_0| < \varepsilon, \ |v - v_0| < \varepsilon.$$

这就是说

$$\lim_{(x, y) \to (x_0, y_0)} u(x, y) = u_0, \qquad \lim_{(x, y) \to (x_0, y_0)} v(x, y) = v_0.$$

反之，如果上面两式成立，那么当 $0 < \sqrt{(x - x_0)^2 + (y - y_0)^2} < \delta$ 时，有

$$|u - u_0| < \frac{\varepsilon}{2}, \ |v - v_0| < \frac{\varepsilon}{2}.$$

而 $|f(z) - A| = |(u - u_0) + i(v - v_0)| \leqslant |u - u_0| + |v - v_0|$，所以，当 $0 < |z - z_0| < \delta$ 时，有

$$|f(z) - A| < \frac{\varepsilon}{2} + \frac{\varepsilon}{2} = \varepsilon,$$

即

$$\lim_{z \to z_0} f(z) = A.$$

定理1.3将求复变函数 $f(z) = u(x, y) + iv(x, y)$ 的极限问题转化为求两个二元实变函数 $u = u(x, y)$，$v = v(x, y)$ 的极限问题.

根据定理1.3，读者不难证明，下面的极限四则运算法则对于复变函数也是成立的.

定理1.4 如果 $\lim\limits_{z \to z_0} f(z) = A$，$\lim\limits_{z \to z_0} g(z) = B$，则：

(1) $\lim\limits_{z \to z_0} f(z) \pm g(z) = A \pm B$；

(2) $\lim\limits_{z \to z_0} f(z)g(z) = AB$；

(3) $\lim\limits_{z \to z_0} \dfrac{f(z)}{g(z)} = \dfrac{A}{B}$，$B \neq 0$.

例1.10 证明函数 $f(z) = \dfrac{\text{Re}(z)}{|z|}$，当 $z \to 0$ 时的极限不存在.

证明 令$z = x + \mathrm{i}y$，则

$$f(z) = \frac{x}{\sqrt{x^2 + y^2}}.$$

由此得$u(x, y) = \dfrac{x}{\sqrt{x^2 + y^2}}$，$v(x, y) = 0$，让$z$沿直线趋于零，有

$$\lim_{\substack{x \to x_0 \\ y = kx}} u(x, y) = \lim_{\substack{x \to x_0 \\ y = kx}} \frac{x}{\sqrt{x^2 + y^2}} = \lim_{x \to x_0} \frac{x}{\sqrt{(1 + k^2)x^2}} = \pm \frac{1}{\sqrt{1 + k^2}}.$$

显然，该极限值随着k的不同而不同，由极限的唯一性知$\lim\limits_{\substack{x \to x_0 \\ y \to y_0}} u(x, y)$不存在. 虽然$\lim\limits_{\substack{x \to x_0 \\ y \to y_0}} v(x, y) = 0$，但根据定理1.3，$\lim\limits_{z \to 0} f(z)$不存在.

此题也可以用另一种方法证明. 令$z = r(\cos\theta + \mathrm{i}\sin\theta)$，则

$$f(z) = \frac{r\cos\theta}{r} = \cos\theta.$$

当z沿不同射线$\arg z = \theta$趋于零时，$f(z)$趋于不同的值. 例如：z沿正实轴$\arg z = 0$趋于0时，$f(z) \to 1$；沿$\arg z = \dfrac{\pi}{2}$趋于0时，$f(z) \to 0$. 因此$\lim\limits_{z \to 0} f(z)$不存在.

1.6.2 函数的连续性

定义 如果$\lim\limits_{z \to z_0} f(z) = f(z_0)$，则$f(z)$在$z_0$处连续. 如果$f(z)$在区域$D$内处处连续，则$f(z)$在$D$内连续.

根据这个定义和定理1.3，容易证明定理1.5.

定理1.5 函数$f(z) = u(x, y) + \mathrm{i}v(x, y)$在$z_0 = x_0 + \mathrm{i}y_0$处连续的充要条件是：$u(x, y)$和$v(x, y)$在$(x_0, y_0)$处连续.

例如，函数$f(z) = \ln(x^2 + y^2) + \mathrm{i}(x^2 - y^2)$在复平面内除原点外处处连续，因为$u = \ln(x^2 + y^2)$除原点外是处处连续的，而$v = x^2 - y^2$是处处连续的.

由定理1.4和定理1.5，还可以推得定理1.6.

定理1.6

(1)在z_0连续的两个函数$f(z)$与$g(z)$的和、差、积、商(分母在z_0不为零)在z_0处仍连续；

(2)如果函数$h = g(z)$在z_0连续，函数$\omega = f(h)$在$h_0 = g(z_0)$连续，那么复合函数$\omega = f(g(z))$在z_0处连续.

从以上这些定理，可以推得有理整函数(多项式)

$$w = P(z) = a_0 + a_1 z + a_2 z^2 + \cdots + a_n z^n$$

对复平面内所有的z_0都是连续的，而有理分式函数

$$w = \frac{P(z)}{Q(z)},$$

其中，$P(z)$和$Q(z)$都是多项式，在复平面内使分母不为零的点也是连续的.

还应指出，所谓函数$f(z)$在曲线C上z点处连续的意义是指$\lim\limits_{z \to z_0} f(z) = f(z_0)$, $z \in C$. 在闭曲线或包括曲线端点在内的曲线段上连续的函数$f(z)$在曲线上是有界的. 即存在一正数M，在曲线上恒有

$$|f(z) \leqslant M.$$

小结

本章主要给出了复数的概念、复数的表示形式、复数的四则运算、复数的乘幂与方根以及区域、复变函数及其极限、连续等概念. 这些内容是后续章节的基础，应予以重视.

(1) 复数的运算包括复数的加法、减法、乘法、除法、乘方、开方等，在做复数的相关运算时，常常选用不同的复数表示形式，而选用不同的表示形式计算量往往差别很大. 一般地，做复数的加减法时适合用复数的代数形式计算，做复数的乘除法和乘方开方时往往用复数的三角表示式或指数表示式.

(2)复数的模与辐角是复数的三角表示或指数表示的两个关键量，模是一个实数，可按照实数的运算规则进行运算，辐角具有多值性，一般用其中一个辐角来表示，这个辐角是辐角主值. 辐角和辐角主值的关系为

$$\text{Arg}z = \text{arg}z + 2k\pi, \ k = 0, \ \pm 1, \ \pm 2, \ \cdots.$$

(3)复数z_1与z_2的乘积与商的辐角公式为

$$\text{Arg}(z_1 z_2) = \text{Arg}z_1 + \text{Arg}z_2,$$
$$\text{Arg}(\frac{z_1}{z_2}) = \text{Arg}z_1 - \text{Arg}z_2.$$

这两个公式表明等式两端是两个集合相等，即两边可能取的值的全体相同.

(4)由于复数可以用平面上的点与向量来表示，因此能用复数形式的方程(或不等式)表示一些平面图形，来解决许多有关的几何问题. 例如，向量的旋转就可以用该向量所表示的复数乘一个模为1的复数去实现. 反过来，对于特殊的平面图形，也可以写出它的复数形式的方程. 例如，过两点$z_1 = x_1 + iy_1$, $z_2 = x_2 + iy_2$的直线方程的复数形式为$z = z_1 + t(z_2 - z_1)$, t是参数.

(5)为了用球面上的点来表示复数，引入无穷远点和扩充复平面的概念. 无穷远点与无穷大∞这个复数相对应. 无穷大∞是指模为正无穷大(辐角无意义)的唯一的一个复数，不要与实数中的无穷大或正、负无穷大混为一谈.

(6)复变函数及其极限、连续等概念是微积分中相应概念的推广. 它们既有相似之处, 又有不同之点; 既有联系, 又有区别. 学习过程中要注意比较. 例如, 复变函数的极限与一元实函数在一点处的极限的定义在形式上是一致的, 但是由于复变函数是定义在复平面上的点集, 自变量的趋近过程是平面中点集的趋近过程, 所以比一元实函数的自变量的趋近过程更复杂.

(7)平面曲线(特别是简单闭曲线、光滑或按段光滑曲线)和平面区域(单连通域与多连通域)是复变函数理论的几何基础, 读者应当熟悉这些概念, 会用复数表达式表示一些常见平面曲线与区域, 或者根据给定的表达式画出它所表示的平面曲线或区域, 这在今后的学习中是非常重要的.

(8)复变函数 $w = f(z) = u(x, y) + iv(x, y)$ 有极限存在等价于它的实部 $u(x, y)$ 和虚部 $v(x, y)$ 极限同时存在; 复变函数 $w = f(z) = u(x, y) + iv(x, y)$ 连续等价于它的实部 $u(x, y)$ 和虚部 $v(x, y)$ 同时连续. 因此, 可以将研究复变函数的极限、连续等问题转化为研究两个二元实变函数 $u(x, y)$ 与 $v(x, y)$ 的相应问题, 从而能证明复变函数的极限、连续的许多基本性质和运算法则与实变函数相同.

习题

1.求下列复数的三角表示式和指数表示式.

(1) $1 - i\sqrt{3}$;

(2) $\sqrt{3} - i$;

(3) $-3 - 2i$;

(4) $\dfrac{1 - i\tan\theta}{1 + i\tan\theta}\left(0 < \theta < \dfrac{\pi}{2}\right)$;

(5) $\left(\dfrac{1 + \sqrt{3}i}{1 - \sqrt{3}i}\right)^{10}$;

(6) $\dfrac{(\cos 5\varphi + i\sin 5\varphi)^2}{(\cos 3\varphi - i\sin 3\varphi)^3}$;

(7) $\dfrac{-2}{1 + \sqrt{3}i}$;

(8) $\left(\dfrac{1 + i}{1 - i}\right)^{100}$;

(9) $1 + \cos\theta + i\sin\theta(0 \leqslant \theta \leqslant \pi)$;

(10) $1 + \sin\varphi + i\cos\varphi\left(0 \leqslant \varphi \leqslant \dfrac{\pi}{2}\right)$.

2.计算下列复数的值.

(1) $(-3)^i$;

(2) $\sqrt[4]{1-i}$;

(3) $\sqrt[4]{1+i}$;

(4) $(\sqrt{3}-i)^5$;

(5) $(1-i)^9$;

(6) $\dfrac{(1+i)^3(\sqrt{3}-i)^3}{(1+\sqrt{3}i)^3}$;

(7) $\left(\dfrac{\sqrt{2}}{2}(1-i)\right)^{100}$;

(8) 当 $z=\dfrac{\sqrt{2}}{2}(1-i)$ 时，$z^{100}+z^{50}+1$.

3. 指出下列各式表示的平面曲线或平面图形.

(1) 函数 $w=2z+1$ 将圆 $x^2+y^2=1$ 映射到 w 平面 (uov 平面) 上的曲线;

(2) $w=z^2$ 把 z 平面上曲线 $xy=4$ 映射到 w 平面 (uov 平面) 上的曲线;

(3) $w=\dfrac{1}{z}$ 把 z 平面上曲线 $(x-1)^2+y^2=1$ 映射到 w 平面上的曲线;

(4) $w=z^3$ 把 z 平面上的角形域 $0<\theta<\dfrac{\pi}{3}$ 映射成 w 平面上的区域;

(5) 函数 $w=\dfrac{1}{z}$ 将 z 平面的曲线 $y=x$ 映射到 w 平面的曲线方程;

(6) 满足 $|z+2|+|z-2|\leqslant 5$ 的点集所形成的平面图形;

(7) 函数 $w=\mathrm{e}^z$ 将区域 $0<\operatorname{Im}z<\pi$ 映射成的区域;

(8) $\arg(z-i)=\dfrac{\pi}{4}$ 表示的几何图形的直角坐标方程.

4. 如果复数 z_1，z_2，z_3 满足等式 $\dfrac{z_2-z_1}{z_3-z_1}=\dfrac{z_1-z_3}{z_2-z_3}$，证明 $|z_2-z_1|=|z_3-z_1|=|z_2-z_3|$，并说明这些等式的几何意义.

5. 如果多项式 $f(z)=a_0z^n+a_1z^{n-1}+a_2z^{n-2}+\cdots+a_{n-1}z+a_n$ 的系数 $a_k(k=0,\ 1,\ 2,\ \cdots,\ n)$ 均为实数，证明：等式 $f(\bar{z})=\overline{f(z)}$ 恒成立.

6. 证明下列不等式.

(1) 设 $|z_0|<1$，证明：若 $|z|=1$，则 $\left|\dfrac{z-z_0}{1-\overline{z_0}z}\right|=1$.

(2) 设 $|z|=1$，证明：$\left|\dfrac{cz+d}{\bar{d}z+\bar{c}}\right|=1$.

7. 设 z_1，z_2 是单位圆内的任意两点，证明：$|z_1-z_2|\leqslant|1-z_1\bar{z}_2|$.

8. 证明 $\arg z$ 在原点与负实轴上不连续.

第2章 解析函数

解析函数是复变函数所特有的概念，是本门课程的主要研究对象，它在理论和实际问题中有着广泛的应用. 例如，利用复变函数表示平面向量场，利用解析函数研究平面向量场的流函数和势函数，大大简化了计算.

本章主要介绍解析函数的概念，这是建立在复变函数导数的基础之上的，着重介绍解析函数概念的内涵及判别方法；接着介绍一些常用的初等函数，说明它们的解析性；最后以平面流速场和静电场的复势为例，说明解析函数在研究平面场问题中的实际应用. 下面先通过介绍平面向量场引出解析函数的概念.

2.1 复变函数的导数与解析函数

2.1.1 平面向量场中的复变函数

用复变函数表示平面向量场，是研究平面向量场问题中的有效方法.本书以平面定常向量场为例简单说明. 即，向量场中的向量都平行于某一个平面S, 而且在垂直于S 的任何一条直线上的所有点处的向量都是相等的，场中的向量也都是与时间无关的. 显然，这种向量场在所有平行于S 的平面内的分布情况是完全相同的，因此它完全可以用一个位于平行于S 的平面S_0内的场来表示.

在平面S_0内取定一直角坐标系xOy，于是场中每一个具有分量A_x，与A_y的向量$\boldsymbol{A} = A_x\boldsymbol{i} + A_y\boldsymbol{j}$便可用复数

$$A = A_x + \mathrm{i}A_y$$

来表示.由于场中的点可用复数$z = x + \mathrm{i}y$来表示，所以平面向量场$\boldsymbol{A} = A_x(x,\ y)\boldsymbol{i} + A_y(x,\ y)\boldsymbol{j}$可以借助于复变函数

$$A = A(z) = A_x(x,\ y) + \mathrm{i}A_y(x,\ y)$$

来表示. 反之，已知某一复变函数$\omega = u(x,\ y) + v(x,\ y)$.由此也可得到一个对应的平面向量场

$$\boldsymbol{A} = u(x,\ y)\boldsymbol{i} + v(x,\ y)\boldsymbol{j}.$$

例如，一个平面定常流速场(如河水的表面)

$$\boldsymbol{v} = v_x(x,\ y)\boldsymbol{i} + v_y(x,\ y)\boldsymbol{j}.$$

可以用复变函数

$$v = v(z) = v_x(x,\ y) + \mathrm{i}v_y(x,\ y)$$

来表示.

又如，垂直于均匀带电的无限长直导线的所有平面上，电场的分布是相同的，因而可以取其中某一个平面为代表，当作平面电场来研究.由于电场强度向量为

$$\boldsymbol{E} = E_x(x,\ y)\boldsymbol{i} + E_y(x.y)\boldsymbol{j},$$

因此该平面电场也可以用一个复变函数

$$E = E(z) = E_x(x,\ y) + \mathrm{i}E_y(x,\ y)$$

来表示.

平面向量场与复变函数的这种密切关系，不仅说明了复变函数具有明确的物理意义，而且可以利用复变函数的方法来研究平面向量场的有关问题. 在应用中特别重要的是如何构造一个解析函数来表示无源无旋的平面向量场，这个解析函数就是平面向量场的复势函数.因此需要搞清楚什么是解析函数. 而解析函数是在导数的基础上定义的，因此先介绍复变函数导数的定义.

2.1.2 复变函数的导数

2.1.2.1 导数的定义

设函数$w = f(z)$定义于区域D. z_0为D中一点，点$z_0 + \Delta z$也属于D，如果极限

$$\lim_{\Delta z \to 0} \frac{f(z_0 + \Delta z) - f(z_0)}{\Delta z}$$

存在，那么就说$f(z)$在z_0可导，这个极限值称为$f(z)$在z_0的导数，记作

$$f'(z_0) = \frac{\mathrm{d}w}{\mathrm{d}z}\bigg|_{z=z_0} = \lim_{\Delta z \to 0} \frac{f(z_0 + \Delta z) - f(z_0)}{\Delta z}.$$

即，对于任意给定的$\varepsilon > 0$，存在$\delta(\delta 与 \varepsilon 相关) > 0$，当$0 < |\Delta z| < \delta$时，总有

$$\left| \frac{f(z_0 + \Delta z) - f(z_0)}{\Delta z} - f'(z_0) \right| < \varepsilon.$$

注 定义中$z_0 + \Delta z \to z_0$(即$\Delta z \to 0$)的方式是任意的，定义中极限值存在的要求与$z_0 + \Delta z \to z_0$的方式无关，也就是说，当z在区域D内以任何方式趋于z_0时，比值$\dfrac{f(z_0 + \Delta z) - f(z_0)}{\Delta z}$都趋于同一个数，这个数就称为导数. 同复变函数的极限与连续类似，对于导数的这一限制比对一元实变函数的类似限制要严格得多，从而使复变函数的可导性具有许多独特的性质和应用.

如果$f(z)$在区域D内处处可导，就说$f(z)$在D内可导.

例2.1 求$f(z) = z^3$的导数.

解 因为

$$\lim_{\Delta z \to 0} \frac{f(z_0 + \Delta z) - f(z_0)}{\Delta z}$$

$$= \lim_{\Delta z \to 0} \frac{(z_0 + \Delta z)^3 - z_0{}^3}{\Delta z}$$

$$= \lim_{\Delta z \to 0} \frac{z_0{}^3 + 3z_0{}^2\Delta z + 3z_0(\Delta z)^2 + (\Delta z)^3 - z_0{}^3}{\Delta z}$$

$$= \lim_{\Delta z \to 0} \left[3z_0{}^2 + 3z_0\Delta z + (\Delta z)^2\right]$$

$$= 3z_0{}^2.$$

所以

$$f'(z_0) = 3z_0{}^2.$$

例2.2 判断复变函数 $f(z) = 3x + 2yi$ 的可导性.

解   由导数的定义, 有

$$\lim_{\Delta z \to 0} \frac{f(z + \Delta z) - f(z)}{\Delta z}$$

$$= \lim_{\Delta z \to 0} \frac{3(x + \Delta x) + 2(y + \Delta y)i - (3x + 2yi)}{\Delta z}$$

$$= \lim_{\Delta z \to 0} \frac{3\Delta x + 2\Delta yi}{\Delta x + \Delta yi}.$$

当 $z + \Delta z$ 沿平行于 x 轴的直线趋向于 z 时, $\Delta y = 0$, 这时极限为

$$\lim_{\Delta z \to 0} \frac{3\Delta x}{\Delta x} = 3.$$

当 $z + \Delta z$ 沿平行于 y 轴的直线趋向于 z 时, $\Delta x = 0$, 这时极限为

$$\lim_{\Delta z \to 0} \frac{2\Delta y}{\Delta y} = 2.$$

沿不同方向极限值不相同, 所以函数 $f(z) = 3x + 2yi$ 的导数不存在.

从本例可以看出, 复变函数 $f(z) = 3x + 2yi$ 在复平面内处处连续却处处不可导, 说明连续不一定可导, 那么自然有疑问, 可导是否一定连续? 这是容易证明的, 即若复变函数 $f(z)$ 在某一点 z_0 处可导则函数必定在 z_0 处连续, 反之不成立.

事实上, 由 $f(z)$ 在 z_0 可导的定义, 对于任意给定的 $\varepsilon > 0$, 存在 $\delta > 0$, 使得当 $0 < |\Delta z| < \delta$ 时, 有

$$\left| \frac{f(z_0 + \Delta z) - f(z_0)}{\Delta z} - f'(z_0) \right| < \varepsilon.$$

令

$$\rho(\Delta z) = \frac{f(z_0 + \Delta z) - f(z_0)}{\Delta z} - f'(z_0),$$

则

$$\lim_{\Delta z \to 0} \rho(\Delta z) = 0,$$

由此得

$$f(z_0 + \Delta z) - f(z_0) = f'(z_0)\Delta z + \rho(\Delta z)\Delta z.$$

上式两边取极限，得

$$\lim_{\Delta z \to 0} f(z_0 + \Delta z) = f(z_0),$$

即$f(z)$在z_0中连续.

由于复变函数中导数的定义与一元实变函数中导数的定义在形式上完全相同，而且复变函数中的极限运算法则也和实变函数中的一样，所以实变函数中的求导法则都可以不加更改地推广到复变函数中来，而且证明也是相同的. 本书给出一些常用函数的求导公式.

2.1.2.2 几个常用的求导公式

(1) $(c)' = 0$，其中c为复常数；

(2) $(z^n)' = nz^{n-1}$，其中n为正整数；

(3) $[f(z) \pm g(z)]' = f'(z) \pm g'(z)$；

(4) $[f(z)g(z)]' = f'(z)g(z) + f(z)g'(z)$；

(5) $\left[\dfrac{f(z)}{g(z)}\right]' = \dfrac{f'(z)g(z) - f(z)g'(z)}{g^2(z)}$；

(6) $[f(g(z))]' = f'(w)g'(z)$，其中$w = g(z)$；

(7) $f'(z) = \dfrac{1}{\varphi'(w)}$，其中$w = f(z)$与$z = \varphi(w)$是两个互为反函数的单值函数，且$\varphi'(w) \neq 0$.

2.1.2.3 微分的概念

和一元实变函数微分的概念一样，复变函数的微分概念定义为：设复变函数$w = f(z)$在z_0处可导，则其函数的增量可表示为

$$\Delta w = f(z_0 + \Delta z) - f(z_0) = f'(z_0)\Delta z + \rho(\Delta z)z,$$

其中，$\lim\limits_{\Delta z \to 0} \rho(\Delta z) = 0$. 因此，$|\rho(\Delta z)\Delta z|$是关于$|\Delta z|$的高阶无穷小，而$f'(z_0)\Delta z$是函数$w = f(z)$的改变量$\Delta w$的线性部分，称$f'(z_0)\Delta z$为函数$w = f(z)$ 在点z_0处的微分，记作

$$dw = f'(z_0)\Delta z.$$

如果函数在点z_0的微分存在，则称函数$f(z)$在z_0可微.特别地，当$f(z) = z$时，得$dz = \Delta z$，于是微分也记作

$$dw = f'(z_0)dz,$$

即

$$f'(z_0) = \left.\frac{dw}{dz}\right|_{z=z_0}.$$

由此可见：函数$w = f(z)$在z_0可导和在z_0可微是等价的.

如果$f(z)$在区域D内处处可微，则称$f(z)$在D内可微.

2.1.3 解析函数的定义

有了导数的定义，就可以给出解析的定义了，先来看函数在一点处解析的定义.

如果函数$f(z)$在点z_0及z_0的邻域内处处可导，那么称$f(z)$在z_0解析，如果在区域D内每一点解析，那么称$f(z)$在D内解析，或称$f(z)$是D内的一个解析函数(全纯函数或正则函数). 如果$f(z)$在z_0不解析，那么称z_0为$f(z)$的奇点.

由定义可知，函数在区域内解析与区域内可导是等价的，但是，函数在一点处解析和在一点处可导是两个不等价的概念，就是说，函数在一点处可导，不一定在该点处解析，函数在一点处解析比在该点处可导的要求高很多.

例2.3 研究函数$f(z) = z^3$，$g(z) = 3x + 2yi$和$h(z) = z\mathrm{Re}(z)$的解析性.

解 由解析函数的定义与本节的例2.1、例2.2可知，$f(z) = z^3$在复平面内是解析的，而$g(z) = 3x + 2yi$在复平面内处处不解析，下面研究$h(z) = z\mathrm{Re}(z)$的解析性. 由于

$$\frac{h(z_0 + \Delta z) - h(z_0)}{\Delta z}$$

$$= \frac{(z_0 + \Delta z)\mathrm{Re}(z_0 + \Delta z) - z_0\mathrm{Re}(z_0)}{\Delta z}$$

$$= \frac{(z_0 + \Delta z)\left[\mathrm{Re}(z_0) + \mathrm{Re}(\Delta z)\right] - z_0\mathrm{Re}(z_0)}{\Delta z}$$

$$= \mathrm{Re}(z_0) + \mathrm{Re}(\Delta z) + z_0\frac{\mathrm{Re}(\Delta z)}{\Delta z},$$

显然，当$z_0 = 0$时，则当$\Delta z \to 0$时上式的极限为零. 当$z_0 \neq 0$时，令$z_0 + \Delta z$沿直线

$$y - y_0 = k(x - x_0)$$

趋于z_0，上式中

$$\frac{\mathrm{Re}(\Delta z)}{\Delta z} = \frac{\Delta x}{\Delta x + \Delta yi} = \frac{1}{1 + i\frac{\Delta y}{\Delta x}} = \frac{1}{1 + ik},$$

极限值也为$\dfrac{1}{1 + ik}$. 由于k的任意性，该极限随k的变化而变化，因此极限不存在. 所以，当$\Delta z \to 0$时，比值

$$\frac{h(z_0 + \Delta z) - h(z_0)}{\Delta z}$$

的极限也不存在.

因此，$h(z) = z\mathrm{Re}(z)$仅在$z = 0$处可导，而在其他点都不可导，由定义可知，它在复平面内处处不解析.

例2.4 研究函数$w = \dfrac{1}{z}$的解析性.

解 因为该函数在复平面内除点$z = 0$外处处可导，且
$$\frac{\mathrm{d}w}{\mathrm{d}z} = -\frac{1}{z^2},$$
所以在除$z = 0$外的复平面内，函数$w = \dfrac{1}{z}$处处解析，而$z = 0$是它的奇点.

根据解析与求导的关系，不难证明解析函数的如下性质.

(1) 在区域D内解析的两个函数$f(z)$与$g(z)$的和、差、积、商(除去分母为零的点)在D内解析.

(2)设函数$h = g(z)$在z平面上的区域D内解析，函数$\omega = f(h)$在平面上的区域G内解析.如果对D内的每一个点z.函数$g(z)$的对应值h都属于G，那么复合函数$\omega = f(g(z))$在D内解析.

从这些性质可以推知，所有有理整函数(多项式)在复平面内是处处解析的，任何一个有理分式函数$\dfrac{P(z)}{Q(z)}$在不含分母为零的点的区域内是解析的，使分母为零的点是它的奇点.

2.2   函数可导与解析的充要条件

2.1节中，讨论了解析函数的一些简单性质，那么解析函数还有哪些性质呢？每一个复变函数不一定都是解析函数，除了用定义判定外，还有没有其他方法判定函数解析呢？这是本节需要探讨的问题. 先从导数的性质与判定入手. 下面的定理给出了函数在一点可导的充要条件.

定理2.1   设函数$f(z) = u(x,\ y) + \mathrm{i}v(x,\ y)$定义在区域$D$内，则函数在$D$内一点$z = x + \mathrm{i}y$可导的充要条件是$u(x,\ y)$与$v(x,\ y)$在点$(x,\ y)$可微，并且在该点满足柯西-黎曼(Cauchy-Riemann) 方程
$$\frac{\partial u}{\partial x} = \frac{\partial v}{\partial y},\ \frac{\partial u}{\partial y} = -\frac{\partial v}{\partial x}.$$

证明   首先证明必要性. 由函数$f(z) = u(x,\ y) + \mathrm{i}v(x,\ y)$在$D$内一点可导可知，对于充分小的$|\Delta z| = |\Delta x + \mathrm{i}\Delta y| > 0$，有
$$f(z + \Delta z) - f(z) = f'(z)\Delta z + \rho(\Delta z)\Delta z,$$
其中
$$\lim_{\Delta z \to 0} \rho(\Delta z) = 0.$$
令$f(z + \Delta z) - f(z) = \Delta u + \mathrm{i}\Delta v,\ f'(z) = a + \mathrm{i}b,\ \rho(\Delta z) = \rho_1 + \mathrm{i}\rho_2$.

由极限存在的充要条件，由$\lim\limits_{\Delta z \to 0} \rho(\Delta z) = 0$，有
$$\lim_{\substack{\Delta x \to x_0 \\ \Delta y \to y_0}} \rho_1 = 0,\quad \lim_{\substack{\Delta x \to x_0 \\ \Delta y \to y_0}} \rho_2 = 0.$$

下面来计算 $f(z + \Delta z) - f(z)$.

$$f(z + \Delta z) - f(z)$$

$$= \Delta u + \mathrm{i}\Delta v = (a + \mathrm{i}b)(\Delta x + \mathrm{i}\Delta y) + (\rho_1 + \mathrm{i}\rho_2)(\Delta x + \mathrm{i}\Delta y)$$

$$= (a\Delta x - b\Delta y + \rho_1\Delta x - \rho_2\Delta y) + \mathrm{i}(b\Delta x + a\Delta y + \rho_2\Delta x + \rho_1\Delta y),$$

从而有

$$\Delta u = a\Delta x - b\Delta y + \rho_1\Delta x - \rho_2\Delta y,$$

$$\Delta v = b\Delta x + a\Delta y + \rho_2\Delta x + \rho_1\Delta y.$$

由于

$$0 \leqslant \left| \frac{\rho_1\Delta x - \rho_2\Delta y}{\sqrt{\Delta x^2 + \Delta y^2}} \right| \leqslant |\rho_1| + |\rho_2| \to 0,$$

$$0 \leqslant \left| \frac{\rho_2\Delta x + \rho_1\Delta y}{\sqrt{\Delta x^2 + \Delta y^2}} \right| \leqslant |\rho_2| + |\rho_1| \to 0,$$

则 $\rho_1\Delta x - \rho_2\Delta y$ 和 $\rho_2\Delta x + \rho_1\Delta y$ 都是关于 $\sqrt{\Delta x^2 + \Delta y^2}$ 的高阶无穷小，因此函数 $u(x, y)$ 和 $v(x, y)$ 在 (x, y) 可微，而且满足方程

$$\frac{\partial u}{\partial x} = \frac{\partial v}{\partial y} = a, \quad \frac{\partial u}{\partial y} = -\frac{\partial v}{\partial x} = b, \tag{2-1}$$

此为柯西-黎曼方程. 因此证明了函数 $f(z) = u(x, y) + \mathrm{i}v(x, y)$ 在区域 D 内一点 $z = x + y\mathrm{i}$ 可导的必要条件，即 $u(x, y)$ 与 $v(x, y)$ 在点 (x, y) 可微，并且在该点满足柯西-黎曼方程.

下面证明充分性. 由于

$$f(z + \Delta z) - f(z)$$

$$= u(x + \Delta x, y + \Delta y) - u(x, y) + \mathrm{i}[v(x + \Delta x, y + \Delta y) - v(x, y)]$$

$$= \Delta u + \mathrm{i}\Delta v,$$

又因为 $u(x, y)$ 和 $v(x, y)$ 在点 (x, y) 可微，得

$$\Delta u = \frac{\partial u}{\partial x}\Delta x + \frac{\partial u}{\partial y}\Delta y + \varepsilon_1\Delta x + \varepsilon_2\Delta y,$$

$$\Delta v = \frac{\partial v}{\partial x}\Delta x + \frac{\partial v}{\partial y}\Delta y + \varepsilon_3\Delta x + \varepsilon_4\Delta y,$$

这里

$$\lim_{\substack{\Delta x \to x_0 \\ \Delta y \to y_0}} \varepsilon_k = 0, \quad k = 1, 2, 3, 4.$$

因此

$$f(z + \Delta z) - f(z) = \left(\frac{\partial u}{\partial x} + \mathrm{i}\frac{\partial v}{\partial x} \right)\Delta x + \left(\frac{\partial u}{\partial y} + \mathrm{i}\frac{\partial v}{\partial y} \right)\Delta y +$$

$$(\varepsilon_1 + i\varepsilon_3)\Delta x + (\varepsilon_2 + i\varepsilon_4)\Delta y,$$

根据柯西-黎曼方程

$$\frac{\partial v}{\partial y} = \frac{\partial u}{\partial x}, \ \frac{\partial u}{\partial y} = -\frac{\partial v}{\partial x} = i^2 \frac{\partial v}{\partial x},$$

所以

$$f(z + \Delta z) - f(z) = \left(\frac{\partial u}{\partial x} + i\frac{\partial v}{\partial x}\right)(\Delta x + i\Delta y) +$$
$$(\varepsilon_1 + i\varepsilon_3)\Delta x + (\varepsilon_2 + i\varepsilon_4)\Delta y,$$

则

$$\frac{f(z + \Delta z) - f(z)}{\Delta z} = \frac{\partial u}{\partial x} + i\frac{\partial v}{\partial x} + (\varepsilon_1 + i\varepsilon_3)\frac{\Delta x}{\Delta z} + (\varepsilon_2 + i\varepsilon_4)\frac{\Delta y}{\Delta z},$$

因为 $\left|\frac{\Delta x}{\Delta z}\right| \leqslant 1$, $\left|\frac{\Delta y}{\Delta z}\right| \leqslant 1$, 故当 Δz 趋于零时, 上式等号右端的最后两项都趋于零, 因此

$$f'(z) = \lim_{\Delta z \to 0}\frac{f(z + \Delta z) - f(z)}{\Delta z} = \frac{\partial u}{\partial x} + i\frac{\partial v}{\partial x},$$

这就是说, 函数 $f(z) = u(x, \ y) + iv(x, \ y)$ 在 $z = x + iy$ 处可导, 导数为 $\frac{\partial u}{\partial x} + i\frac{\partial v}{\partial x}$.

定理2.1充分性的证明不仅证明了函数的可导性, 同时给出了函数在 $z = x + iy$ 处的导数公式, 结合柯西-黎曼方程, 函数在一点处的导数公式可写为

$$f'(z) = \frac{\partial u}{\partial x} + i\frac{\partial v}{\partial x} = \frac{1}{i}\frac{\partial u}{\partial y} + \frac{\partial v}{\partial y}.$$

根据函数在区域内解析与区域内可导的等价性以及定理2.1, 可得到定理2.2.

定理2.2 函数 $f(z) = u(x, \ y) + iv(x, \ y)$ 在其定义域 D 内解析的充要条件是: $u(x, \ y)$, $v(x, \ y)$ 在 D 内可微, 并且满足柯西-黎曼方程.

这两个定理提供了判定函数解析或函数可导的简便方法, 即复变函数的两个二元实变函数可微, 并且满足柯西-黎曼方程. 在实际计算中, 验证柯西-黎曼方程较容易, 而判定二元函数可微较麻烦, 可通过判定更强的条件, 即这两个二元实变函数的一阶偏导数连续来判定可微. 这一点必须成立, 因为只满足柯西-黎曼方程不一定解析. 因此判定函数可导或解析的方法除了定义外, 就是这个定理, 一般来说用这个定理更简便.

例2.5 判定下列函数在何处可导, 在何处解析:

(1) $w = |z|^2$; (2) $f(z) = e^x(\cos y + i\sin y)$; (3) $w = z\text{Im}(z)$.

解 (1) $u = x^2 + y^2$, $v = 0$, 则

$$\frac{\partial u}{\partial x} = 2x, \quad \frac{\partial u}{\partial y} = 2y,$$
$$\frac{\partial v}{\partial x} = 0, \quad \frac{\partial v}{\partial y} = 0.$$

显然，u，v可微，且只有当$x = 0$，$y = 0$时满足柯西-黎曼方程，当$x \neq 0$，$y \neq 0$时不满足柯西-黎曼方程，所以$w = |z|^2$只在$z = 0$处可导，在复平面内处处不解析.

(2)因为$u = \mathrm{e}^x \cos y$，$v = \mathrm{e}^x \sin y$，则

$$\frac{\partial u}{\partial x} = \mathrm{e}^x \cos y, \quad \frac{\partial u}{\partial y} = -\mathrm{e}^x \sin y,$$

$$\frac{\partial v}{\partial x} = \mathrm{e}^x \sin y, \quad \frac{\partial v}{\partial y} = \mathrm{e}^x \cos y.$$

从而有

$$\frac{\partial u}{\partial x} = \frac{\partial v}{\partial y}, \quad \frac{\partial u}{\partial y} = -\frac{\partial v}{\partial x},$$

并且由于上面四个一阶偏导数都是连续的，所以$f(z)$在复平面内处处可导，处处解析，并且导数为

$$f'(z) = \mathrm{e}^x(\cos y + \mathrm{i}\sin y) = f(z).$$

这个函数的特点在于它的导数是它本身，后面将知道这个函数就是复变数指数函数.

(3)由$w = z\mathrm{Im}(z) = xy + \mathrm{i}y^2$，得$u = xy$，$v = y^2$，所以

$$\frac{\partial u}{\partial x} = y, \quad \frac{\partial u}{\partial y} = x,$$

$$\frac{\partial v}{\partial x} = 0, \quad \frac{\partial v}{\partial y} = 2y,$$

容易看出，这四个偏导数都是连续的，但是仅当$x = y = 0$时，它们才满足柯西-黎曼方程，因而函数仅在$z = 0$时可导，但在复平面任何地方都不解析.

例2.6 设函数$f(z) = x^2 + axy + by^2 + \mathrm{i}(cx^2 + dxy + y^2)$. 常数$a$，$b$，$c$，$d$取何值时，函数在复平面内处处解析？

解 由于

$$\frac{\partial u}{\partial x} = 2x + ay, \quad \frac{\partial u}{\partial y} = ax + 2by,$$

$$\frac{\partial v}{\partial x} = 2cx + dy, \quad \frac{\partial v}{\partial y} = dx + 2y.$$

从而要使

$$\frac{\partial u}{\partial x} = \frac{\partial v}{\partial y}, \quad \frac{\partial u}{\partial y} = -\frac{\partial v}{\partial x}$$

只需

$$2x + ay = dx + 2y, \quad 2cx + dy = -ax - 2by$$

因此，当$a = 2$，$b = -1$，$c = -1$，$d = 2$时，此函数在复平面内处处解析.

例2.7和例2.8给出了解析函数的两个重要性质，在许多实际问题中很有用处.

例2.7 如果$f'(z)$在区域D内处处为零，则$f(z)$在D内为一常数.

证明 因为

$$f'(z) = \frac{\partial u}{\partial x} + \mathrm{i}\frac{\partial v}{\partial x} = -\mathrm{i}\frac{\partial u}{\partial y} + \frac{\partial v}{\partial y} \equiv 0,$$

故

$$\frac{\partial u}{\partial x} = \frac{\partial v}{\partial x} = \frac{\partial u}{\partial y} = \frac{\partial v}{\partial y} \equiv 0.$$

所以，$u = $常数，$v = $常数，因而$f(z)$在$D$内是常数.

例2.8 如果$f = u + \mathrm{i}v$为一解析函数，且$f'(z) \neq 0$，则曲线族$u(x,\ y) = c_1$和$v(x,\ y) = c_2$必定正交，其中c_1，c_2为常数.

证明 由于$f'(z) = \frac{1}{\mathrm{i}}u_y + v_y$，故$u_y$与$v_y$必不全为零.

如果在曲线的交点处u_y与v_y都不为零，则由隐函数求导法知曲线族$u(x,\ y) = c_1$和$v(x,\ y) = c_2$中任一条曲线的斜率分别为

$$k_1 = -u_x/u_y, \ \ k_2 = -v_x/v_y.$$

由柯西-黎曼方程得

$$k_1 \cdot k_2 = (-u_x/u_y) \cdot (-v_x/v_y) = -1,$$

因此，曲线族$u(x,\ y) = c_1$和$v(x,\ y) = c_2$互相正交.

如果u_y与v_y中有一个为零，则另一个必不为零，此时容易知道两曲线族中的曲线在交点处的切线一条是水平的，一条是铅直的，它们仍然相互正交.

显然，解析函数$w = z^2 = x^2 - y^2 + 2xy\mathrm{i}$，当$z \neq 0$时，$\frac{\mathrm{d}w}{\mathrm{d}z} = 2z \neq 0$，所以曲线族

$$x^2 - y^2 = c_1, \ \ 2xy = c_2$$

必互相正交.

2.3　复变数初等函数

本节介绍复变数初等函数，包括复变数指数函数、复变数对数函数、复变数幂函数、复变数三角函数与双曲函数、复变数反三角函数与反双曲函数的定义和性质，以及它们的解析性. 读者可将实变数初等函数与复变数初等函数做比较，分析它们的异同.

2.3.1 复变数指数函数

2.3.1.1 复变数指数函数的定义

对任意复数$z = x + \mathrm{i}y$，定义复变数指数函数为

$$w = f(z) = \mathrm{e}^x(\cos y + \mathrm{i}\sin y),$$

常用$\exp z$或e^z来表示复变数指数函数，即$\exp z = e^z = e^x(\cos y + i\sin y)$. 当$\operatorname{Re}(z) = x = 0$时，$f(z) = \cos y + i\sin y = e^{iy}$ 为欧拉公式；当$\operatorname{Im}(z) = y = 0$时，$f(z) = e^x$ 为实变数指数函数，由此可知，复变数指数函数是实变数指数函数在复平面上的解析拓展.

由定义可以看出，复变数指数函数的模与辐角分别为

$$|\exp z| = e^x,$$

$$\operatorname{Arg}(\exp z) = y + 2k\pi,$$

其中，k为任意整数.

2.3.1.2 复变数指数函数的性质

1. 解析性

在本章2.2节例2.5的(2)中已知，函数$f(z) = e^x(\cos y + i\sin y)$ 是一个在复平面内处处解析的函数，且有$f'(z) = f(z)$，所以复变数指数函数在复平面内处处解析，且导数等于它本身.

2. 加法性质

设z_1，z_2是任意两个复数，则有

$$\exp z_1 \cdot \exp z_2 = \exp(z_1 + z_2).$$

证明 设$z_1 = x_1 + iy_1$，$z_2 = x_2 + iy_2$，则$z_1 + z_2 = (x_1 + x_2) + i(y_1 + y_2)$，按定义有

$$\begin{aligned}
\exp z_1 \cdot \exp z_2 &= e^{x_1}(\cos y_1 + i\sin y_1) \cdot e^{x_2}(\cos y_2 + i\sin y_2)\\
&= e^{x_1+x_2}[(\cos y_1 \cos y_2 - \sin y_1 \sin y_2) + i(\sin y_1 \cos y_2 + \cos y_1 \sin y_2)]\\
&= e^{x_1+x_2}[\cos(y_1 + y_2) + i\sin(y_1 + y_2)]\\
&= \exp(z_1 + z_2).
\end{aligned}$$

同样地，有

$$\frac{\exp z_1}{\exp z_2} = \exp(z_1 - z_2).$$

由加法定理，可以推出$\exp z$的周期性.

3. 周期性

复变数指数函数$\exp z$的周期是$2k\pi i$（k为任意整数）. 即

$$e^{z+2k\pi i} = e^z \cdot e^{2k\pi i} = e^z(\cos 2k\pi i + i\sin 2k\pi i) = e^z.$$

复变数指数函数的周期性质是实变数指数函数e^x所不具有的，这是复变数指数函数与实变数指数函数最大的不同.

2.3.2 复变数对数函数

和实变函数一样，复变数对数函数是复变数指数函数的反函数.

2.3.2.1 复变数对数函数的定义

对任意复数$z \neq 0$，把满足方程

$$e^w = z$$

的函数$w = f(z)$称为复变数对数函数，记作$\text{Ln}z$.

事实上，令$w = u + iv$，$z = re^{i\theta}$，则由

$$e^{u+iv} = e^u e^{iv} = re^{i\theta}$$

得

$$e^u = r,\ e^{iv} = e^{i\theta},$$

即

$$u = \ln r,\ v = \theta + 2k\pi.$$

因此

$$w = \text{Ln}z = \ln r + i(\theta + 2k\pi) = \ln|z| + i\text{Arg}z.$$

由此可以看出，复变数对数函数的实部与虚部分别为

$$\text{Re}(\text{Ln}z) = \ln|z|,$$
$$\text{Im}(\text{Ln}z) = \text{Arg}z.$$

2.3.2.2 复变数对数函数的性质

1. 多值性

由于$\text{Arg}z$为多值函数，所以复变数对数函数$w = f(z)$也为多值函数，并且任何两个值相差$2\pi i$的整数倍. 如果取$\text{Arg}z$的主值$\arg z$，则对应的$\text{Ln}z$为一单值函数，记作$\ln z$，称为$\text{Ln}z$的主值，即

$$\ln z = \ln|z| + i\arg z.$$

而其余各个值可表示为

$$\text{Ln}z = \ln z + 2k\pi i,\ k = \pm 1,\ \pm 2,\ \cdots.$$

对于任一个固定的k，上式为一单值函数，称为$\text{Ln}z$的一个分支. 特别地，当$z = x > 0$时，$\text{Ln}z$的主值$\ln z = \ln x$，就是实变数对数函数.

2. 乘法性质

设z_1，z_2是任意两个复数，则有

$$\text{Ln}(z_1 z_2) = \text{Ln}z_1 + \text{Ln}z_2.$$

证明 由定义有

$$\text{Ln}(z_1 z_2) = \ln|z_1 z_2| + i\text{Arg}(z_1 z_2)$$
$$= \ln|z_1| + \ln|z_2| + i(\text{Arg}z_1 + \text{Arg}z_2)$$
$$= \ln|z_1| + i\text{Arg}z_1 + \ln|z_2| + i\text{Arg}z_2$$
$$= \text{Ln}z_1 + \text{Ln}z_1.$$

同样地，有

$$\text{Ln}\left(\frac{z_1}{z_2}\right) = \text{Ln}z_1 - \text{Ln}z_2.$$

读者自行证明.

但应注意，与第1章中关于乘积和商的辐角等式一样，这些等式也应理解为两端可能取的函数值的全体是相同的，还应当注意的是，等式:

$$\text{Ln}z^n = n\text{Ln}z,$$
$$\text{Ln}\sqrt[n]{z} = \frac{1}{n}\text{Ln}z$$

不再成立，其中n为大于1的正整数.

3. 解析性

复变数对数函数的每一个分支在除去原点和负实轴外都是解析的.

先来看复变数对数主值$\ln z$. 由于$\ln z = \ln|z| + i\arg z$，$\ln|z|$除原点外在其他点都是连续的，而$\arg z$在原点与负实轴上都不连续(因为若设$z = x + iy$，则当$x < 0$ 时，$\lim\limits_{y\to 0^-}\arg z = -\pi$, $\lim\limits_{y\to 0^+}\arg z = \pi$). 因此对数主值$\ln z$ 在除原点与负实轴上都是连续的. 而在该区域$-\pi < v = \arg z < \pi$内，其反函数$z = e^w$ 是可导的，因而$\ln z$是可导的，其导数为

$$\frac{\text{d}\ln z}{\text{d}z} = \frac{1}{\dfrac{\text{d}e^w}{\text{d}w}} = \frac{1}{z}.$$

所以$\ln z$在除去原点及负实轴的平面内解析，由任何一支对数函数都可以写成对数主值加上$2k\pi i$ (任一个固定的k对应一个分支)，这部分不会改变它的连续性和解析性，因此，$\text{Ln}z$的各个分支在除去原点及负实轴的平面内也解析，并且有相同的导数值.

例2.9 求$\text{Ln}1$，$\text{Ln}(-1)$，$\text{Ln}i$，$\text{Ln}(-i)$ 以及与它们相应的主值.

解 由复变数对数函数的定义，得

$$\text{Ln}1 = \ln 1 + 2k\pi i = 2k\pi i,$$
$$\text{Ln}(-1) = \ln|-1| + (\pi + 2k\pi)i = (2k+1)\pi i,$$

$$\text{Lni} = \ln|\mathrm{i}| + \left(\frac{\pi}{2} + 2k\pi\right)\mathrm{i} = \frac{2k\pi + \pi}{2}\mathrm{i},$$

$$\text{Ln}(-\mathrm{i}) = \ln|-\mathrm{i}| + \left(-\frac{\pi}{2} + 2k\pi\mathrm{i}\right) = \frac{2k\pi - \pi}{2}\mathrm{i},$$

其中，k为整数. 当$k = 0$时，得到它们的主值分别为0，$\pi\mathrm{i}$，$\frac{\pi}{2}\mathrm{i}$，$-\frac{\pi}{2}\mathrm{i}$.

在实变数对数函数中，负数无对数，此例说明这个事实在复数范围内不再成立，而且正实数的对数也是无穷多值的，这又一次说明，复变数对数函数是实变数对数函数的推广.

2.3.3 复变数幂函数

2.3.3.1 复变数幂函数的定义

设b为一复常数，则对任意复数$z \neq 0$，定义复变数幂函数为

$$w = z^b = \mathrm{e}^{b\text{Ln}z}.$$

当$z = 0$时，规定b为正实数，且有$0^b = 0$.

一般地，由于对数函数是多值的，所以复变数幂函数也是多值的. 但当b是正整数时例外.

事实上，当$b = n$为正整数时，有

$$z^b = z^n = \mathrm{e}^{n\text{Ln}z} = \mathrm{e}^{n\text{Ln}|z|+\mathrm{i}n(\arg z + 2k\pi)}$$

$$= \mathrm{e}^{n(\ln|z|+\mathrm{i}\arg z)+2kn\pi\mathrm{i}} = \mathrm{e}^{n(\ln|z|+\mathrm{i}\arg z)} = \mathrm{e}^{n\ln z},$$

这是一个单值函数.

另外，当$b = \dfrac{p}{q}$(p和q为互质的整数，$q > 0$)时，由于

$$z^b = \mathrm{e}^{b\text{Ln}z} = \mathrm{e}^{\frac{p}{q}\ln|z|+\mathrm{i}\frac{p}{q}(\arg z + 2k\pi)}$$

$$= \mathrm{e}^{\frac{p}{q}\ln|z|}\left[\cos\frac{p}{q}(\arg z + 2k\pi) + \mathrm{i}\sin\frac{p}{q}(\arg z + 2k\pi)\right],$$

当$k = 0$，1，$\cdots$，$(q - 1)$时，上式对应q个不同的值，此时，z^b有q个值. 特别地，当$p = 1$，$q = n$时，此时$z^b = z^{\frac{1}{n}}$为z的n次方根，即

$$z^{\frac{1}{n}} = |z|^{\frac{1}{n}}\left(\cos\frac{\arg z + 2k\pi}{n} + \mathrm{i}\sin\frac{\arg z + 2k\pi}{n}\right),$$

这与第1章的开二次方是一致的.

除此之外，当b是无理数或虚部不为0的复数时，a^b具有无限多个值.

2.3.3.2 复变数幂函数的解析性

对应于不同b的值，复变数幂函数的解析性有所不同.

(1) 当$b = n$为正整数时，复变数幂函数$w = z^n$在整个复平面上都是解析的，其导数为

$$(z^n)' = nz^{n-1}.$$

(2) 当 $b = \dfrac{1}{n}$(n 为正整数)时，由于对数函数 $\mathrm{Ln}z$ 在除去原点和负实轴的区域内解析，所以复变数幂函数 $w = z^{\frac{1}{n}}$ 在除去原点和负实轴的区域内都是解析的，其导数为

$$\left(z^{\frac{1}{n}}\right)' = \left(\sqrt[n]{z}\right)' = \left(\mathrm{e}^{\frac{1}{n}\mathrm{Ln}z}\right)' = \frac{1}{n}z^{\frac{1}{n}-1}.$$

(3) 当 b 是无理数或虚部不为 0 的复数时，同样由于对数函数 $\mathrm{Ln}z$ 在除去原点和负实轴的区域内解析，复变数幂函数 $w = z^b$ 也在除去原点和负实轴的区域内都是解析的，其导数为

$$\left(z^b\right)' = \left(\mathrm{e}^{b\mathrm{Ln}z}\right)' = \mathrm{e}^{b\mathrm{Ln}z} \cdot b\frac{1}{z} = bz^{b-1}.$$

例 2.10 求 $1^{\sqrt{3}}$ 和 $\mathrm{i}^{-\mathrm{i}}$ 的值.

解 由幂的定义，可知

$$1^{\sqrt{3}} = \mathrm{e}^{\sqrt{3}\mathrm{Ln}1} = \mathrm{e}^{2k\pi\mathrm{i}\sqrt{3}}$$

$$= \cos(2\sqrt{3}k\pi) + \mathrm{i}\sin(2\sqrt{3}k\pi), \quad k = 0, \ \pm 1, \ \pm 2, \ \cdots,$$

$$\mathrm{i}^{-\mathrm{i}} = \mathrm{e}^{-\mathrm{i}\mathrm{Ln}\mathrm{i}} = \mathrm{e}^{-\mathrm{i}\left(\frac{\pi}{2}\mathrm{i}+2k\pi\mathrm{i}\right)}$$

$$= \mathrm{e}^{\frac{\pi}{2}+2k\pi}, \quad k = 0, \ \pm 1, \ \pm 2, \ \cdots,$$

由此可见，$1^{\sqrt{3}}$ 的值都是虚部不为 0 的复数，而 $\mathrm{i}^{-\mathrm{i}}$ 的值都是正实数.

2.3.4 复变数三角函数与复变数双曲函数

2.3.4.1 复变数正余弦函数

1. 复变数正余弦函数的定义

根据欧拉公式，有

$$\mathrm{e}^{\mathrm{i}y} = \cos y + \mathrm{i}\sin y,$$

$$\mathrm{e}^{-\mathrm{i}y} = \cos y - \mathrm{i}\sin y,$$

把这两个式相加与相减，分别得到

$$\cos y = \frac{\mathrm{e}^{\mathrm{i}y} + \mathrm{e}^{-\mathrm{i}y}}{2},$$

$$\sin y = \frac{\mathrm{e}^{\mathrm{i}y} - \mathrm{e}^{-\mathrm{i}y}}{2\mathrm{i}}.$$

由于正余弦函数分别用指数函数表示，且已经定义了复变数指数函数，因此把余弦和正弦函数的定义推广到复数域，得到复变数余弦函数与复变数正弦函数的定义：

$$\cos z = \frac{\mathrm{e}^{\mathrm{i}z} + \mathrm{e}^{-\mathrm{i}z}}{2},$$

$$\sin z = \frac{\mathrm{e}^{\mathrm{i}z} - \mathrm{e}^{-\mathrm{i}z}}{2\mathrm{i}}.$$

2. 复变数正余弦函数的性质

(1) 周期性. 根据定义，e^z是以$2k\pi i$(k为整数)为周期的周期函数，不难证明，复变数余弦函数与复变数正弦函数都是以$2k\pi$，(k为整数)为周期的周期函数，即

$$\cos(z + 2k\pi) = \cos z, \quad \sin(z + 2k\pi) = \sin z.$$

(2) 奇偶性. 容易推出，$\cos z$是偶函数，而$\sin z$是奇函数.

$$\cos(-z) = \cos z,$$
$$\sin(-z) = -\sin z.$$

(3) 解析性. 由指数函数的解析性可以得到，复变数正余弦函数都是复平面内的解析函数，且

$$(\cos z)' = -\sin z, \quad (\sin z)' = \cos z.$$

(4) 三角公式. 由定义可以推知复变数正余弦的三角公式与中学的很多正余弦函数的公式是一样的. 例如

$$\begin{cases} \cos(z_1 + z_2) = \cos z_1 \cos z_2 - \sin z_1 \sin z_2, \\ \sin(z_1 + z_2) = \sin z_1 \cos z_2 + \cos z_1 \sin z_2, \\ \sin^2 z + \cos^2 z = 1. \end{cases}$$

由以上论述可知，复变数正余弦函数与实变数正余弦函数的周期性、奇偶性、导数公式、三角公式都是相同的.

(5) 无界性. 由复变数正余弦函数的定义，当z取纯虚数时，即$z = iy$，有

$$\cos iy = \frac{e^{i(iy)} + e^{-i(iy)}}{2} = \frac{e^{-y} + e^y}{2} = \text{ch}y,$$

$$\sin iy = \frac{e^{i(iy)} - e^{-i(iy)}}{2i} = \frac{e^{-y} - e^y}{2i} = i\text{sh}y.$$

实变数双曲函数都是无界函数，即当$y \to \infty$时，$|\sin iy|$和$|\cos iy|$都趋于无穷大. 因此，$|\sin z| \leqslant 1$和$|\cos z| \leqslant 1$在复数范围内不再成立. 可见$\sin z$和$\cos z$虽然保持了与其相应的实变函数的一些基本性质，但是，它们之间也有本质上的差异.这是复变数正余弦函数与实变数正余弦函数最大的不同.

结合三角公式和无界性的判定，可以得到复变数正余弦的值的简便计算. 设$z = x + iy$，将x与iy分别看成两个复数，则有

$$\cos(x + iy) = \cos x \cos iy - \sin x \sin iy = \cos x \text{ch}y - i\sin x \text{sh}y,$$

$$\sin(x + iy) = \sin x \cos iy + \cos x \sin iy = \sin x \text{ch}x + i\cos x \text{sh}y.$$

2.3.4.2 其他复变数三角函数

其他复变数三角函数的定义如下:

$$\tan z = \frac{\sin z}{\cos z}, \quad \cot z = \frac{\cos z}{\sin z},$$

$$\sec z = \frac{1}{\cos z}, \quad \csc z = \frac{1}{\sin z}.$$

这些函数分别称作复变数正切函数、复变数余切函数、复变数正割函数、复变数余割函数.这些三角函数也有实变数三角函数类似的周期性、奇偶性、导数公式等.

(1)周期性.复变数正余切函数的周期是π，复变数正余割函数的周期是2π，即

$$\tan(z + \pi) = \tan z, \quad \cot(z + \pi) = \cot z,$$

$$\sec(z + 2\pi) = \sec z, \quad \csc(z + 2\pi) = \csc z.$$

(2)奇偶性.复变数正余切函数、复变数余割函数是奇函数，复变数正割函数是偶函数，即

$$\tan(-z) = -\tan z, \quad \cot(-z) = -\cot z,$$

$$\sec(-z) = \sec z, \quad \csc(-z) = -\csc z.$$

(3)解析性.这4个函数在分母不为0的区域内是解析的，在解析区域内其导数分别为

$$(\tan z)' = \sec^2 z, \quad (\cot z)' = -\csc^2 z,$$

$$(\sec z)' = \sec z \tan z, \quad (\csc z)' = -\csc z \cot z.$$

2.3.4.3 复变数双曲函数

与三角函数 $\cos z$ 和 $\sin z$ 密切相关的是双曲函数，因此

$$\mathrm{ch}\, z = \frac{\mathrm{e}^z + \mathrm{e}^{-z}}{2}, \quad \mathrm{sh}\, z = \frac{\mathrm{e}^z - \mathrm{e}^{-z}}{2}, \quad \mathrm{th}\, z = \frac{\mathrm{e}^z - \mathrm{e}^{-z}}{\mathrm{e}^z + \mathrm{e}^{-z}},$$

分别称为复变数双曲余弦、复变数双曲正弦和复变数双曲正切函数. 当 $z = x$ 为实数时，显然它们与实变数双曲函数的定义完全一致.

(1)周期性. 复变数指数函数具有周期性，复变数双曲函数也具有周期性，其中 $\mathrm{ch}\, z$ 和 $\mathrm{sh}\, z$ 都是以 $2\pi\mathrm{i}$ 为周期的周期函数，$\mathrm{th}\, z$ 是以 $\pi\mathrm{i}$ 为周期的周期函数，即

$$\mathrm{ch}(z + 2\pi\mathrm{i}) = \mathrm{ch}\, z, \quad \mathrm{sh}(z + 2\pi\mathrm{i}) = \mathrm{sh}\, z, \quad \mathrm{th}(z + \pi\mathrm{i}) = \mathrm{th}\, z.$$

(2)奇偶性. 根据定义，ch$z$为偶函数，sh$z$和th$z$均为奇函数，即

$$\text{ch}(-z) = \text{ch}z, \quad \text{sh}(-z) = -\text{sh}z, \quad \text{th}(-z) = -\text{th}z.$$

(3)解析性. 复变数指数函数具有解析性，ch$z$和sh$z$都是在整个复平面内解析的函数，而th$z$是在复平面内除去分母为0的区域内解析，且在解析区域内，有导数分别为

$$(\text{ch}z)' = \text{sh}z, \quad (\text{sh}z)' = \text{ch}z, \quad (\text{th}z)' = \frac{1}{\text{ch}^2 z}.$$

(4)三角公式. 根据定义，可得如下三角公式：

$$\text{ch}\,\text{i}y = \cos y,$$
$$\text{sh}\,\text{i}y = \text{i}\sin y,$$
$$\text{ch}(x + \text{i}y) = \text{ch}x\cos y + \text{i}\text{sh}x\sin y,$$
$$\text{sh}(x + \text{i}y) = \text{sh}x\cos y + \text{i}\text{ch}x\sin y.$$

2.3.5 复变数反三角函数与复变数反双曲函数

复变数反三角函数由复变数三角函数的反函数来定义. 以复变数反余弦函数为例来计算其反函数的公式.

2.3.5.1 复变数反余弦函数

设$z = \cos w$，则w称为z的反余弦函数，记作$w = \text{Arccos}z$.

事实上，由

$$z = \cos w = \frac{\text{e}^{\text{i}w} + \text{e}^{-\text{i}w}}{2}$$

得关于$\text{e}^{\text{i}w}$的二次方程为

$$\text{e}^{2\text{i}w} - 2z\text{e}^{\text{i}w} + 1 = 0,$$

它的根为

$$\text{e}^{\text{i}w} = z + \sqrt{z^2 - 1},$$

其中$\sqrt{z^2-1}$应理解为$z^2 - 1$的二次方根，有两个值. 因此，两端取对数，得

$$\text{Arccos}z = -\text{i}\text{Ln}(z + \sqrt{z^2 - 1}).$$

显然从上式可以看出，$\text{Arccos}z$是一个多值函数，它的多值性正是$\cos w$偶性和周期性的反映.

2.3.5.2 其他复变数反三角函数及反双曲函数

用同样的方法可以定义反正弦函数和反正切函数，并且重复上述步骤，可以得到它们的表达式为

$$\begin{cases} \text{Arcsin}z = -\text{i}\text{Ln}(\text{i}z + \sqrt{1 - z^2}), \\ \text{Arctan}z = -\frac{\text{i}}{2}\text{Ln}\dfrac{1 + \text{i}z}{1 - \text{i}z}. \end{cases}$$

复变数反双曲函数定义为复变数双曲函数的反函数.推导过程与推导复变数反三角函数完全类似，最终可以得到各反双曲函数的表达式：

反双曲正弦 $\text{Arsh}z = \text{Ln}(z + \sqrt{z^2 + 1})$；

反双曲余弦 $\text{Arch}z = \text{Ln}(z + \sqrt{z^2 - 1})$；

反双曲正切 $\text{Arth}z = \dfrac{1}{2}\text{Ln}\dfrac{1+z}{1-z}$.

2.4* 平面场的复势

作为解析函数的一个重要应用，本节将介绍利用解析函数的方法来解决平面向量场的有关问题，主要介绍平面流速场和静电场的复势函数. 我们经常会碰到无源无旋的向量场，如何用一个解析函数表示这样的向量场，是本节探讨的主要问题.先给出复势函数的定义.

2.4.1 复势函数的定义

如果一个解析函数可以表示一个无源无旋的平面向量场，则这个解析函数就称为平面向量场的复势函数，简称复势.

2.4.2 平面流速场的复势

下述主要介绍平面流速场的复势，它是由平面流速场的势函数和流函数分别作为实部和虚部所构成的复变函数.

2.4.2.1 平面流速场的势函数

设向量场 $\boldsymbol{v}$ 是不可压缩的(即流体的密度是一个常数)定常的理想流体的流速场

$$\boldsymbol{v} = v_x(x,\ y)\boldsymbol{i} + v_y(x,\ y)\boldsymbol{j},$$

其中，速度分量 $v_x(x,\ y)$ 与 $v_y(x,\ y)$ 都有连续的偏导数.如果 $\boldsymbol{v}$ 是单连通域 B 内的无旋场(即势量场)，则

$$\text{rot}\boldsymbol{v} = 0,$$

即

$$\frac{\partial v_y}{\partial x} - \frac{\partial v_x}{\partial y} = 0,$$

这说明了表达式 $v_x\mathrm{d}x + v_y\mathrm{d}y$ 是一个二元函数 $\varphi(x,\ y)$ 的全微分，即

$$\mathrm{d}\varphi(x,\ y) = v_x\mathrm{d}x + v_y\mathrm{d}y.$$

由此得

$$\frac{\partial \varphi}{\partial x} = v_x,\quad \frac{\partial \varphi}{\partial y} = v_y.$$

从而有

$$\text{grad}\boldsymbol{\varphi} = \boldsymbol{v}.$$

$\varphi(x, y)$就称为场v的势函数(或位函数).等值线$\varphi(x, y) = c_1$就称为等势线(或等位线).

2.4.2.2 平面流速场的流函数

如果它在单连域B内是无源场(即管量场)，则

$$\text{div}v = \frac{\partial v_x}{\partial x} + \frac{\partial v_y}{\partial y} = 0,$$

即

$$\frac{\partial v_x}{\partial x} = -\frac{\partial v_y}{\partial y}.$$

从而可知$-v_y\mathrm{d}x + v_x\mathrm{d}y$是某一个二元函数$\psi(x, y)$的全微分，即

$$\mathrm{d}\psi(x, y) = -v_y\mathrm{d}x + v_x\mathrm{d}y.$$

由此得

$$\frac{\partial \psi}{\partial x} = -v_y, \tag{2-2}$$

$$\frac{\partial \psi}{\partial y} = v_x. \tag{2-3}$$

因为沿等值线$\psi(x, y) = c_1$, $\mathrm{d}\psi(x, y) = -v_y\mathrm{d}x + v_x\mathrm{d}y = 0$, 所以，$\dfrac{\partial y}{\partial x} = \dfrac{v_y}{v_x}$.这就是说，场$v$在等值线$\psi(x, y) = c_1$上任一点处的向量$v$都与等值线相切因而在流速场中等值线$\psi(x, y) = c_2$就是流线. 因此，函数$\psi(x, y)$称为场$v$的流函数.

2.4.2.3 平面流速场的复势函数

根据上述讨论可知：如果在单连域B内，向量场v既是无旋场又是无源场时，则式(2-2)和式(2-3)同时成立，将它们比较一下，即得

$$\frac{\partial \varphi}{\partial x} = \frac{\partial \psi}{\partial y}, \quad \frac{\partial \varphi}{\partial y} = -\frac{\partial \psi}{\partial x},$$

而这就是柯西-黎曼方程. 因此，在单连域内可作一解析函数

$$w = f(z) = \varphi(x, y) + \mathrm{i}\psi(x, y)$$

这个函数称为平面流速场的复势函数，简称复势. 它就是所要构造的表示该平面场的解析函数.

根据以上讨论及解析函数的导数公式，可得

$$v = v_x + \mathrm{i}v_y = \frac{\partial \varphi}{\partial x} + \mathrm{i}\frac{\partial \varphi}{\partial y} = \frac{\partial \psi}{\partial y} - \mathrm{i}\frac{\partial \psi}{\partial x} = \overline{f'(z)},$$

此式表明流速场v可以用复变函数$v = \overline{f'(z)}$表示.

因此，在一个单连域内给定一个无旋无源平面流速场v，就可以构造一个解析函数——它的复势$w = f(z) = \varphi(x, y) + \mathrm{i}\psi(x, y)$与它对应；反之，如果在某一区域(不管是否单连的)内给定一个解析函数$w = f(z)$，就有一个以它为复势的

平面流速场 $\boldsymbol{v} = \overline{f'(z)}$ 与它相对应，并且由此立即可以写出该场的流函数和势函数，从而得到流线方程与等势线方程. 画出流线与等势线的图形，即得描绘该场的流动图像. 在流速不为零的点处，等势线 $\varphi(x, y) = c_2$ 和流线 $\psi(x, y) = c_1$ 构成正交的曲线族.

因此，利用解析函数(复势)可以统一研究场的流函数和势函数，从而克服了在《场论》(朗道等著，鲁欣等译，高等教育出版社，2012年)中对流函数和势函数孤立地进行研究的缺点，而且计算比较简便.

2.4.3 静电场的复势

现在主要介绍静电场的复势，它是由静电场的势函数和流函数分别作为实部和虚部所构成的复变函数.

2.4.3.1 静电场的势函数

设向量场

$$\boldsymbol{E} = E_x(x, y)\boldsymbol{i} + E_y(x, y)\boldsymbol{j},$$

其中，$E_x(x, y)$ 与 $E_y(x, y)$ 都有连续的偏导数. 如果 $\boldsymbol{E}$ 是 B 内的无旋场，则

$$\text{rot}\boldsymbol{E} = \frac{\partial E_y}{\partial x} - \frac{\partial E_x}{\partial y} = 0$$

即存在 $-v_x\mathrm{d}x - v_y\mathrm{d}y$ 是一个二元函数 $v(x, y)$ 的全微分（当然 $v_x\mathrm{d}x + v_y\mathrm{d}y$ 也存在全微分，这是电工学的习惯用法），即

$$\mathrm{d}v(x, y) = -E_x\mathrm{d}x - E_y\mathrm{d}y,$$

从而有

$$\text{grad}\boldsymbol{v} = -\boldsymbol{E}.$$

$v(x, y)$ 就称为场 $\boldsymbol{E}$ 的势函数(电势或电位). 等值线 $v(x, y) = c_1$ 就称为等势线(或等位线).

2.4.3.2 静电场的流函数

如果 $\boldsymbol{E}$ 是 B 内的无源场，则

$$\text{div}\boldsymbol{E} = \frac{\partial E_x}{\partial x} + \frac{\partial E_y}{\partial y} = 0,$$

即存在一个二元函数 $u(x, y)$ 使得 $\mathrm{d}u(x, y) = -E_y\mathrm{d}x + E_x\mathrm{d}y$ 是全微分. 由此等值线 $u(x, y) = c_2$ 上任一点处的向量 $\boldsymbol{E}$ 都与等值线相切，因而在流速场中等值线 $\psi(x, y) = c_2$ 就是流线或电力线. 因此，函数 $u(x, y)$ 称为场 $\boldsymbol{E}$ 的力函数.

2.4.3.3 静电场的复势函数

如果在单连域 B 内，向量场 $\boldsymbol{E}$ 既是无旋场又是无源场时，则

$$\frac{\partial u}{\partial x} = \frac{\partial v}{\partial y}, \quad \frac{\partial u}{\partial y} = -\frac{\partial v}{\partial x},$$

这就是柯西-黎曼方程. 因此，在单连域内可作一解析函数

$$w = f(z) = u(x, \ y) + iv(x, \ y),$$

这个函数称为静电场的复势函数，或复电位. 它就是所要构造的表示该平面场的解析函数.

根据以上讨论及解析函数的导数公式，可得

$$\boldsymbol{E} = -v_x - iu_y = -i\overline{f'(z)},$$

此式表明静电场的复势与流速场的复势相差一个因子$-i$，这是电工学的习惯性用法.

小结

本章主要介绍了复变函数的导数与微分、解析函数的定义及充要条件、复变数初等函数的定义及性质等，重点在于正确理解复变函数的导数与解析函数等基本概念，掌握判断复变函数可导与解析的方法.对于复变量初等函数，要熟悉它们的定义和主要性质，特别是复变数初等函数与实变数初等函数有哪些性质不一样，哪些性质类同. 本章定义非常多，读者应当理解记忆.

(1)复变函数的导数定义与一元实变函数的导数定义在形式上相同，因而它们的一些求导公式与求导法则也一样，然而，在前文中已经指出，极限定义中极限存在的要求是与Δz趋于零的方式无关. 这表明复变函数在一点可导的条件要比实变函数可导的条件严得多，因此复变可导函数有不少特有的性质.

(2)解析函数是复变函数的主要研究对象.虽然函数在一个区域内解析与在一个区域内可导是等价的，但是，在一点解析比它在一点可导的要求要高得多，因此解析函数有许多为一般的一元实变函数所没有的很好的性质.例如，除本章2.1的定理和例2.6与例2.7中所指出的性质之外，后面还将指出：解析函数的各阶导数仍为解析函数，解析函数的虚部为实部的共轭调和函数以及解析函数可以展开为幂级数等.所有这些性质，使得解析函数广泛应用于实际问题中.

(3)复变函数连续、可导(可微)与解析之间有如下关系：

1) 函数在一点解析，一定在该点可导(可微)，反过来不成立；

2) 函数在一点可导(可微)，一定在该点连续，反过来不成立；

3) 函数在一点解析，一定在该点连续，反过来不成立；

4) 函数在区域内解析等价于函数在区域内可导(可微)；

5) 函数在区域内解析(可导或可微)，一定在区域内连续，反过来不成立.

(4)函数可导与解析的判别方法.

1) 方法1：利用可导与解析的定义. 根据定义，要判断一个复变函数在点z_0是否解析，只要判定它在z_0及其某邻域内是否可导；要判断该函数在区域D内是否解析，只要判定它在D内是否可导.因此，判定解析的问题归结为判定可导的问题.而函数的可导性可以利用导数的定义来验证(如例2.1与例2.2)，也可以用求导公式与求导法则来判定. 当函数能够表示成只含z的某种初等函数的表达式，则根据求导公式和法则可以直接求导.

2)方法2：利用可导与解析的充要条件，定理2.1与定理2.2.定理2.1和定理2.2把复变函数$f(z) = u + iv$的可导与解析的问题转化为两个二元实变函数u与v来研究，即要求u与v可微并且满足柯西-黎曼方程：

$$\frac{\partial u}{\partial x} = \frac{\partial v}{\partial y}, \quad \frac{\partial u}{\partial y} = -\frac{\partial v}{\partial x},$$

这是可导与解析的充要条件，只要其中有一个条件不满足，则$f(z)$既不可导也不解析，因此，它是判断函数是否可导或解析的常用而简洁的方法. 在应用中常常利用定理的两个推论：

i. 若u与v的一阶偏导数在点z_0(区域D)存在、连续并且满足柯西-黎曼方程，则$f(z)$在点z_0可导(区域D内解析)，并且有求导公式：

$$f'(z) = \frac{\partial u}{\partial x} + i\frac{\partial v}{\partial x} = \frac{1}{i}\frac{\partial u}{\partial y} + \frac{\partial v}{\partial y}.$$

ii. 若u与v的一阶偏导数不存在，或者虽存在但不满足柯西-黎曼方程，则$f(z)$不可导，因而也不解析.

(5)复变数初等函数是一元实变数初等函数在复数范围内的自然推广，它既保持了后者的某些基本性质，又有一些与后者不同的特性.

1) 指数函数$e^z = e^z(\cos y + \sin y)$在复平面上处处解析，并$(e^z)' = e^z$，保持了实变数指数函数$e^x$的某些基本性质，如加法定理，导数公式等，但以$2\pi i$ 为周期的周期性是它与实变数指数函数不同的特性.

2)对数函数$\mathrm{Ln}z = \mathrm{Ln}|z| + i\mathrm{Arg}z$是具有无穷多个分支的多值函数.在除去原点和负实轴的z平面内处处解析，并且$(\mathrm{Ln}z)' = -\frac{1}{z}$. 它保持了实变数对数函数$\ln x$的某些运算性质，例如，

$$\mathrm{Ln}(z_1 z_2) = \mathrm{Ln}z_1 + \mathrm{Ln}z_2,$$
$$\mathrm{Ln}\left(\frac{z_1}{z_2}\right) = \mathrm{Ln}z_1 - \mathrm{Ln}z_2.$$

但是有些则不成立， 例如

$$\mathrm{Ln}z^n = n\mathrm{Ln}z,$$

以及"负数无对数"的论断也不再有效.

3)复数的乘幂定义为$a^b = e^{bLnz}$. 当a为一复变数$z \neq 0$时，它就是z的一般幂函数$z^b = e^{bLnz}$.

i. 对于整幂函数z^n，它是单值的且在整个复平面内处处解析；

ii. 对于$b = \dfrac{1}{n}$时，$z^{\frac{1}{n}}$具有n个值，且在除去原点和负实轴的复平面内解析，其余都是多值函数；

iii.对于b是无理数或虚部不为0的复数时，(z^b)具有无穷多个值且在沿原点和负实轴割开的复平面内是解析函数，并且$(z^b)' = bz^{b-1}$.

4) 复变数正弦函数与复变数余弦函数

$$\cos z = \frac{e^{iz} + e^{-iz}}{2}, \quad \sin z = \frac{e^{iz} - e^{-iz}}{2i}.$$

在z平面上处处解析，并且

$$(\sin z)' = \cos z, \ (\cos z)' = -\sin z.$$

它保持了对应的实变函数的周期性、奇偶性，一些三角恒等式仍然成立. 但不再具有有界性，即不等式$|\sin z| \leqslant 1$与$|\cos z| \leqslant 1$ 不成立.

5) 复变数双曲正弦函数与复变数双曲余弦函数

$$shz = \frac{e^z - e^{-z}}{2}, \quad chz = \frac{e^z + e^{-z}}{2}.$$

它是以$2\pi i$为周期的周期函数.

6) 复变数反三角函数与复变数反双曲函数都是用对数函数来表示的，因而都是多值函数.

习题

1. 计算下列复数的值.

(1) 2^i;

(2) $\sqrt[4]{1+i}$;

(3) $(1-i)^{\frac{1}{3}}$;

(4) $\text{Ln}(-1+i)$;

(5) $(\sqrt{3}+i)^i$;

(6) $(1+i)^{1+i}$;

(7) $i^i, \quad |i^i|$;

(8) 3^i；

(9) $\text{Ln}(-3 + 4i)$；

(10) 3^{1+i}.

2. 求解下列方程.

(1) $\text{sh}z = 0$；

(2) $\text{ch}z = 0$；

(3) $\text{Ln}z = 1 + \pi i$；

(4) $\ln z = 1 + \dfrac{\pi}{3}i$；

(5) $\text{sh}z + i = 0$；

(6) $\text{ch}z = 1$；

(7) $e^z = -1 + \sqrt{3}i$.

3. 判断下列函数的解析性.

(1) $f(z) = |z|^2$；

(2) $f(z) = \dfrac{x}{x^2 + y^2} - i\dfrac{y}{x^2 + y^2}$；

(3) $f(z) = \text{Re}z$.

4. 求下列函数的导数.

(1) $f(z) = x^2 - y^2 + x + i(y + 2xy)$；

(2) $f(z) = \dfrac{x}{x^2 + y^2} - i\dfrac{y}{x^2 + y^2}$；

(3) $f(z) = x^2 - y^2 - y + x + i(2xy + x + y)$；

(4) $f(z) = u(x,\ y) + ie^{-y}\sin x$；

(5) $f(z) = x^3 + 3x^2yi + -3xy^2 - y^3i$；

(6) $f(z)$ 的实部 $u(x,\ y) = 2(x - 1)y$.

5. 求下列待定的解析函数.

(1) 设 $f(z) = my^3 + nx^2y + i(x^3 + lxy^2)$ 为解析函数，求 $l,\ m,\ n$；

(2) 若 $f(z) = x^2 + 2xy - y^2 + i(y^2 + axy - x^2)$ 在复平面内处处解析，求实常数 a；

(3) 已知 $f(z) = y^2 - x^2 + iaxy$ 为解析函数，求实数 a.

6. 证明下列函数的性质.

(1) 证明如果 $f'(z)$ 在区域 D 处处为零，则 $f(z)$ 在 D 内为一常数；

(2) 设函数 $f(z) = u + \mathrm{i}v$ 在区域 D 内解析，$|f(z)|$ 在 D 内恒为常数，试证明 $f(z)$ 在 D 内也为常数；

(3) 如果 $f(z) = u + \mathrm{i}v$ 是解析函数，证明 $\left(\dfrac{\partial}{\partial x}|f(z)|\right)^2 + \left(\dfrac{\partial}{\partial y}|f(z)|\right)^2 = |f'(z)|^2$；

(4) 若函数 $f(z)$ 在上半平面解析，试证函数 $\overline{f(\bar{z})}$ 在下半平面也解析.

7. 证明下列复变数函数公式.

(1) 证明　$\mathrm{ch}^2 z - \mathrm{sh}^2 z = 1$；

(2) 证明　$\mathrm{sh}(z_1 + z_2) = \mathrm{sh}z_1\mathrm{ch}z_2 + \mathrm{ch}z_1\mathrm{sh}z_2$；

(3) 证明　$\sin z = \sin(x + \mathrm{i}y) = \sin x\mathrm{ch}y + \mathrm{i}\cos x\mathrm{sh}y$.

8. 由余弦函数的定义推导出余弦函数的计算公式，并以此计算公式说明在复数范围内，$|\cos z| \leqslant 1$ 不再成立.

第3章 复变函数的积分

复变函数的积分是研究复变函数性质十分重要的方法.如同微积分学中的函数的积分是研究实变量函数性质一样.同时,复变函数的积分是解决实际问题的有力工具.

复变函数积分在很多实际问题中都有广泛应用.例如,利用复变函数理论讨论无限大各向异性纤维复合材料单层板的混合型裂纹问题.在给出各向异性复合材料单层板的积分对坐标的曲线积分表示式基础上,通过将裂纹尖端的应力和位移代入该表示式得到了积分的复形式——复变函数积分的实部,根据柯西-古萨基本定理可证明该积分与路径无关;借助柯西积分公式推出该积分的理论计算公式.

本章首先介绍复变函数积分的概念、性质和计算法.其次,介绍关于解析函数积分的柯西-古萨基本定理及复合闭路定理.再次,给出柯西积分公式及高阶导数公式,并由此说明这个重要结论解析函数的导数仍然是解析函数.最后,讨论解析函数和调和函数的关系.

通过本章的学习,读者可以认识并掌握解析函数用积分形式表示出来的特性,以及与之相关的一系列重要的公式与定理,这些内容是复变函数理论的重要组成部分,因此要深入地理解并熟练地掌握它们.

3.1 复变函数积分的概念与性质

3.1.1 积分的定义

3.1.1.1 有向曲线

设 C 为平面上一条给定的光滑或按段光滑曲线,如果选定 C 的两个可能方向中的一个作为正方向,那么就把 C 理解为带有方向的曲线,称为有向曲线.设曲线有两个端点 A 与 B,如果把从 A 到 B 的方向记为 C 的正方向,那么从 B 到 A 的方向就是 C 的负方向,记作 C^-. 在今后的讨论中,常把两个端点中的一个作为起点,另一个作为终点.除特殊声明外,正方向总是指从起点到终点的方向.

简单闭曲线的正方向指曲线上的点 P 顺着此方向沿该曲线前进时,邻近 P 点的曲线内部始终位于 P 点的左方,与之相反的方向就是曲线的负方向.

3.1.1.2 积分的定义

设复变函数 $w = f(z)$ 定义在区域 D 内，如图3-1所示，C 为区域 D 内起点为 A，终点为 B 的一条光滑有向曲线.将曲线 C 任意分成 n 个弧段，设分点为

$$A = z_0,\ z_1,\ z_2,\ \cdots,\ z_{k-1},\ z_k,\ \cdots,\ z_n = B,$$

在任意一个弧段 $\overwidehat{z_{k-1}z_k}(k = 1,\ 2,\ \cdots,\ n)$ 上任取一点 ζ_k，并作和式

$$S_n = \sum_{k=1}^{n} f(\zeta_k)(z_k - z_{k-1}) = \sum_{k=1}^{n} f(\zeta_k)\Delta z_k,$$

其中，$\Delta z_k = z_k - z_{k-1}$. 记弧段 $\overwidehat{z_{k-1}z_k}$ 的长度为 Δs_k，令 $\delta = \max\limits_{1 \leqslant k \leqslant n}\{\Delta s_k\}$. 当 δ 趋于零时，如果对 C 的任意分法及 ζ_k 的任意取法，S_n 极限都存在，则称这个极限值为函数 $f(z)$ 沿曲线 C 的积分.记作

$$\int_C f(z)\mathrm{d}z = \lim_{\delta \to 0} \sum_{k=1}^{n} f(\zeta_k)\Delta z_k.$$

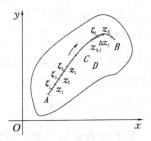

图 3-1　复变函数的积分

如果 C 为闭曲线，则积分记作 $\oint_C f(z)\mathrm{d}z$.

特别地，容易看出，当 C 是 x 轴上的一段 $a \leqslant x \leqslant b$，而 $f(z) = u(x)$ 时，这个积分定义就是一元实变函数定积分的定义.

3.1.2 积分存在的条件及其计算法

定理3.1　设 $f(z)$ 是连续函数且 C 是光滑曲线，则积分 $\int_C f(z)\mathrm{d}z$ 一定存在，而且积分可以通过两个二元实变函数的线积分来计算，即

$$\int_C f(z)\mathrm{d}z = \int_\alpha^\beta u(x,\ y)\mathrm{d}x - v(x,\ y)\mathrm{d}y + \mathrm{i}\int_\alpha^\beta v(x,\ y)\mathrm{d}x + u(x,\ y)\mathrm{d}y.$$

证明　设 $f(z) = u(x,\ y) + \mathrm{i}v(x,\ y)$，由 $f(z)$ 是连续函数，则 $u(x,\ y)$ 及 $v(x,\ y)$ 均为连续函数. 设任取的一点为 $\zeta_k = \xi_k + \mathrm{i}\eta_k$，而

$$\Delta z_k = z_k - z_{k-1} = (x_k - x_{k-1}) + \mathrm{i}(y_k - y_{k-1}) = \Delta x_k + \mathrm{i}\Delta y_k,$$

所以

$$\sum_{k=1}^{n} f(\zeta_k)\Delta z_k = \sum_{k=1}^{n} [u(\xi_k,\ \eta_k) + iv(\xi_k,\ \eta_k)](\Delta x_k + i\Delta y_k)$$

$$= \sum_{k=1}^{n} [u(\xi_k,\ \eta_k)\Delta x_k - v(\xi_k,\ \eta_k)\Delta y_k] +$$

$$i\sum_{k=1}^{n} [v(\xi_k,\ \eta_k)\Delta x_k + u(\xi_k,\ \eta_k)\Delta y_k].$$

由于u，v都是连续函数，根据线积分的存在定理，当弧段长度的最大值趋于零时，不论对C的分法如何，点$(\xi_k,\ \eta_k)$的取法如何，上式右端的两个和式的极限都是存在的，所以左端极限存在.因此有

$$\int_C f(z)\mathrm{d}z = \int_C u(x,\ y)\mathrm{d}x - v(x,\ y)\mathrm{d}y + i\int_C v(x,\ y)\mathrm{d}x + u(x,\ y)\mathrm{d}y.$$

上式在形式上可以看作是$f(z) = u + iv$与$\mathrm{d}z = \mathrm{d}x + i\mathrm{d}y$相乘后的积分，即

$$\int_C f\mathrm{d}z = \int_C (u+iv)(\mathrm{d}x+i\mathrm{d}y) = \int_C u\mathrm{d}x + iv\mathrm{d}x + iu\mathrm{d}y - v\mathrm{d}y$$

$$= \int_C u\mathrm{d}x - v\mathrm{d}y + i\int_C v\mathrm{d}x + u\mathrm{d}y.$$

此定理不仅给出了复变函数积分存在的条件，也给出了计算复变积分的一种方法.若光滑曲线C的参数方程为

$$z = z(t) = x(t) + iy(t),\ \alpha \leqslant t \leqslant \beta,$$

且曲线C的正方向为参数增加的方向，参数α及β分别对应于曲线C的起点A及终点B，并且$z'(t) \neq 0$，$\alpha < t < \beta$. 则利用二元实函数的线积分的计算方法，得

$$\int_C f(z)\mathrm{d}z = \int_C u(x,\ y)\mathrm{d}x - v(x,\ y)\mathrm{d}y + i\int_C v(x,\ y)\mathrm{d}x + u(x,\ y)\mathrm{d}y$$

$$= \int_\alpha^\beta u\left[x(t),\ y(t)\right]x'(t)\mathrm{d}t - v\left[x(t),\ y(t)\right]y'(t)\mathrm{d}t +$$

$$i\int_\alpha^\beta v\left[x(t),\ y(t)\right]x'(t)\mathrm{d}t + u\left[x(t),\ y(t)\right]y'(t)\mathrm{d}t$$

$$= \int_\alpha^\beta \{u\left[x(t),\ y(t)\right] + iv\left[x(t),\ y(t)\right]\}\left[x'(t) + iy'(t)\right]\mathrm{d}t$$

$$= \int_\alpha^\beta f(z(t))z'(t)\mathrm{d}t.$$

因此，复变函数积分的计算可按照类似实函数线积分的计算，即已知积分曲线的参数方程的复数形式，将其代入积分的表达式中，起点对应参数作为下限，终点对应参数作为上限，由此转化成关于参数的定积分来积分.

如果曲线C是由光滑曲线段C_1，C_2，$\cdots$，C_n依次相互连接所组成的按段光滑曲线，则复变函数的积分对曲线具有可加性，即

$$\int_C f(z)\mathrm{d}z = \int_{C_1} f(z)\mathrm{d}z + \int_{C_2} f(z)\mathrm{d}z + \cdots + \int_{C_n} f(z)\mathrm{d}z.$$

3.1.3 积分的性质

复变函数积分的性质与实函数的积分的性质类似，可从积分的定义很容易得到.

性质1. （有向性）$\displaystyle\int_C f(z)\mathrm{d}z = -\int_{C^-} f(z)\mathrm{d}z.$

性质2. （线性性）$\displaystyle\int_C [k_1 f(z) \pm k_2 g(z)]\mathrm{d}z = k_1 \int_C f(z)\mathrm{d}z \pm k_2 \int_C g(z)\mathrm{d}z$，其中$k_1$，$k_2$为复常数.

性质3. （可加性）$\displaystyle\int_C f(z)\mathrm{d}z = \int_{C_1} f(z)\mathrm{d}z + \int_{C_2} f(z)\mathrm{d}z$，其中$C = C_1 + C_2$.

性质4. （估值不等式）设曲线C的长度为L，函数$f(z)$在C上满足$|f(z)| \leqslant M$，则

$$\left| \int_C f(z)\mathrm{d}z \right| \leqslant \int_C |f(z)|\mathrm{d}s \leqslant ML.$$

性质4的证明： 事实上，$|\Delta z_k|$是z_k与z_{k-1}两点之间的距离，Δs_k为这两点之间弧段的长度，所以

$$\left| \sum_{k=1}^n f(\zeta_k)\Delta z_k \right| \leqslant \sum_{k=1}^n |f(\zeta_k)\Delta z_k| \leqslant \sum_{k=1}^n |f(\zeta_k)|\Delta s_k,$$

两段取极限，得

$$\left| \int_C f(z)\mathrm{d}z \right| \leqslant \int_C |f(z)|\mathrm{d}s,$$

其中，$\displaystyle\int_C |f(z)|\mathrm{d}s$表示连续函数（非负的）$|f(z)|$沿$C$的曲线积分，又因为

$$\sum_{k=1}^n |f(\zeta_k)|\Delta s_k \leqslant M\sum_{k=1}^n \Delta s_k = ML,$$

所以

$$\left| \int_C f(z)\mathrm{d}z \right| \leqslant \int_C |f(z)|\mathrm{d}s \leqslant ML,$$

这便得到了性质4的估值不等式.

例3.1 求积分$\displaystyle\int_C z^2\mathrm{d}z$，其中$C$为原点到点$1 + 2\mathrm{i}$的直线段.

解 直线段的参数方程可写为

$$x = t, \ y = 2t, \ 0 \leqslant t \leqslant 1$$

或

$$z = (1 + 2\mathrm{i})t, \ 0 \leqslant t \leqslant 1,$$

在 C 上，$z^2 = (1 + 2\mathrm{i})^2 t^2 = (-3 + 4\mathrm{i})t^2$，$\mathrm{d}z = (1 + 2\mathrm{i})\mathrm{d}t$，于是

$$\int_C z^2 \mathrm{d}z = \int_0^1 (-3 + 4\mathrm{i})t^2 \mathrm{d}t = (-3 + 4\mathrm{i})\int_0^1 t^2 \mathrm{d}t = -1 + \frac{4}{3}\mathrm{i}.$$

因为

$$\int_C z^2 \mathrm{d}z = \int_C (x^2 - y^2 + 2xy\mathrm{i})(\mathrm{d}x + \mathrm{i}\mathrm{d}y)$$
$$= \int_C (x^2 - y^2)\mathrm{d}x - 2xy\mathrm{d}y + \mathrm{i}\int_C 2xy\mathrm{d}x + (x^2 - y^2)\mathrm{d}y.$$

容易验证，右边两个线积分都与路线 C 无关，所以不论连接原点到 $1 + 2\mathrm{i}$ 的曲线 C 是怎样的，积分 $\int_C z^2 \mathrm{d}z$ 的值都等于 $-1 + \frac{4}{3}\mathrm{i}$.

例3.2 求积分 $\oint_C \dfrac{\mathrm{d}z}{(z - z_0)^n}$，其中 C 为以 z_0 为中心，r 为半径的正向圆周，n 为整数.

解 由题意得，C 的参数方程为

$$z = z_0 + r\mathrm{e}^{\mathrm{i}\theta}, \ 0 \leqslant \theta \leqslant 2\pi,$$

所以

$$\oint_C \frac{\mathrm{d}z}{(z - z_0)^n} = \int_0^{2\pi} \frac{\mathrm{i}r\mathrm{e}^{\mathrm{i}\theta}}{r^n \mathrm{e}^{\mathrm{i}n\theta}} \mathrm{d}\theta$$
$$= \frac{\mathrm{i}}{r^{n-1}} \int_0^{2\pi} \mathrm{e}^{-\mathrm{i}(n-1)\theta} \mathrm{d}\theta$$
$$= \frac{\mathrm{i}}{r^{n-1}} \int_0^{2\pi} [\cos(n - 1)\theta - \mathrm{i}\sin(n - 1)\theta] \, \mathrm{d}\theta.$$

当 $n = 1$ 时，

$$\oint_C \frac{\mathrm{d}z}{(z - z_0)^n} = \mathrm{i}\int_0^{2\pi} \mathrm{d}\theta = 2\pi\mathrm{i}$$

当 $n \neq 1$ 时，

$$\oint_C \frac{\mathrm{d}z}{(z - z_0)^n} = \frac{\mathrm{i}}{r^{n-1}} \frac{1}{n - 1} [\sin(n - 1)\theta + \cos(n - 1)\theta] \, |_0^{2\pi} = 0.$$

所以

$$\oint_{|z-z_0|=r} \frac{\mathrm{d}z}{(z - z_0)^n} = \begin{cases} 2\pi\mathrm{i}, & n = 1, \\ 0, & n \neq 0. \end{cases}$$

这个结果在后面的计算中会经常用到，应记住，该结果表明此积分与圆周的中心和半径无关.

例3.3 求积分 $\int_C \bar{z}\mathrm{d}z$ 的值，其中曲线 C 为

(1)沿从点1到点i的直线段C_1;

(2)沿折线段$C_2 + C_3$:先从点1到原点的直线段C_2,再从原点到点i的直线段C_3.

解 (1)由题意得,直线段C_1的参数方程为

$$x = 1 - t, \ y = t, \ 0 \leqslant t \leqslant 1$$

或

$$z = 1 - t + \mathrm{i}t, \ 0 \leqslant t \leqslant 1,$$

则在C_1上,$\bar{z} = 1 - t - \mathrm{i}t$,$\mathrm{d}z = (-1 + \mathrm{i})\mathrm{d}t$,于是有

$$\int_C \bar{z}\mathrm{d}z = \int_0^1 (1 - t - \mathrm{i}t)(-1 + \mathrm{i})\mathrm{d}t = \int_0^1 (2t - 1)\mathrm{d}t + \mathrm{i}\int_0^1 \mathrm{d}t = \mathrm{i}.$$

(2)由题意得,线段C_2的参数方程为

$$z = 1 - t, \ 0 \leqslant t \leqslant 1,$$

则在C_2上,$\bar{z} = 1 - t$,$\mathrm{d}z = -\mathrm{d}t$;

线段C_3的参数方程为

$$z = \mathrm{i}t, \ 0 \leqslant t \leqslant 1,$$

则在C_3上,$\bar{z} = -\mathrm{i}t$,$\mathrm{d}z = \mathrm{i}\mathrm{d}t$,于是有

$$\int_C \bar{z}\mathrm{d}z = \int_{C_2} \bar{z}\mathrm{d}z + \int_{C_3} \bar{z}\mathrm{d}z = \int_0^1 (t - 1)\mathrm{d}t + \int_0^1 t\mathrm{d}t$$

$$= \frac{1}{2} - 1 + \frac{1}{2} = 0.$$

此题积分的值与路径有关.

例3.4 设C为从原点到点$3 + 4\mathrm{i}$的直线段,试求积分$\displaystyle\int_C \frac{1}{z - \mathrm{i}}\mathrm{d}z$绝对值的一个上界.

解 由题意得,直线段C的参数方程为$z = (3 + 4\mathrm{i})t$,$0 \leqslant t \leqslant 1$. 由性质4的估值不等式知

$$\left| \int_C \frac{1}{z - \mathrm{i}}\mathrm{d}z \right| \leqslant \int_C \left| \frac{1}{z - \mathrm{i}} \right| \mathrm{d}s.$$

在C上,$\left| \dfrac{1}{z - \mathrm{i}} \right| = \dfrac{1}{|3t + (4t - 1)\mathrm{i}|} = \dfrac{1}{\sqrt{25\left(t - \dfrac{4}{25}\right)^2 + \dfrac{9}{25}}} \leqslant \dfrac{5}{3}$,从而有

$$\left| \int_C \frac{1}{z - \mathrm{i}} \right| \leqslant \frac{5}{3}\int_C \mathrm{d}s,$$

而$\displaystyle\int_C \mathrm{d}s = 5$,所以

$$\left| \int_C \frac{1}{z - \mathrm{i}}\mathrm{d}z \right| \leqslant \frac{25}{3}.$$

3.2 柯西-古萨(Cauchy-Goursat)基本定理及其推广

3.2.1 柯西-古萨基本定理

回顾3.1节的例子, 例3.1中的被积函数$f(z) = z^2$在复平面内处处解析, 它在沿连接起点及终点的任何曲线的积分值都相同, 换句话说, 积分与路线无关. 例3.2中的被积函数当$n = 1$时为$\dfrac{1}{z - z_0}$, 它在以z_0为中心的圆周C的内部不是处处解析的, 因为它在z_0无定义, 当然在z_0不解析了, 而此时$\displaystyle\oint_C \dfrac{1}{z - z_0} \mathrm{d}z = 2\pi\mathrm{i} \neq 0$, 如果把$z_0$除去, 虽然在除去$z_0$的$C$的内部, 函数是处处解析的, 但是这个区域已经不是单连通的了. 例3.3中的被积函数$f(z) = \bar{z} = x - \mathrm{i}y$, 它的实部$u = x$, 虚部$v = -y$, 由于$u_x = 1$, $u_y = 0$, $v_x = 0$, $v_y = -1$, 由于柯西-黎曼方程不满足, 所以被积函数在复平面内处处不解析, 且积分$\displaystyle\int_C \bar{z}\mathrm{d}z$的值和路径有关.由此可见, 积分的值与路线无关, 或沿封闭曲线的积分值为零, 可能与被积函数的解析性及区域的单连通性有关.究竟关系如何？法国数学家柯西和古萨得出了结论, 它是复变函数理论的基石.

柯西-古萨基本定理 如果函数$f(z)$在单连通域B内处处解析, 则函数$f(z)$沿B内的任何一条封闭曲线C的积分为零：

$$\oint_C f(z)\mathrm{d}z = 0.$$

证明 设$f(z) = u + \mathrm{i}v$在单连通区域B内处处解析, 则$f'(z)$存在.假设$f'(z)$在B内也连续(如去掉该条件也是可以证明的, 但过程较复杂, 从略), 由于$f'(z) = u_x + \mathrm{i}v_x = v_y - \mathrm{i}u_y$, 所以$u$和$v$以及它们的偏导数$u_x$, u_y, v_x, v_y在B内都是连续的, 并满足柯西- 黎曼方程

$$u_x = v_y, \quad v_x = -u_y.$$

根据定理3.1及格林公式, 有

$$\begin{aligned}
\oint_C f(z)\mathrm{d}z &= \int_C u\mathrm{d}x - v\mathrm{d}y + \mathrm{i}\int v\mathrm{d}x + u\mathrm{d}y \\
&= \iint_D (-v_x - u_y)\mathrm{d}x\mathrm{d}y + \mathrm{i}\iint_D (u_x - v_y)\mathrm{d}x\mathrm{d}y \\
&= 0,
\end{aligned}$$

其中, D是C所围成的区域.

因此, 在前面的假设下, 函数$f(z)$ 沿B内任何一条闭曲线的积分为零. 事实上, $f'(z)$连续的条件是不必要的, 因为后面将证明, 只要$f(z)$解析, $f'(z)$必连续, 即$f'(z)$的连续性已经包含在$f(z)$解析的假设中了, 但证明过程比较复杂, 从略.

注

(1)定理中的C可以不是简单曲线,这个定理又称为柯西积分定理,它的证明比较复杂,从略.

(2)这个定理成立的条件之一是曲线C属于区域B,如果曲线C是区域B的边界,函数$f(z)$在B内与C上解析,即在闭区域$\overline{B} = B + C$上解析,则

$$\oint_C f(z)\mathrm{d}z = 0$$

仍然是成立的.

(3)另外还可以证明:如果C是区域B的边界,$f(z)$在B内解析,在闭区域$\overline{B}$上连续,那么定理还是成立的.

3.2.2 基本定理的推广

可以把柯西-古萨基本定理推广到多连通域的情况. 设函数$f(z)$在多连通域D内解析,C为D内的任意一条简单闭曲线. 如果C的内部完全包含于D,从而$f(z)$在C上及其内部解析,即

$$\oint_C f(z)\mathrm{d}z = 0.$$

但是,当C的内部不完全包含于D时,就不一定有上面的等式,本章例3.2就说明了这一点. 下面将介绍这种情形下复变积分的性质,主要由两个定理给出闭路变形原理和复合闭路定理.

3.2.2.1 闭路变形原理

定理3.2(闭路变形原理) 设C_1与C_2是两条简单闭曲线,C_2在C_1的内部,$f(z)$在C_1与C_2所围的多连通域D内解析,而在$D + C_1 + C_2^-$上连续,则

$$\int_{C_1} f(z)\mathrm{d}z = \int_{C_2} f(z)\mathrm{d}z.$$

证明 如图3-2所示,不妨设C_1及C_2都为正向,逆时针方向. 作两条不相交的弧段$\overset{\frown}{AA'}$及$\overset{\frown}{BB'}$,它们依次连接C_1上某一点A到C_2上的一点A',以及C_1上某一点B(异于A)到C_2上的一点B',而且此两弧段除去它们的端点外全包含于D,这样$AEBB'E'A'A$及$AA'F'B'BFA$形成两条全在D内的简单闭曲线,它们的内部全包含于D. 由柯西-古萨基本定理,得

$$\oint_{AEBB'E'A'A} f(z)\mathrm{d}z = 0,$$

$$\oint_{AA'F'B'BFA} f(z)\mathrm{d}z = 0.$$

将上面两等式相加,得

$$\oint_{C_1} f(z)\mathrm{d}z + \oint_{C_2^-} f(z)\mathrm{d}z + \int_{\overset{\frown}{AA'}} f(z)\mathrm{d}z + \int_{\overset{\frown}{A'A}} f(z)\mathrm{d}z + \int_{\overset{\frown}{B'B}} f(x)\mathrm{d}z + \int_{\overset{\frown}{BB'}} f(z)\mathrm{d}z = 0,$$

即

$$\oint_{C_1} f(z)\mathrm{d}z + \oint_{C_2^-} f(z)\mathrm{d}z = 0,$$

或

$$\oint_{C_1} f(z)\mathrm{d}z = \oint_{C_2} f(z)\mathrm{d}z.$$

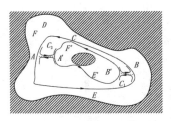

图 3-2 闭路变形原理

注 如果把以上两条简单闭曲线 C_1 及 C_2^- 看成一条复合闭路 Γ，而且它的正向为：外面的闭曲线 C_1 按逆时针进行，里面的闭曲线 C_2 按顺时针进行(即沿 Γ 的正向进行时，Γ 的内部总在 Γ 的左手边)，则

$$\oint_{\Gamma} f(z)\mathrm{d}z = 0.$$

该定理说明，在区域内的一个解析函数沿闭曲线的积分，不因闭曲线在区域内连续变形而改变它的值，只要在变形过程中曲线不经过函数 $f(z)$ 不解析的点。这称为闭路变形原理．

用同样的方法，可以证明复合闭路定理．

3.2.2.2 复合闭路定理

定理3.3（复合闭路定理） 设 C 为多连通域 D 内的一条简单闭曲线，C_1，C_2，$\cdots$，C_n 是在 C 内部的简单闭曲线，它们互不包含也互不相交，并且以 C，C_1，C_2，$\cdots$，C_n 为边界的区域全包含于 D．如果 $f(z)$ 在 D 内解析，则

$$\oint_C f(z)\mathrm{d}z = \sum_{k=1}^{n} \oint_{C_k} f(z)\mathrm{d}z,$$

其中，C 及 $C_k(k = 1,\ 2,\ \cdots,\ n)$ 均取正方向；或

$$\oint_{\Gamma} f(z)\mathrm{d}z = 0.$$

其中，Γ 为由 C 及 $C_k(k = 1,\ 2,\ \cdots,\ n)$ 所组成的复合闭路，其方向是 C 按逆时针进行，$C_k(k = 1,\ 2,\ \cdots,\ n)$ 按顺时针进行．

例如，由例3.2可知：当 C 为以 z_0 为中心的正向圆周时，$\oint \dfrac{\mathrm{d}z}{z - z_0} = 2\pi\mathrm{i}$. 所以，根据闭路变形原理，对于包含 z_0 的任何一条正向简单闭曲线 Γ 都有 $\oint_\Gamma \dfrac{\mathrm{d}z}{z - z_0} = 2\pi\mathrm{i}$.

例3.5 求积分 $\oint_\Gamma \dfrac{1}{z^2 - z}\mathrm{d}z$ 的值，Γ 为包含圆周 $|z| = 1$ 在内的任何正向简单闭曲线.

解 由题意得，函数 $\dfrac{1}{z^2 - z}$ 在复平面内除 $z = 0$ 和 $z = 1$ 两个奇点外处处解析. 显然 Γ 是包含这两个奇点的. 在 Γ 内作两个互不包含互不相交的正向圆周 C_1 与 C_2，C_1 只包含奇点 $z = 0$，C_2 只包含奇点 $z = 1$，那么根据复合闭路定理，得

$$\oint_\Gamma \frac{1}{z^2 - z}\mathrm{d}z = \oint_{C_1} \frac{1}{z^2 - z}\mathrm{d}z + \oint_{C_2} \frac{1}{z^2 - z}\mathrm{d}z$$

$$= \oint_{C_1} \frac{1}{z - 1}\mathrm{d}z - \oint_{C_1} \frac{1}{z}\mathrm{d}z + \oint_{C_2} \frac{1}{z - 1}\mathrm{d}z - \oint_{C_2} \frac{1}{z}\mathrm{d}z$$

$$= 0 - 2\pi\mathrm{i} + 2\pi\mathrm{i} - 0 = 0.$$

由本例可以看出，复变积分的计算也可以借助于闭路变形原理和复合闭路定理来计算. 尤其对有些比较复杂的函数的积分可以利用部分分式和基本定理及其推广化为比较简单的函数的积分来计算，这是求解复变函数积分常用的一种计算方法.

3.3 柯西积分公式

本节介绍柯西积分公式，它给出了解析函数的一个积分表达式，是研究解析函数的有力工具.

设 B 为一单连通域，z_0 为 B 中的一点，C 为完全包含在 B 内且围绕 z_0 的任意一条简单闭曲线. 设 $f(z)$ 在 B 内解析，考虑积分

$$\oint_C \frac{f(z)}{z - z_0}\mathrm{d}z$$

的值. 显然，由于函数 $\dfrac{f(z)}{z - z_0}$ 在 C 上是连续的，该积分一定存在. 但因为函数 $\dfrac{f(z)}{z - z_0}$ 在 z_0 不解析，所以在 C 所包含的区域内也不解析，可见无法使用柯西-古萨基本定理及其推广求积分的值. 由例3.2和闭路变形原理知，当 $f(z) \equiv 1$ 时，该积分值为 $2\pi\mathrm{i}$. 当 $f(z) \neq 1$ 时，由闭路变形原理，积分的值在任何一条围绕 z_0 的曲线 C 上都是相同的. 因此可以将积分曲线转化成 C 内的一条围绕 z_0 的半径为 δ 的正向圆周 C'，即

$$\oint_C \frac{f(z)}{z - z_0}\mathrm{d}z = \oint_{C'} \frac{f(z)}{z - z_0}\mathrm{d}z.$$

由于半径δ 很小，于是猜想积分$\displaystyle\oint_C \frac{f(z)}{z-z_0}\mathrm{d}z$ 的值也将随着δ 的缩小而接近于

$$\oint_{C'} \frac{f(z_0)}{z-z_0}\mathrm{d}z$$

的值. 而

$$\oint_{C'} \frac{f(z_0)}{z-z_0}\mathrm{d}z = \oint_{C'} f(z_0)\frac{1}{z-z_0}\mathrm{d}z = 2\pi \mathrm{i} f(z_0),$$

因此，可以大胆猜测

$$\oint_C \frac{f(z)}{z-z_0}\mathrm{d}z = 2\pi \mathrm{i} f(z_0),$$

这就是著名的柯西积分公式.

定理3.4(柯西积分公式) 设$f(z)$在区域D内处处解析，C为D内的任何一条正向简单闭曲线，它的内部完全包含于D，z_0为C内的任一点，则

$$f(z_0) = \frac{1}{2\pi \mathrm{i}} \oint_C \frac{f(z)}{z-z_0}\mathrm{d}z.$$

证明 设以z_0 为中心，R 为半径的圆周$K: |z-z_0| = R$ 全部在C 的内部，且$R < \delta$.则由闭路变形原理，得

$$\oint_C \frac{f(z)}{z-z_0}\mathrm{d}z = \oint_K \frac{f(z)}{z-z_0}\mathrm{d}z.$$

由于$f(z)$在z_0连续，任意给定$\varepsilon > 0$，必有一个$\delta(\varepsilon) > 0$. 当$|z-z_0| < \delta$时，$|f(z) - f(z_0)| < \varepsilon$. 因此

$$\oint_K \frac{f(z)}{z-z_0}\mathrm{d}z = \oint_K \frac{f(z_0)}{z-z_0}\mathrm{d}z + \oint_K \frac{f(z)-f(z_0)}{z-z_0}\mathrm{d}z$$

$$= 2\pi \mathrm{i} f(z_0) + \oint_K \frac{f(z)-f(z_0)}{z-z_0}\mathrm{d}z.$$

而由估值不等式，得

$$\left| \oint_K \frac{f(z)-f(z_0)}{z-z_0}\mathrm{d}z \right| \leqslant \oint_K \frac{|f(z)-f(z_0)|}{|z-z_0|}\mathrm{d}s < \frac{\varepsilon}{R}\oint_K \mathrm{d}s = 2\pi\varepsilon.$$

即

$$\left| \oint_C \frac{f(z)}{z-z_0}\mathrm{d}z - 2\pi \mathrm{i} f(z_0) \right|$$

$$= \left| \oint_K \frac{f(z)}{z-z_0}\mathrm{d}z - 2\pi \mathrm{i} f(z_0) \right|$$

$$= \left| \oint_K \frac{f(z)-f(z_0)}{z-z_0}\mathrm{d}z \right|$$

$$< 2\pi\varepsilon.$$

这表明只要 ε 足够小，不等式左端积分的模可以任意小，但左端积分的值与 ε 无关，所以只有左端积分值为零才有可能，因此有

$$\oint_C \frac{f(z)}{z-z_0} \mathrm{d}z = 2\pi \mathrm{i} f(z_0),$$

即

$$f(z_0) = \frac{1}{2\pi \mathrm{i}} \oint_C \frac{f(z)}{z-z_0} \mathrm{d}z.$$

这就证明了定理.

柯西积分公式可以把函数在 C 内部任一点的值用它在边界上的值来表示.换句话说，如果 $f(z)$ 在区域边界上的值一经确定，那么它在区域内部任一点处的值也就确定了.这是解析函数的又一特征. 柯西积分公式不但提供了计算某些复变函数沿闭路积分的一种方法，而且给出了解析函数的一个积分表达式，是研究解析函数的有力工具.

推论3.1 如果曲线 C 是中心为 z_0，半径为 R 的正向圆周，其参数方程表示为 $z = z_0 + R\mathrm{e}^{\mathrm{i}\theta}$，$(0 \leqslant \theta \leqslant 2\pi)$，那么有

$$f(z_0) = \frac{1}{2\pi} \int_0^{2\pi} f\left(z_0 + R\mathrm{e}^{\mathrm{i}\theta}\right) \mathrm{d}\theta.$$

这表明，一个解析函数在圆心处的值等于它在圆周上的平均值.

定理可推广到多连通域的情形，这也是推广的柯西积分公式，不加证明地给出结论.

推论3.2(推广的柯西积分公式) 设 $f(z)$ 在由简单闭曲线 C_1，C_2 所围成的多连通域 D 内解折，在 $C_1 + C_2 + D$ 上连续，C_2 在 C_1 的内部，z_0 为 D 内任一点，则有

$$f(z_0) = \frac{1}{2\pi \mathrm{i}} \oint_{C_1} \frac{f(z)}{z-z_0} \mathrm{d}z - \frac{1}{2\pi \mathrm{i}} \oint_{C_2} \frac{f(z)}{z-z_0} \mathrm{d}z.$$

例3.6 求下列积分(沿圆周正向) 的值.

$$(1) \oint_{|z|=4} \frac{\cos z}{z} \mathrm{d}z; \qquad (2) \oint_{|z|=4} \frac{z}{(z^2-25)(z+\mathrm{i})} \mathrm{d}z.$$

解 (1)由柯西积分公式，得

$$\oint_{|z|=4} \frac{\cos z}{z} \mathrm{d}z = 2\pi \mathrm{i} \cos z|_{z=0} = 2\pi \mathrm{i}.$$

(2)被积函数较复杂，将被积函数在$|z|=4$内解析的部分放在分子，由柯西积分公式，得

$$\oint_{|z|=4} \frac{z}{(z^2-25)(z+\mathrm{i})}\mathrm{d}z = \oint_{|z|=4} \frac{\dfrac{z}{z^2-25}}{z+\mathrm{i}}\mathrm{d}z$$

$$=2\pi\mathrm{i}\,\frac{z}{z^2-25}\bigg|_{z=-\mathrm{i}} = -\frac{\pi}{13}.$$

3.4　高阶导数公式

由3.3节内容可知，解析函数可用函数在曲线上的积分来表示，那解析函数的导数是否也可以呢？答案是肯定的.一个解析函数不仅有一阶导数，而且有任意阶导数，它们的值都可以用函数在边界上的积分来表示. 这是复变函数与实函数最显著的不同.下面的定理就给出了解析函数的高阶导数公式.

定理3.5（高阶导数公式）　设$f(z)$在区域D内解析，C为D内的任意包含z_0的简单正向闭曲线，C及其内部完全包含于D，则$f(z)$的各阶导数均存在，且$f(z)$的n阶导数为

$$f^{(n)}(z_0) = \frac{n!}{2\pi\mathrm{i}}\oint_C \frac{f(z)}{(z-z_0)^{n+1}}\mathrm{d}z, \; n=1,\ 2,\ \cdots.$$

证明　用数学归纳法证明.首先当$n=1$时，即证

$$f'(z_0) = \frac{1}{2\pi\mathrm{i}}\oint_C \frac{f(z)}{(z-z_0)^2}\mathrm{d}z.$$

根据导数的定义

$$f'(z_0) = \lim_{\Delta z\to 0}\frac{f(z_0+\Delta z)-f(z_0)}{\Delta z},$$

用柯西积分公式表达$f(z_0)$和$f(z_0+\Delta z)$，即

$$f(z_0) = \frac{1}{2\pi\mathrm{i}}\oint_C \frac{f(z)}{z-z_0}\mathrm{d}z,$$

$$f(z_0+\Delta z) = \frac{1}{2\pi\mathrm{i}}\oint_C \frac{f(z)}{z-z_0-\Delta z}\mathrm{d}z.$$

从而有

$$\frac{f(z_0+\Delta z)-f(z_0)}{\Delta z}$$

$$=\frac{1}{2\pi\mathrm{i}\Delta z}\left[\oint_C \frac{f(z)}{z-z_0-\Delta z}\mathrm{d}z - \oint_C \frac{f(z)}{z-z_0}\mathrm{d}z\right]$$

$$=\frac{1}{2\pi\mathrm{i}}\oint_C \frac{f(z)}{(z-z_0)(z-z_0-\Delta z)}\mathrm{d}z$$

$$=\frac{1}{2\pi\mathrm{i}}\oint_C \frac{f(z)}{(z-z_0)^2}\mathrm{d}z + \frac{1}{2\pi\mathrm{i}}\oint_C \frac{\Delta z f(z)}{(z-z_0)^2(z-z_0-\Delta z)}\mathrm{d}z,$$

则

$$|I| = \left| \frac{f(z_0 + \Delta z) - f(z_0)}{\Delta z} - \frac{1}{2\pi i} \oint_C \frac{f(z)}{(z - z_0)^2} dz \right|$$

$$= \left| \frac{1}{2\pi i} \oint_C \frac{\Delta z f(z) dz}{(z - z_0)^2 (z - z_0 - \Delta z)} \right|$$

$$\leqslant \frac{1}{2\pi} \oint_C \frac{|\Delta z||f(z)|ds}{|z - z_0|^2 |z - z_0 - \Delta z|}.$$

因为$f(z)$ 在C上是解析的,所以在C上连续. 由第1.6节知在C上是有界的.由此可知必存在一个正数M,使得在C上有$|f(z)| \leqslant M$. 设d为从z_0到曲线C上各点的最短距离,并取$|\Delta z|$适当地小,使其满足$|\Delta z| < \frac{1}{2}d$,那么就有

$$|z - z_0| \geqslant d, \quad \frac{1}{|z - z_0|} \leqslant \frac{1}{d};$$

$$|z - z_0 - \Delta z| \geqslant |z - z_0| - |\Delta z| > \frac{d}{2}, \quad \frac{1}{|z - z_0 - \Delta z|} < \frac{2}{d}.$$

所以

$$|I| < |\Delta z| \frac{ML}{\pi d^3},$$

其中,L为C的长度.如果$\Delta z \to 0$,则$I \to 0$,从而得

$$f'(z_0) = \lim_{\Delta z \to 0} \frac{f(z_0 + \Delta z) - f(z_0)}{\Delta z} = \frac{1}{2\pi i} \oint_C \frac{f(z)}{(z - z_0)^2} dz.$$

这就证明了$n = 1$的情形.假设$n = k$时定理成立,即

$$f^{(k)}(z_0) = \frac{k!}{2\pi i} \oint_C \frac{f(z)}{(z - z_0)^{k+1}} dz.$$

将$f^{(k)}(z)$看作$f(z)$,用类似于$n = 1$的方法证明$n = k + 1$也成立,则定理对一切正整数n都成立,定理得证.

本定理表明,解析函数的导数仍然是解析函数,解析函数的任意阶导数都存在.高阶导数公式,不在于通过积分来求导,而在于通过求导来求积分.

例3.7 求下列积分的值,其中C 为正向圆周: $|z| = r > 1$.

$$(1) \oint_C \frac{\sin \pi z}{(z - 1)^4} dz; \qquad (2) \oint_C \frac{e^z}{z^2 (z + i)^2} dz.$$

解 (1) 函数$\frac{\sin \pi z}{(z - 1)^4}$ 在C 内的$z = 1$ 处不解析,但$\sin \pi z$ 在C 内却是处处解析的,根据高阶导数公式,有

$$\oint_C \frac{\sin \pi z}{(z - 1)^4} dz = \frac{2\pi i}{(4 - 1)!} (\sin \pi z)^{(3)} \bigg|_{z=1} = \frac{\pi^4 i}{3}.$$

(2) 函数$\frac{e^z}{z^2 (z + i)^2}$ 在C 内的$z = 0$ 和$z = -i$ 处不解析. 在C 内以0 为中心作一个正向圆周C_1,以$-i$为中心作一个正向圆周C_2,C_1与C_2互不包含互不相

交, 那么函数 $\dfrac{\mathrm{e}^z}{z^2(z+\mathrm{i})^2}$ 在由 C, C_1 和 C_2 所围成的区域内是解析的. 根据复合闭路定理, 得

$$\oint_C \frac{\mathrm{e}^z}{z^2(z+\mathrm{i})^2}\mathrm{d}z = \oint_{C_1} \frac{\mathrm{e}^z}{z^2(z+\mathrm{i})^2}\mathrm{d}z + \oint_{C_2} \frac{\mathrm{e}^z}{z^2(z+\mathrm{i})^2}\mathrm{d}z.$$

由高阶导数公式, 有

$$\oint_{C_1} \frac{\mathrm{e}^z}{z^2(z+\mathrm{i})^2}\mathrm{d}z = \oint_{C_1} \frac{\frac{\mathrm{e}^z}{(z+\mathrm{i})^2}}{z^2}\mathrm{d}z = \frac{2\pi\mathrm{i}}{(2-1)!}\left[\frac{\mathrm{e}^z}{(z+\mathrm{i})^2}\right]'_{z=\mathrm{i}} = 2\pi(2-\mathrm{i}).$$

同样可得

$$\oint_{C_2} \frac{\mathrm{e}^z}{z^2(z+\mathrm{i})^2}\mathrm{d}z = 2\pi\mathrm{e}^{-\mathrm{i}}(-2-\mathrm{i}).$$

所以

$$\oint_C \frac{\mathrm{e}^z}{z^2(z+\mathrm{i})^2}\mathrm{d}z = 2\pi(2-\mathrm{i}) + 2\pi\mathrm{e}^{-\mathrm{i}}(-2-\mathrm{i}).$$

3.5　原函数与不定积分

3.5.1 积分与路径无关及变上限函数

柯西-古萨基本定理及其推广以及柯西积分公式与高阶导数公式都是计算复变函数积分沿封闭曲线上的值. 如果积分曲线是非封闭的, 一般地, 需要知道曲线的参数方程. 但是, 很多时候曲线的参数方程很难表示, 由柯西-古萨基本定理, 如果被积函数在单连通域内处处解析, 则积分沿单连通域内任意一条封闭曲线的积分为零, 而函数在任意一条封闭曲线积分为零等价于积分与路线无关, 因此, 有下面的定理成立.

定理3.6　如果函数 $f(z)$ 在单连通域 B 内处处解析, 那么积分 $\displaystyle\int_C f(z)\mathrm{d}z$ 与连结起点及终点的路线 C 无关, 其中 C 完全包含在 B 内.

由该定理可知, 解析函数在单连通域内的积分只与起点 z_0 及终点 z_1 有关. 若固定 z_0, 让 z_1 在 B 内变动, 并记 $z_1 = z$, 那么积分 $\displaystyle\int_{z_0}^z f(\zeta)\mathrm{d}\zeta$ 在 B 内确定了一个关于上限 z 的单值函数 $F(z)$, 即

$$F(z) = \int_{z_0}^z f(\zeta)\mathrm{d}\zeta.$$

对这个函数有类似于实函数的变限函数的性质.

定理3.7　如果 $f(z)$ 在单连通域 B 内处处解析, 那么函数

$$F(z) = \int_{z_0}^z f(\zeta)\mathrm{d}\zeta$$

必为 B 内的一个解析函数, 并且 $F'(z) = f(z)$.

证明 用定义证明. 因为 z 为 B 内任意一点，以 z 为中心作一完全含于 B 内的小圆 K. 取 $|\Delta z|$ 充分小，使 $z + \Delta z$ 在 K 内. 于是由 $F(z)$ 的定义及积分与路线无关得

$$F(z + \Delta z) - F(z) = \int_{z_0}^{z+\Delta z} f(\zeta)\mathrm{d}\zeta - \int_{z_0}^{z} f(\zeta)\mathrm{d}\zeta = \int_{z}^{z+\Delta z} f(\zeta)\mathrm{d}\zeta,$$

并取 z 到 $z + \Delta z$ 为直线段，则显然有

$$\int_{z}^{z+\Delta z} \mathrm{d}\zeta = \Delta z,$$

于是有

$$\frac{F(z + \Delta z) - F(z)}{\Delta z} - f(z) = \frac{1}{\Delta z}\left[\int_{z}^{z+\Delta z} f(\zeta)\mathrm{d}\zeta - f(z)\Delta z\right]$$

$$= \frac{1}{\Delta z}\left[\int_{z}^{z+\Delta z} f(\zeta)\mathrm{d}\zeta - f(z)\int_{z}^{z+\Delta z}\mathrm{d}\zeta\right]$$

$$= \frac{1}{\Delta z}\left\{\int_{z}^{z+\Delta z} [f(\zeta) - f(z)]\,\mathrm{d}\zeta\right\}.$$

因为 $f(z)$ 在 B 内解析，所以 $f(z)$ 在 B 内连续，因此对于任意给定的正数 $\varepsilon > 0$，总可找到一个 $\delta > 0$，使得对于满足 $|\zeta - z| < \delta$ 的一切 ζ，总有

$$|f(\zeta) - f(z)| < \varepsilon.$$

由积分的估值不等式性质，得

$$\left|\frac{F(z + \Delta z) - F(z)}{\Delta z} - f(z)\right| = \frac{1}{|\Delta z|}\left|\int_{z}^{z+\Delta z}[f(\zeta) - f(z)]\mathrm{d}\zeta\right|$$

$$\leqslant \frac{1}{|\Delta z|}\int_{z}^{z+\Delta z}|f(\zeta) - f(z)|\mathrm{d}s$$

$$\leqslant \frac{1}{|\Delta z|}\cdot\varepsilon\cdot|\Delta z| = \varepsilon.$$

这表明

$$\lim_{\Delta z \to 0}\left|\frac{F(z + \Delta z) - F(z)}{\Delta z} - f(z)\right| = 0,$$

即

$$F'(z) = \lim_{\Delta z \to 0}\frac{F(z + \Delta z) - F(z)}{\Delta z} = f(z).$$

由于点 z 的任意性，$F(z)$ 在 D 内处处存在导数 $f(z)$，所以 $F(z)$ 在 D 内解析.定理3.7得证.

这个定理跟微积分学中的对变上限积分的求导定理完全类似.在此基础上，也可以得出类似于微积分学中的基本定理和牛顿-莱布尼兹公式.

3.5.2 原函数与不定积分

定义 如果函数 $\varphi(z)$ 在单连通域 B 内的导数等于 $f(z)$，即 $\varphi'(z) = f(z)$.那么称 $\varphi(z)$ 为 $f(z)$ 在区域 B 内的原函数.

显然变上限函数 $F(z) = \int_{z_0}^{z} f(\zeta)\mathrm{d}\zeta$ 是 $f(z)$ 的一个原函数.

容易证明, 函数 $F(z)$ 是函数 $f(z)$ 的一个原函数, 则函数族 $F(z) + C(C$ 为任意常数)都是函数 $f(z)$ 的原函数, 而函数 $f(z)$ 的任何两个原函数相差一个常数, 即设函数 $F(z)$ 和 $G(z)$ 是 $f(z)$ 的任何两个原函数, 则

$$[F(z) - G(z)]' = F'(z) - G'(z) = f(z) - f(z) \equiv 0,$$

所以

$$F(z) - G(z) = C, \quad C \text{为任意常数}.$$

定义 如果函数 $f(z)$ 在区域 B 内有一个原函数 $F(z)$, 那么它就有无穷多个原函数, 而且具有一般表达式 $F(z) + C$, C 为任意常数. 称 $f(z)$ 的原函数的一般表达式 $F(z) + C$(其中 C 为任意常数)为 $f(z)$ 的不定积分. 记作

$$\int f(z)\mathrm{d}z = F(z) + C.$$

利用"任意两个原函数之差为一常数"这一性质, 可以推得类似于实积分中的牛顿-莱布尼兹公式, 这是计算复变函数的积分的又一种方法.

定理3.8 如果 $f(z)$ 在单连通域 B 内处处解析. $G(z)$ 为 $f(z)$ 的一个原函数, 则

$$\int_{z_0}^{z_1} f(z)\mathrm{d}z = G(z_1) - G(z_0).$$

这里 z_0, z_1 为域 B 内的两点.

证明 已知变上限函数 $\int_{z_0}^{z} f(z)\mathrm{d}z$ 是 $f(z)$ 的原函数, 所以

$$\int_{z_0}^{z} f(z)\mathrm{d}z = G(z) + C.$$

当 $z = z_0$ 时, 根据柯西-古萨基本定理, 得 $C = -G(z_0)$. 因此

$$\int_{z_0}^{z} f(z)\mathrm{d}z = G(z) - G(z_0),$$

或

$$\int_{z_0}^{z_1} f(z)\mathrm{d}z = G(z_1) - G(z_0).$$

证毕.

有了原函数、不定积分和定理3.8, 复变函数的积分就可用跟微积分学中类似的方法去计算.

例3.8 求积分 $\int_{0}^{\mathrm{i}} z\sin z\mathrm{d}z$ 的值.

解 函数 $z\sin z$ 在全平面内解析, 利用实积分中的"凑微分法"求出函数 $z\sin z$ 的一个原函数, 即

$$\int_0^i z \sin z \, \mathrm{d}z = -\int_0^i z \, \mathrm{d}\cos z = -z\cos z\mid_0^i + \int_0^i \cos z \, \mathrm{d}z = -\mathrm{i}\cos\mathrm{i} + \sin\mathrm{i}$$

$$= \mathrm{i}\frac{\mathrm{e}^{-1}+\mathrm{e}}{2} + \frac{\mathrm{e}^{-1}-\mathrm{e}}{2\mathrm{i}} = -\mathrm{i}\mathrm{e}^{-1}.$$

例3.9 求积分 $\int_C \ln(z+1)\mathrm{d}z$ 的值，C为沿$|z|=1$从$-\mathrm{i}$到i的右半圆周.

解 函数$\ln(z+1)$在复平面除去负实轴上$x \leqslant -1$的区域D内解析，显然C完全包含在这个解析区域D内，因而积分与路径无关.利用实积分中的分部积分法，得

$$\int_C \ln(z+1)\mathrm{d}z = \int_{-\mathrm{i}}^{\mathrm{i}} \ln(z+1)\mathrm{d}z = z\ln(z+1)\mid_{-\mathrm{i}}^{\mathrm{i}} - \int_{-\mathrm{i}}^{\mathrm{i}} \frac{z}{z+1}\mathrm{d}z$$

$$= \mathrm{i}\ln(1+\mathrm{i}) + \mathrm{i}\ln(1-\mathrm{i}) - \int_{-\mathrm{i}}^{\mathrm{i}}\left(1 - \frac{1}{z+1}\right)\mathrm{d}z$$

$$= \mathrm{i}\ln(1+\mathrm{i}) + \mathrm{i}\ln(1-\mathrm{i}) - [z - \ln(1+z)]\mid_{-\mathrm{i}}^{\mathrm{i}}$$

$$= \mathrm{i}\ln(1+\mathrm{i}) + \mathrm{i}\ln(1-\mathrm{i}) - 2\mathrm{i} + \ln(1+\mathrm{i}) - \ln(1-\mathrm{i})$$

$$= \left(-2 + \ln 2 + \frac{\pi}{2}\right)\mathrm{i}.$$

例3.10 设函数$f(z)$在单连通域B内连续，且对于B内任何一条简单闭曲线C都有$\oint_C f(z)\mathrm{d}z = 0$，证明$f(z)$在$B$内解析(Morera 定理).

证明 在B内取定一点z_0，z为B内任意一点.根据已知条件，知积分$\int_{z_0}^z f(\zeta)\mathrm{d}\zeta$的值与连接$z_0$与$z$的路线无关，它定义了一个关于$z$的单值函数

$$F(z) = \int_{z_0}^z f(\zeta)\mathrm{d}\zeta.$$

利用定理3.7完全相同的方法，可以证明

$$F'(z) = f(z),$$

所以$F(z)$是B内的一个解析函数，又根据3.4节中证明的定理可知解析函数的导数仍为解析函数，故$f(z)$为解析函数.

3.6 调和函数及其与解析函数的关系

3.6.1 调和函数的定义

定义 如果二元实变函数$\varphi(x, y)$在区域D内具有二阶连续偏导数且满足拉普拉斯(Laplace)方程

$$\frac{\partial^2\varphi}{\partial x^2} + \frac{\partial^2\varphi}{\partial y^2} = 0,$$

那么称$\varphi(x, y)$为区域D内的调和函数.

调和函数在流体力学和电磁场理论等实际问题中都有重要的应用. 本节主要讨论调和函数与解析函数的关系.

3.6.2 调和函数与解析函数的关系

定理3.9 任何在区域D内解析的函数, 它的实部和虚部都是区域D内的调和函数.

证明 设$w = f(x + \mathrm{i}y) = u + \mathrm{i}v$ 为D内的一个解析函数, 由柯西-黎曼条件, 在区域D内, 有

$$\frac{\partial u}{\partial x} = \frac{\partial v}{\partial y}, \ \frac{\partial u}{\partial y} = -\frac{\partial v}{\partial x}.$$

利用上式分别求出对x, y的二阶导数, 得

$$\frac{\partial^2 u}{\partial x^2} = \frac{\partial^2 v}{\partial y \partial x}, \ \frac{\partial^2 u}{\partial y^2} = -\frac{\partial^2 v}{\partial x \partial y}.$$

根据解析函数高阶导数定理, u 与v 是具有任意阶的连续偏导数. 所以

$$\frac{\partial^2 v}{\partial y \partial x} = \frac{\partial^2 v}{\partial x \partial y},$$

从而

$$\frac{\partial^2 u}{\partial x^2} + \frac{\partial^2 u}{\partial y^2} = 0.$$

同理

$$\frac{\partial^2 v}{\partial x^2} + \frac{\partial^2 v}{\partial y^2} = 0.$$

因此由调和函数的定义可得到结论.证毕.

3.6.3 共轭调和函数的定义

定义 设$u(x, y)$ 为区域D 内给定的调和函数, 把使$u+\mathrm{i}v$ 在D 内构成解析函数的调和函数$v(x, y)$称为$u(x, y)$的共轭调和函数. 换句话说, 在D 内满足柯西-黎曼方程:

$$\frac{\partial u}{\partial x} = \frac{\partial v}{\partial y}, \ \frac{\partial v}{\partial x} = -\frac{\partial u}{\partial y}$$

的两个调和函数中, v 称为u 的共轭调和函数. 因此, 由定理3.9可知, 区域D内的解析函数的虚部为实部的共轭调和函数.

解析函数和调和函数的这一关系, 可以应用解析函数的理论解决调和函数的问题. 一般的问题是, 已知一个调和函数u, 利用柯西-黎曼方程求得它的共轭调和函数v, 从而构成一个解析函数$u+\mathrm{i}v$. 下面用4种方法举例说明求解共轭调和函数以及对应的解析函数的方法.

例3.11 证明$u(x, y) = x^2 - y^2$ 为调和函数, 并求其共轭调和函数$v(x, y)$和由它们构成的解析函数.

解 首先证明$u(x, y)$是调和函数. 因为

$$\frac{\partial u}{\partial x} = 2x, \quad \frac{\partial^2 u}{\partial x^2} = 2,$$

$$\frac{\partial u}{\partial y} = -2y, \quad \frac{\partial^2 u}{\partial y^2} = -2,$$

所以

$$\frac{\partial^2 u}{\partial x^2} + \frac{\partial^2 u}{\partial y^2} = 2 - 2 = 0.$$

因此$u(x, y) = x^2 - y^2$ 为调和函数.

下面用四种方法求共轭调和函数及其对应的解析函数.

方法1（偏积分法）：由$\dfrac{\partial v}{\partial y} = \dfrac{\partial u}{\partial x} = 2x$, 得

$$v = \int 2x \mathrm{d}y = 2xy + g(x),$$

两边对x求偏导，得

$$\frac{\partial v}{\partial x} = 2y + g'(x),$$

又由$\dfrac{\partial v}{\partial x} = -\dfrac{\partial u}{\partial y} = 2y$, 得

$$2y + g'(x),$$

故

$$g(x) = C,$$

因此

$$v(x, y) = 2xy + C.$$

从而得到一个解析函数

$$w = x^2 - y^2 + \mathrm{i}(2xy + C)，C为任意实常数.$$

这个函数可以化为

$$w = f(z) = z^2 + \mathrm{i}C.$$

方法2（全微分法）：因为

$$\mathrm{d}v = \frac{\partial v}{\partial x}\mathrm{d}x + \frac{\partial v}{\partial y}\mathrm{d}y$$

$$= -\frac{\partial u}{\partial y}\mathrm{d}x + \frac{\partial u}{\partial x}\mathrm{d}y$$

$$= 2y\mathrm{d}x + 2x\mathrm{d}y$$

$$= \mathrm{d}(2xy),$$

所以

$$v = 2xy + C，C为任意实数.$$

因此

$$w = f(z) = z^2 + \mathrm{i}C, \ C \text{为任意实数}.$$

方法3（线积分法）：解析函数在积分区域内的任何一条曲线上的积分与路径无关，而只与起点与终点有关，即

$$
\begin{aligned}
v(x, \ y) &= \int_{(0, \ 0)}^{(x, \ y)} \mathrm{d}v(x, \ y) + C \\
&= \int_{(0, \ 0)}^{(x, \ y)} \frac{\partial v}{\partial x}\mathrm{d}x + \frac{\partial v}{\partial y}\mathrm{d}y + C \\
&= \int_{(0, \ 0)}^{(x, \ y)} -\frac{\partial u}{\partial y}\mathrm{d}x + \frac{\partial u}{\partial x}\mathrm{d}y + C \\
&= \int_{(0, \ 0)}^{(x, \ y)} 2y\mathrm{d}x + 2x\mathrm{d}y + C \\
&= \int_{0}^{x} 0\mathrm{d}x + \int_{0}^{y} 2x\mathrm{d}y + C \\
&= 2xy + C.
\end{aligned}
$$

所以

$$v = 2xy + C, \ C \text{为任意实数}.$$

因此

$$w = f(z) = z^2 + \mathrm{i}C, \ C \text{为任意实数}.$$

3.6.4 不定积分法介绍

例3.11中用3种方法求共轭调和函数，且都是通过先求v再求对应的解析函数，下面介绍一种方法，不用求v，直接求解析函数$f(z)$。

已知，解析函数$f(z) = u + \mathrm{i}v$ 的导数$f'(z)$ 仍为解析函数，且由导数公式知

$$f'(z) = u_x + \mathrm{i}v_x = u_x - \mathrm{i}u_y = v_y + \mathrm{i}v_x.$$

把$u_x - \mathrm{i}u_y$ 与$v_y + \mathrm{i}v_x$，还原成z的函数(即用z来表示)，记作

$$U(z) = f'(z) = u_x - \mathrm{i}u_y,$$
$$V(z) = f'(z) = v_y + \mathrm{i}v_x.$$

两边积分，得

$$f(z) = \int U(z)\mathrm{d}z + C, \ \text{已知实部}u\text{求}f(z),$$
$$f(z) = \int V(z)\mathrm{d}z + C, \ \text{已知虚部}v\text{求}f(z).$$

这种方法称为不定积分法。下面用不定积分法求解例3.11。

方法4（不定积分法）：利用不定积分法求$f(z)$.已知u，则

$$f'(z) = U(z) = u_x - \mathrm{i}u_y = 2x + \mathrm{i}2y = 2z,$$

所以

$$f(z) = \int 2z\mathrm{d}z = z^2 + \mathrm{i}C,$$

其中，C是实数.因为u是已知的，所以常数不提供实部. 由$f(z) = \int 2z\mathrm{d}z = z^2 + \mathrm{i}C$，可以很容易求得$v = 2xy + C$.

已知解析函数的实部，就可以确定它的虚部，同理已知解析函数的虚部，也可以确定它的实部.

例3.12 已知一调和函数$v = \mathrm{e}^x(y\cos y + x\sin y) + x + y$，求一解析函数$f(z) = u + \mathrm{i}v$，使$f(0) = 0$.

解　因为$v = \mathrm{e}^x(y\cos y + x\sin y) + x + y$，故

$$v_x = \mathrm{e}^x(y\cos y + x\sin y + \sin y) + 1,$$
$$v_y = \mathrm{e}^x(\cos y - y\sin y + x\cos y) + 1.$$

从而

$$\begin{aligned} f'(z) &= v_y + \mathrm{i}v_x \\ &= \mathrm{e}^x(\cos y - y\sin y + x\cos y) + 1 + \mathrm{i}[\mathrm{e}^x(y\cos y + x\sin y + \sin y) + 1] \\ &= \mathrm{e}^x(\cos y + \mathrm{i}\sin y) + \mathrm{i}(x + \mathrm{i}y)\mathrm{e}^x\sin y + (x + \mathrm{i}y)\mathrm{e}^x\cos y + 1 + \mathrm{i} \\ &= \mathrm{e}^{x+\mathrm{i}y} + (x + \mathrm{i}y)\mathrm{e}^{x+\mathrm{i}y} + 1 + \mathrm{i} \\ &= \mathrm{e}^z + z\mathrm{e}^z + 1 + \mathrm{i}. \end{aligned}$$

两边对z积分，得

$$f(z) = \int (\mathrm{e}^z + z\mathrm{e}^z + 1 + \mathrm{i})\,\mathrm{d}z = z\mathrm{e}^z + (1 + \mathrm{i})z + C,$$

其中C为实常数. 又由$f(0) = 0$，求得$C = 0$.所以

$$f(z) = z\mathrm{e}^z + (1 + \mathrm{i})z.$$

由此，也可算出$f(z)$的实部$u = \mathrm{e}^x(x\cos y - y\sin y) + x - y$.

小结

本章主要学习了复变函数积分的简单理论.首先介绍了复变函数积分的定义、基本性质及积分存在的条件.其次给出了复变函数积分的几种计算方法，或用直接计算法，或用柯西-古萨基本定理及其推广、柯西积分公式、高阶导数公式、原函数法等.最后介绍了调和函数及其与解析函数的关系，给出了四种计算

共轭调和函数的方法.只有熟练掌握这些理论及方法，才能在实际应用中选择最简单方便的方法解决问题.下面总结本章中的基本理论与方法.

1.复变函数积分的定义

这个定义类似于实函数的曲线积分.设$f(z)$定义在区域D上，在光滑曲线C上的复变积分定义为

$$\int_C f(z)\mathrm{d}z = \lim_{\delta \to 0} \sum_{k=1}^n f(\zeta_k)\Delta z_k,$$

其中$\delta = \max_{1 \leqslant k \leqslant n}\{\Delta s_k\}$.当$f(z)$在区域$D$内连续，且$D$内曲线$C$光滑时，积分存在.此时，复变积分等价于两个二元实变函数的线积分，即设$f(z) = u(x, y) + \mathrm{i}v(x, y)$，则

$$\int_C f(z)\mathrm{d}z = \int_C u\mathrm{d}x - v\mathrm{d}y + \mathrm{i}\int_C v\mathrm{d}x + u\mathrm{d}y.$$

2.复变积分的基本性质

性质1.（有向性）$\int_C f(z)\mathrm{d}z = -\int_{C^-} f(z)\mathrm{d}z.$

性质2.（线性性）$\int_C [k_1 f(z) \pm k_2 g(z)]\mathrm{d}z = k_1\int_C f(z)\mathrm{d}z \pm k_2\int_C g(z)\mathrm{d}z$，其中$k_1$，$k_2$为复常数.

性质3.（可加性）$\int_C f(z)\mathrm{d}z = \int_{C_1} f(z)\mathrm{d}z + \int_{C_2} f(z)\mathrm{d}z$，其中$C = C_1 + C_2$.

性质4.（估值不等式）设曲线C的长度为L，函数$f(z)$在C上满足$|f(z)| \leqslant M$，则

$$\left|\int_C f(z)\mathrm{d}z\right| \leqslant \int_C |f(z)|\mathrm{d}s \leqslant ML.$$

3.复变积分的计算

(1)直接计算法：设曲线C的参数方程为$z = z(t) = x(t) + \mathrm{i}y(t)$，起点对应参数$\alpha$，终点对应参数$\beta$，那么复变积分可直接计算，即

$$\int_C f(z)\mathrm{d}z = \int_\alpha^\beta f(z(t))z'(t)\mathrm{d}t.$$

常用的一个计算公式为

$$\oint_{|z-z_0|=r} \frac{\mathrm{d}z}{(z - z_0)^n} = \begin{cases} 2\pi\mathrm{i}, & n = 1, \\ 0, & n \neq 1. \end{cases}$$

(2)沿封闭曲线的积分计算：

73

1) **柯西-古萨基本定理**　如果函数 $f(z)$ 在单连通域 B 内处处解析，那么函数 $f(z)$ 沿 B 内任意一条封闭曲线 C 的积分值为零，即

$$\oint_C f(z)\mathrm{d}z = 0.$$

2)**闭路变形原理**　在区域 D 内的一个解析函数沿闭曲线的积分，不因闭曲线在 D 内连续变形而改变积分的值，只要在变形过程中曲线不经过 $f(z)$ 不解析的点.

3)**复合闭路定理**　设 C 为区域 D 内的一条简单闭曲线，C_1，C_2，$\cdots$，C_n 为在 C 内的 n 条简单闭曲线，且它们互不包含互不相交，又设由 C 与 C_1，C_2，$\cdots$，C_n 所围成的区域全包含于区域 D，如果 $f(z)$ 在 D 内解析，则

i. $\oint_C f(z)\mathrm{d}z = \sum_{k=1}^{n} \oint_{C_k} f(z)\mathrm{d}z$，其中 C 与 C_k 均取正向；

ii. $\oint_\Gamma f(z)\mathrm{d}z = 0$，其中 Γ 为由 C 与 C_k^- 组成的复合闭路.

4) **柯西积分公式**

$$f(z_0) = \frac{1}{2\pi\mathrm{i}} \oint_C \frac{f(z)}{z - z_0}\mathrm{d}z.$$

5) **高阶导数公式**

$$f^{(n)}(z_0) = \frac{n!}{2\pi\mathrm{i}} \oint_C \frac{f(z)}{(z - z_0)^{n+1}}\mathrm{d}z.$$

柯西积分公式与高阶导数公式是复变函数中两个十分重要的公式，既有理论价值，又有实际应用. 它们都是计算积分的重要工具. 柯西积分公式主要基于柯西-古萨基本定理，它的重要性在于一个解析函数在区域内部的值可以用它在边界上的值通过积分来表示，所以它是研究解析函数的重要工具. 高阶导数公式显然是柯西积分公式的推广，显示了解析函数的导数可用函数本身的某种积分来表达，这样就可能通过函数的积分性质推出导数的积分性质.这表明了解析函数的导数仍然是解析函数，同时也表明了解析函数与实变函数的本质区别.

(3)沿非封闭曲线的积分计算：一种方法利用直接计算法，另一种方法就是利用类似于实积分的牛顿-莱布尼茨公式来计算.当被积函数在单连通域内解析，则复变积分沿非封闭曲线的积分就等于被积函数的一个原函数在终点的值减去在起点的值，即

$$\int_C f(z)\mathrm{d}z = G(z_1) - G(z_0).$$

其中：$G(z)$ 是 $f(z)$ 的一个原函数；z_0，z_1 为曲线 C 内的起点和终点.

对于更复杂一些的函数的积分的计算，将在第5章中介绍.

4.调和函数及其与解析函数的关系

(1)调和函数与共轭调和函数的定义. 在区域D内，具有二阶连续偏导数且满足拉普拉斯方程的二元函数$\varphi(x，y)$，称为在区域D内的调和函数.流速场的流函数与势函数、静电场的力函数与势函数以及热流场的流函数与温度分布函数都是调和函数.

由于解析函数的导数仍然是解析函数，于是有解析函数的任意阶偏导数都存在而且连续，并都是调和函数.

解析函数$u+\mathrm{i}v$的虚部v称为实部u的共轭调和函数，即满足柯西-黎曼方程：$u_x=v_y$，$v_x=-u_y$ 的v称为u的共轭调和函数，注意u与v的顺序不能颠倒.

(2)求共轭调和函数的方法.已知解析函数的实部或虚部求共轭调和函数进而求解析函数的方法有偏积分法、全微分法、线积分法和不定积分法4种，前3种方法都是通过柯西-黎曼方程建立已知u或v和位置v 或u 的联系求得u或v，进而求出对应的解析函数.第4种方法是通过复变函数的导数公式$f'(z)=u_x-\mathrm{i}u_x=v_y+\mathrm{i}v_x$直接求出$f(z)$.

习题

1. 计算下列积分.

(1) $\displaystyle\int_0^1 z\mathrm{e}^z\mathrm{d}z$；

(2) $\displaystyle\oint_{|z|=1}\frac{\mathrm{e}^z}{z}\mathrm{d}z$；

(3) $\displaystyle\int_1^{1+\mathrm{i}} z\mathrm{e}^z\mathrm{d}z$；

(4) 若 $f(z)=\dfrac{1}{z^2+2z+2}$，求 $\displaystyle\int_{|z|=1} f(z)\mathrm{d}z$；

(5) $\displaystyle\oint_{|z|=2}\frac{\sin z}{\left(z-\frac{\pi}{2}\right)^2}\mathrm{d}z$.

2. 沿下列路线计算积分.

(1) 设 C 为正向圆周：$|z|=2$，则 $\displaystyle\int_C\frac{\mathrm{e}^{2z}}{(z-1)^2}\mathrm{d}z$；

(2) 设 C 为正向圆周：$|z|=\dfrac{1}{2}$，则 $\displaystyle\oint_C \sec z\mathrm{d}z$；

(3) 若 $f(z)$ 在 $|z|<2$ 内解析，C：$|z|=1$取正向，则 $\displaystyle\oint_C\frac{f''(z)}{\cos z}\mathrm{d}z$；

(4) 设 C 为从 i 到 $1+$i 的直线段，则 $\int_C \mathrm{Re}z\mathrm{d}z$；

(5) 设 $f'(z) = \oint_C \dfrac{\mathrm{e}^\zeta}{\cos\zeta}(\zeta-z)^2\mathrm{d}\zeta(|z|<5)$，$|\zeta|=5$ 取正向，则 $f(z)$；

(6) 设 $f(z) = \oint_{|\xi|=2} \dfrac{\xi\mathrm{e}^{\mathrm{i}\xi}}{(\xi-z)^2}\mathrm{d}\xi$，$|z|>2$，则 $f'(z)$；

(7) 设 C：$|z|=1$，取正向，则 $\oint_C \dfrac{\cos z}{z(z-2)}\mathrm{d}z$；

(8) $\oint_{C:\ |z|=\frac{1}{2}} \cos z\mathrm{d}z$；

(9) 设 C 是起点为 1，终点为 $-1+$i 的有向直线段，则 $\int_C y\mathrm{d}z$；

(10) $\int_C \dfrac{1}{z-\mathrm{i}}\mathrm{d}z$，$C$ 为 $|z-\mathrm{i}|=1$ 的右半圆周，从 $z_1=0$ 到 $z_2=2\mathrm{i}$ 的有向弧；

(11) 设 $f(z) = \int_C \dfrac{3\lambda^2+7\lambda+1}{\lambda-z}\mathrm{d}\lambda$，其中 $C=\{z:\ |z|=3\}$，试求 $f'(1+\mathrm{i})$；

(12) 设 C 是从 $z=0$ 到 2 的圆弧 $z=1+\mathrm{e}^{\mathrm{i}\theta}$，$-\pi \leqslant \theta \leqslant 0$，则 $\int_C z\sin z\mathrm{d}z$.

3. 计算复变积分的值.

(1) 计算 $\int_C \bar{z}\mathrm{d}z$，其中 C 为圆 $|z|=1$ 的上半圆周，起点在 $z=-1$，终点在 $z=1$；

(2) 计算 $\int_C |z|\mathrm{d}z$，其中 C 为圆 $|z|=1$ 的左半圆周，起点在 $z=-\mathrm{i}$，终点在 $z=\mathrm{i}$.

4. 求共轭调和函数或解析函数.

(1) 已知调和函数 $u(x,\ y)=x^3-3xy^2$，试求其共轭调和函数 $v(x,\ y)$，使 $f(z)=u(x,\ y)+\mathrm{i}v(x,\ y)$ 成为一个解析函数且 $f(0)=\mathrm{i}$；

(2) 已知调和函数 $u(x,\ y)=\dfrac{y}{x^2+y^2}$，试求其共轭调和函数 $v(x,\ y)$ 和解析函数 $f(z)=u(x,\ y)+\mathrm{i}v(x,\ y)$，使符合条件 $f(2)=0$；

(3) 已知调和函数 $v(x,\ y)=\dfrac{y}{x^2+y^2}$，试求函数 $u(x,\ y)$ 和函数 $f(z)$，使 $f(z)=u(x,\ y)+\mathrm{i}v(x,\ y)$ 成为一个解析函数，并且符合条件 $f(3)=0$；

(4) 验证 $v(x,\ y)=\arctan\dfrac{y}{x}(x>0)$ 在右半平面内是调和函数，并求以此为虚部的解析函数 $f(z)=u+\mathrm{i}v$；

(5) 已知 $u(x,\ y)=\mathrm{e}^{-y}\cos x+1$，$f\left(\dfrac{\pi}{2}\right)=\mathrm{i}+1$，求解析函数 $f(z)=u+\mathrm{i}v$；

(6) 设 $f(z)=u+\mathrm{i}v$ 是区域 D 内的解析函数，证明：$-u$ 是 v 在 D 内的共轭调和函数；

(7) 已知 $u(x,\ y) = \dfrac{y}{x^2+y^2}$，$f(\mathrm{i}) = 1+\mathrm{i}$，求在上半平面的解析函数；

(8) 已知 $v = 2xy+y$，求解析函数 $f(z) = u+\mathrm{i}v$，使得 $f(2) = 2$；

(9) $v(x,\ y) = \dfrac{x}{x^2+y^2} + y$，$f(\mathrm{i}) = 1+\mathrm{i}$，求上半平面上的解析函数 $f(z) = u+\mathrm{i}v$；

(10) 验证 $v(x,\ y) = 2x^2 - 2y^2 + x$ 是整个 z 平面上的调和函数，并求其函数 $u(x,\ y)$，使 $f(z) = u(x,\ y) + \mathrm{i}v(x,\ y)$ 成为整个 z 平面上的解析函数且满足 $f(\mathrm{i}) = -2\mathrm{i}$；

(11) 由 $u = 2(x-1)y$，$f(2) = -\mathrm{i}$，求出解析函数 $f(z) = u+\mathrm{i}v$ 关于 z 的表达式；

(12) 已知 $u-v = x^2-y^2-2xy$，求解析函数 $f(z) = u+\mathrm{i}v$ 使得 $f(0) = 0$；

(13) 已知解析函数 $f(z)$ 在正实轴上的数值为纯虚数，且虚部 $v(x,\ y) = \dfrac{x}{x^2+y^2}$，试求 $f(z)$.

5. 设 $f(z)$ 与 $g(z)$ 在区域 D 内处处解析，C 为 D 内的任何一条简单闭曲线，它的内部全包含于 D，若在 C 上的所有点处 $f(z) = g(z)$ 成立，试证在 C 内的所有点处 $f(z) = g(z)$ 也成立.

6. 如果函数 $f(x,\ y)$ 和 $F(x,\ y)$ 都具有二阶连续偏导数，且均为调和函数，而 $u(x,\ y) = f_y(x,\ y) - F_x(x,\ y)$，$v(x,\ y) = f_x(x,\ y) + F_y(x,\ y)$，证明：$G(z) = u(x,\ y) + \mathrm{i}v(x,\ y)$ 为 $z = x+\mathrm{i}y$ 的解析函数.

7. 设 $f(z) = u+\mathrm{i}v$ 在区域 D 内解析，证明：uv 是 D 内的调和函数.

8. 设 C 为从原点 0 到 $3+4\mathrm{i}$ 的直线段，证明不等式 $\left| \displaystyle\int_C \dfrac{1}{z-\mathrm{i}}\mathrm{d}z \right| \leqslant \dfrac{25}{3}$ 成立.

第4章 级数

前面几章用微分和积分的方法研究复变函数的性质，本章将用级数的方法研究复变函数的性质.在复数范围内，级数是复变函数中的一个重要概念，它不仅是研究解析函数的有力工具，也是学习留数的必要基础.

级数在信号与系统和数字信号处理中有着非常重要的应用.在系统分析和信号分析中主要应用到解析函数的幂级数、泰勒级数和洛朗级数. 在电学系统分析中，最为常用的是泰勒级数和洛朗级数，泰勒级数是典型的单边级数，而洛朗级数是典型的双边级数.对于级数的域的分析和各项系数的分析是分析系统敛散性的关键，也是目前最基本的工具. 因此对于一个解析函数的幂级数展开、泰勒级数的展开、洛朗级数的展开以及各项系数的求解在电学中都是极为重要的.

本章首先介绍复数列、复数项级数、复变函数项级数的基本概念和性质.其次着重介绍复变函数项级数中的幂级数和洛朗级数，包括这些级数的收敛域和级数的和.最后介绍如何将函数展开成幂级数或洛朗级数，这两类级数是研究解析函数的重要工具，也是为下一章"留数"的学习打好基础.

4.1 复数列与复数项级数

4.1.1 复数列的极限与性质

4.1.1.1 复数列的极限定义

设 $\alpha_n = a_n + \mathrm{i}b_n(n = 1,\ 2,\ \cdots)$ 为一个复数列，$\alpha = a + \mathrm{i}b$ 为一个确定的复数，如果对于任意给定的正数 ε，总存在某个正整数 $N(\varepsilon)$，使得当 $n > N(\varepsilon)$ 时总有

$$|\alpha_n - \alpha| < \varepsilon,$$

则称 α 为 α_n 在 $n \to \infty$ 时的极限，记作 $\lim\limits_{n\to\infty} \alpha_n = \alpha$.

4.1.1.2 复数列极限的性质

根据复数列极限的定义易得下述两个极限的性质.

定理4.1 设 $\alpha_n = a_n + \mathrm{i}b_n(n = 1,\ 2,\ \cdots)$ 为一个复数列，则 $\lim\limits_{n\to\infty} \alpha_n = 0$ 的充要条件为 $\lim\limits_{n\to\infty} |\alpha_n| = 0$.

定理4.2 设 $\alpha_n = a_n + \mathrm{i}b_n(n = 1,\ 2,\ \cdots)$ 为一个复数列，$\lim\limits_{n\to\infty} \alpha_n = 0$，$\beta_n(n = 1,\ 2,\ \cdots)$ 为一个有界复数列，则 $\lim\limits_{n\to\infty} \alpha_n\beta_n = 0$.

定理4.1和定理4.2常用来判定复数列的极限为零.

根据复数列极限的定义、实数列极限的定义及复数与其实虚部的关系易得下面的定理.

定理4.3(复数列极限的充要条件)　设 $\alpha_n = a_n + ib_n (n = 1,\ 2,\ \cdots)$ 为一个复数列, $\alpha = a + ib$ 为一个确定的复数, 则 $\lim\limits_{n \to \infty} \alpha_n = \alpha$ 的充要条件为 $\lim\limits_{n \to \infty} a_n = a$ 且 $\lim\limits_{n \to \infty} b_n = b$.

当一个复数列的实虚部容易求解且其实虚部对应的实数列的极限容易求解时, 采用定理4.3来求解复数列的极限是比较方便的, 否则是比较麻烦的. 利用复数的四则运算法则、定理4.3 及实数列极限的四则运算法则, 可得复数列极限的四则运算法则

定理4.4(复数列极限的四则运算法则)　设 $\lim\limits_{n \to \infty} \alpha_n = \alpha$, $\lim\limits_{n \to \infty} \beta_n = \beta$, 则

(1) $\lim\limits_{n \to \infty} (\alpha_n \pm \beta_n) = \lim\limits_{n \to \infty} \alpha_n \pm \lim\limits_{n \to \infty} \beta_n = \alpha \pm \beta$;

(2) $\lim\limits_{n \to \infty} \alpha_n \beta_n = \lim\limits_{n \to \infty} \alpha_n \lim\limits_{n \to \infty} \beta_n = \alpha\beta$;

(3) $\lim\limits_{n \to \infty} \dfrac{\alpha_n}{\beta_n} = \dfrac{\lim\limits_{n \to \infty} \alpha_n}{\lim\limits_{n \to \infty} \beta_n} = \dfrac{\alpha}{\beta} (\beta \neq 0)$.

基于复数列极限的定义与实数列极限定义在形式上的相似性, 在求复数列的极限时, 完全可采用实数列求极限的方法与技巧.

4.1.2 复数项级数的定义及敛散性

4.1.2.1 复数项级数的定义

设 $\alpha_n = a_n + ib_n (n = 0,\ 1,\ 2,\ \cdots)$ 为一个复数列, 则称

$$\alpha_0 + \alpha_1 + \alpha_2 + \cdots$$

为复数项级数, 记作 $\sum\limits_{n=0}^{\infty} \alpha_n$, 即

$$\sum_{n=0}^{\infty} \alpha_n = \alpha_0 + \alpha_1 + \alpha_2 + \cdots.$$

若复数项级数 $\sum\limits_{n=0}^{\infty} \alpha_n$ 的部分和

$$s_n = \alpha_0 + \alpha_1 + \alpha_2 + \cdots + \alpha_{n-1}$$

在 $n \to \infty$ 时的极限存在且有限, 则称复数项级数 $\sum\limits_{n=0}^{\infty} \alpha_n$ 收敛, 并称 $\lim\limits_{n \to \infty} s_n = s$ 为复数项级数 $\sum\limits_{n=1}^{\infty} \alpha_n$ 的和, 记作

$$\sum_{n=0}^{\infty} \alpha_n = s.$$

若

$$s_n = \alpha_0 + \alpha_1 + \alpha_2 + \cdots + \alpha_{n-1}$$

在 $n \to \infty$ 时的极限不存在，则称复数项级数 $\sum\limits_{n=0}^{\infty} \alpha_n$ 发散.

例4.1 证明级数 $\sum\limits_{n=0}^{\infty} z^n (|z| < 1)$ 收敛.

证明 级数 $\sum\limits_{n=0}^{\infty} z^n$ 的部分和为

$$s_n = 1 + z + z^2 + \cdots + z^{n-1} = \frac{1-z^n}{1-z}.$$

当 $|z| < 1$ 时，$\lim\limits_{n\to\infty} |z^n| = \lim\limits_{n\to\infty} |z|^n = 0$，则由定理4.1得 $\lim\limits_{n\to\infty} z^n = 0$，因此

$$\lim_{n\to\infty} s_n = \frac{1}{1-z},$$

故级数

$$\sum_{n=0}^{\infty} z^n (|z| < 1)$$

收敛，且其和为 $\dfrac{1}{1-z}$，即

$$\sum_{n=0}^{\infty} z^n = \frac{1}{1-z} (|z| < 1).$$

问题 当 $|z| \geqslant 1$ 时，级数 $\sum\limits_{n=0}^{\infty} z^n$ 的敛散性如何？

显然，对于一些简单的复数项级数，利用定义判定级数的敛散性是可行的.但对于一些复杂的复数项级数，采用例4.1中的方法，将很难判定级数的敛散性.注意到，任意给定一个复数项级数 $\sum\limits_{n=0}^{\infty} \alpha_n [\alpha_n = a_n + \mathrm{i}b_n (n = 0,\ 1,\ \cdots)]$，则复数项级数 $\sum\limits_{n=0}^{\infty} \alpha_n$ 就确定了两个实数项级数 $\sum\limits_{n=0}^{\infty} a_n$ 与 $\sum\limits_{n=0}^{\infty} b_n$，那么这两个实数项级数 $\sum\limits_{n=0}^{\infty} a_n$ 与 $\sum\limits_{n=0}^{\infty} b_n$ 的敛散性与复数项级数 $\sum\limits_{n=0}^{\infty} \alpha_n$ 的敛散性有关系吗？下面的定理4.5给出了结果.

4.1.2.2 复数项级数敛散性的判定

定理4.5(复数项级数收敛的充要条件) 设复数项级数 $\sum\limits_{n=0}^{\infty} \alpha_n$，其中 $\alpha_n = a_n + \mathrm{i}b_n (n = 0,\ 1,\ 2,\ \cdots)$，则复数项级数 $\sum\limits_{n=0}^{\infty} \alpha_n$ 收敛的充要条件为实数项级数 $\sum\limits_{n=0}^{\infty} a_n$ 与 $\sum\limits_{n=0}^{\infty} b_n$ 都收敛.

证明 设级数 $\sum\limits_{n=0}^{\infty} \alpha_n$ 的部分和数列为

$$s_n = \alpha_0 + \alpha_1 + \cdots + \alpha_{n-1},$$

级数 $\sum\limits_{n=0}^{\infty} a_n$ 的部分和数列为

$$\sigma_n = a_0 + a_1 + \cdots + a_{n-1},$$

级数 $\sum\limits_{n=0}^{\infty} b_n$ 的部分和数列为

$$\tau_n = b_0 + b_1 + \cdots + b_{n-1},$$

则

$$s_n = \sigma_n + \mathrm{i}\tau_n.$$

因此根据复数列收敛的充要条件、复数项级数收敛的定义与实数项级数收敛的定义得

$$\sum_{n=0}^{\infty} \alpha_n \text{ 收敛} \Leftrightarrow \text{数列 } s_n \text{ 收敛}$$

$$\Leftrightarrow \text{数列 } \sigma_n \text{与} \tau_n \text{ 都收敛}$$

$$\Leftrightarrow \text{实数项级数 } \sum_{n=0}^{\infty} a_n \text{ 与 } \sum_{n=0}^{\infty} b_n \text{ 都收敛}.$$

当一个复数项级数对应的两个实数项级数容易写出，且两个实数项级数的敛散性容易判断时，采用定理4.5来判断复数项级数的敛散性是比较方便的.对于实数项级数收敛，则通项必趋于0，这是级数收敛的必要条件，则对于复数项级数，也有类似的级数收敛的必要条件.

定理4.6(复数项级数收敛的必要条件) 设复数项级数 $\sum\limits_{n=0}^{\infty} \alpha_n$ 收敛，则

$$\lim_{n \to \infty} \alpha_n = 0.$$

证明 设 $\alpha_n = a_n + ib_n(n = 0, 1, \cdots)$，则由定理4.4知复数项级数 $\sum\limits_{n=0}^{\infty} \alpha_n$ 对应的两个实数项级数 $\sum\limits_{n=0}^{\infty} a_n$ 与 $\sum\limits_{n=0}^{\infty} b_n$ 都收敛，从而根据实数项级数收敛的必要条件知

$$\lim_{n \to \infty} a_n = \lim_{n \to \infty} b_n = 0,$$

因此由复数列收敛的充要条件知

$$\lim_{n \to \infty} \alpha_n = 0.$$

类似于实数项级数敛散性的判定，常用此定理的逆否命题判定级数发散.即，若 $\lim\limits_{n \to \infty} \alpha_n \neq 0$，则 $\sum\limits_{n=0}^{\infty} \alpha_n$ 发散.

例4.2 证明级数 $\sum\limits_{n=0}^{\infty} z^n (|z| \geqslant 1)$ 发散.

证明 当 $|z| \geqslant 1$ 时，$\lim\limits_{n \to \infty} |z^n| = \lim\limits_{n \to \infty} |z|^n \neq 0$，则由定理4.1得

$$\lim_{n \to \infty} z^n \neq 0,$$

故级数

$$\sum_{n=0}^{\infty} z^n (|z| \geqslant 1)$$

发散.

4.1.2.3 复数项级数的绝对收敛与条件收敛

复数项级数的绝对收敛与条件收敛和实数项级数的绝对收敛与条件收敛类似，首先给出它们的定义.

给定复数项级数 $\sum\limits_{n=0}^{\infty} \alpha_n$，若级数 $\sum\limits_{n=0}^{\infty} |\alpha_n|$ 收敛，则称复数项级数 $\sum\limits_{n=0}^{\infty} \alpha_n$ 绝对收敛；若级数 $\sum\limits_{n=0}^{\infty} |\alpha_n|$ 发散，但 $\sum\limits_{n=0}^{\infty} \alpha_n$ 收敛，则称复数项级数 $\sum\limits_{n=0}^{\infty} \alpha_n$ 条件收敛.

下面的定理给出了"绝对收敛必收敛"这一与实数项级数相同的结论.

定理4.7 若级数 $\sum\limits_{n=0}^{\infty} |\alpha_n|$ 收敛，则 $\sum\limits_{n=0}^{\infty} \alpha_n$ 收敛.

证明 设 $\alpha_n = a_n + ib_n (n = 0,\ 1,\ \cdots)$，则由复数与其实虚部的关系得

$$|a_n| \leqslant |\alpha_n|,\quad |b_n| \leqslant |\alpha_n|,$$

进而根据正项级数的比较审敛法知实数项级数 $\sum\limits_{n=0}^{\infty} a_n$ 与 $\sum\limits_{n=0}^{\infty} b_n$ 都绝对收敛，所以级数 $\sum\limits_{n=0}^{\infty} a_n$ 与 $\sum\limits_{n=0}^{\infty} b_n$ 收敛，因此由定理4.5得 $\sum\limits_{n=0}^{\infty} \alpha_n$ 收敛.

复数项级数绝对收敛的判定也可以转化成两个实数项级数的绝对收敛来判断，下面的定理给出了复数项级数绝对收敛的必要条件.

定理4.8 设级数 $\sum\limits_{n=0}^{\infty} \alpha_n (\alpha_n = a_n + ib_n)$ 绝对收敛，则实数项级数 $\sum\limits_{n=0}^{\infty} a_n$ 与 $\sum\limits_{n=0}^{\infty} b_n$ 绝对收敛.

证明 设 $\alpha_n = a_n + ib_n (n = 0,\ 1,\ \cdots) = \sqrt{a_n^2 + b_n^2}$，显然有

$$|a_n| \leqslant \sqrt{a_n^2 + b_n^2} = |\alpha_n|,$$

$$|b_n| \leqslant \sqrt{a_n^2 + b_n^2} = |\alpha_n|,$$

由正项级数的比较审敛法知实数项级数 $\sum\limits_{n=0}^{\infty} a_n$ 与 $\sum\limits_{n=0}^{\infty} b_n$ 都绝对收敛.证毕.

这个定理的逆命题也是成立的.事实上

$$|\alpha_n| = \sqrt{a_n^2 + b_n^2} \leqslant |a_n| + |b_n|,$$

因此由正项级数的比较审敛法及定理4.7得以下推论.

推论4.1(复数项级数绝对收敛的充要条件) 级数 $\sum\limits_{n=0}^{\infty} \alpha_n (\alpha_n = a_n + ib_n)$ 绝对收敛的充要条件为实数项级数 $\sum\limits_{n=0}^{\infty} a_n$ 与 $\sum\limits_{n=0}^{\infty} b_n$ 都绝对收敛.

例4.3 讨论级数 $\sum\limits_{n=1}^{\infty} \left[\dfrac{(-1)^n}{n} + i\dfrac{1}{2^n} \right]$ 的敛散性.若级数收敛，确定其是否为绝对收敛.

解 因为级数

$$\sum_{n=1}^{\infty} \frac{(-1)^n}{n}$$

与级数

$$\sum_{n=1}^{\infty} \frac{1}{2^n}$$

均收敛，由定理4.4得，级数

$$\sum_{n=1}^{\infty} \left[\frac{(-1)^n}{n} + i\frac{1}{2^n} \right]$$

收敛.又因为级数

$$\sum_{n=1}^{\infty} \frac{(-1)^n}{n}$$

不绝对收敛，尽管级数

$$\sum_{n=1}^{\infty} \frac{1}{2^n}$$

绝对收敛，由推论4.1得级数

$$\sum_{n=1}^{\infty} \left[\frac{(-1)^n}{n} + i\frac{1}{2^n} \right]$$

不绝对收敛.故该级数收敛，且为条件收敛.

注 一般地，对于级数 $\sum\limits_{n=1}^{\infty} \alpha_n$ 绝对收敛性的讨论，可根据推论4.1绝对收敛的充要条件来判定.有时利用绝对收敛的定义也可以很方便地判断级数是否绝对收敛，即直接判定 $\sum\limits_{n=1}^{\infty} |\alpha_n|$ 是否收敛.如对于例4.3中的级数，判断其是否绝对收敛，因为

$$\left| \frac{(-1)^n}{n} + i\frac{1}{2^n} \right| \geqslant \frac{1}{n},$$

由正项级数的比较审敛法及级数 $\sum\limits_{n=1}^{\infty} \frac{1}{n}$ 发散，得

$$\sum_{n=1}^{\infty} \left| \frac{(-1)^n}{n} + i\frac{1}{2^n} \right|$$

发散，即级数

$$\sum_{n=1}^{\infty} \frac{(-1)^n}{n} + i\frac{1}{2^n}$$

不绝对收敛.

4.2 复变函数项级数与幂级数

4.2.1 复变函数项级数

定义 设 $f_n(x)(n = 0, 1, 2, \cdots)$ 为定义在区域 D 上的一个复变函数列，则称

$$f_0(z) + f_1(z) + f_2(z) + \cdots$$

为区域 D 上的复变函数项级数，记作 $\sum\limits_{n=0}^{\infty} f_n(z)$，即

$$\sum_{n=0}^{\infty} f_n(z) = f_0(z) + f_1(z) + f_2(z) + f_3(z) + \cdots.$$

定义 设 $\sum\limits_{n=0}^{\infty} f_n(z)$ 为定义在区域 D 上的复变函数项级数，$z_0 \in D$，若复数项级数 $\sum\limits_{n=0}^{\infty} f_n(z_0)$ 收敛，则称复变函数项级数 $\sum\limits_{n=0}^{\infty} f_n(z)$ 在点 z_0 收敛.若复变函数项级数 $\sum\limits_{n=0}^{\infty} f_n(z)$ 在区域 D 上的任意点处收敛，则称复变函数项级数 $\sum\limits_{n=0}^{\infty} f_n(z)$ 在区域 D 上收敛.

定义 若复变函数项级数 $\sum\limits_{n=0}^{\infty} f_n(z)$ 在区域 D 上的任意点处收敛，则 D 上的任意点 z 必然对应一个函数项级数的和，因而确定了 D 上的一个函数 $S(z)$.将函数 $S(z)$ 称为复变函数项级数 $\sum\limits_{n=0}^{\infty} f_n(z)$ 的和函数.

4.2.2 幂级数

4.2.2.1 幂级数的定义

若定义在区域 D 上的复变函数项级数 $\sum\limits_{n=0}^{\infty} f_n(z)$，其中的一般项 $f_n(z)$ 特殊地取为 $c_n z^n$ 或 $c_n(z - z_0)^n$，即级数

$$c_0 + c_1 z + c_2 z^2 + \cdots \tag{4-1}$$

或

$$c_0 + c_1(z - z_0) + c_2(z - z_0)^2 + \cdots, \tag{4-2}$$

将具有形式为式(4-1)或式(4-2)的函数项级数统称为幂级数.

因为通过变量代换 $w = z - z_0$，形为式(4-2)的幂级数可化为形为式(4-1)的幂级数，所以在下面的论述中，若没有特殊强调，提到的幂级数都是指幂级数式(4-1).

4.2.2.2 幂级数的收敛域

定理4.9(阿贝尔定理) 如果幂级数 $\sum\limits_{n=0}^{\infty} c_n z^n$ 在 $z = z_0(z_0 \neq 0)$处收敛，则当 $|z| < |z_0|$ 时，幂级数 $\sum\limits_{n=0}^{\infty} c_n z^n$ 绝对收敛；如果幂级数 $\sum\limits_{n=0}^{\infty} c_n z^n$ 在 $z = z_0(z_0 \neq$

0) 处发散，则当 $|z| > |z_0|$ 时，幂级数 $\sum\limits_{n=0}^{\infty} c_n z^n$ 发散.

证明　首先证明定理的前半部分.因为幂级数 $\sum\limits_{n=0}^{\infty} c_n z^n$ 在 $z = z_0(z_0 \neq 0)$ 处收敛，所以由级数收敛的必要条件，知

$$\lim_{n \to \infty} c_n z_0^n = 0,$$

即，存在正数 M，使得对一切正整数 n，有

$$|c_n z_0^n| < M.$$

另一方面，当 $|z| < |z_0|$ 时，令

$$\left| \frac{z}{z_0} \right| = \frac{|z|}{|z_0|} = q < 1,$$

则

$$|c_n z^n| = |c_n z_0^n| \left| \frac{z}{z_0} \right|^n < Mq^n.$$

因为 $q < 1$，所以级数 $\sum\limits_{n=0}^{\infty} Mq^n$ 收敛，由正项级数的比较审敛法，级数 $\sum\limits_{n=0}^{\infty} |c_n z^n|$ 收敛，即 $\sum\limits_{n=0}^{\infty} c_n z^n$ 绝对收敛.

下面证明定理的后半部分.利用反证法，假设存在 z_1，$|z_1| > |z_0|$，级数 $\sum\limits_{n=0}^{\infty} c_n z_1^n$ 收敛，则由以上证明可知，当 $|z| < |z_1|$ 时，幂级数 $\sum\limits_{n=0}^{\infty} c_n z^n$ 绝对收敛，即 z_0 满足 $|z_0| < |z_1|$，幂级数 $\sum\limits_{n=0}^{\infty} c_n z_0^n$ 绝对收敛，这与条件 $\sum\limits_{n=0}^{\infty} c_n z^n$ 在 $z = z_0(z_0 \neq 0)$ 处发散矛盾，故假设不成立，原命题成立.证毕.

利用阿贝尔定理可知，幂级数 $\sum\limits_{n=0}^{\infty} c_n z^n$ 必然在集合 $\{z||z| < R\}$ 内收敛，但在集合 $\{z||z| < R\}$ 的边界的某些点处有可能收敛，也有可能发散，在这出现的 R 可能为 0，或为有限实数，或为 ∞.

定义　若当 $|z| < R$ 时，幂级数 $\sum\limits_{n=0}^{\infty} c_n z^n$ 收敛，称集合 $\{z||z| = R\}$ 为幂级数 $\sum\limits_{n=0}^{\infty} c_n z^n$ 收敛圆周，R 称为幂级数 $\sum\limits_{n=0}^{\infty} c_n z^n$ 收敛半径.

4.2.2.3 幂级数的收敛半径的求法

定理4.10(比值法)　给定幂级数 $\sum\limits_{n=0}^{\infty} c_n z^n$，若 $\lim\limits_{n \to \infty} \dfrac{|c_{n+1}|}{|c_n|} = \rho$，则幂级数 $\sum\limits_{n=0}^{\infty} c_n z^n$ 收敛半径：

$$R = \begin{cases} \infty, & \rho = 0 ; \\ \dfrac{1}{\rho}, & 0 < \rho < \infty ; \\ 0, & \rho = \infty . \end{cases}$$

定理4.11(根值法) 给定幂级数 $\sum\limits_{n=0}^{\infty} c_n z^n$，若 $\lim\limits_{n\to\infty} \sqrt[n]{|c_n|} = \rho$，则幂级数 $\sum\limits_{n=0}^{\infty} c_n z^n$ 收敛半径

$$R = \begin{cases} \infty, & \rho = 0 \,; \\ \dfrac{1}{\rho}, & 0 < \rho < \infty \,; \\ 0, & \rho = \infty \,. \end{cases}$$

例4.4 求幂级数 $\sum\limits_{n=0}^{\infty} \sin(in^2) z^n$ 的收敛半径.

解 由三角函数的定义知 $c_n = \sin(in^2) = \dfrac{e^{-n^2} - e^{n^2}}{2i}$，故

$$\lim_{n\to\infty} \frac{|c_{n+1}|}{|c_n|} = \lim_{n\to\infty} \left| \frac{e^{-(n+1)^2} - e^{(n+1)^2}}{e^{-n^2} - e^{n^2}} \right| = \infty,$$

所以 $R = 0$，说明级数只有在 $z = 0$ 时收敛.

例4.5 求幂级数 $\sum\limits_{n=0}^{\infty} e^{in} z^{2n+1}$ 的收敛半径 R.

分析 幂级数 $\sum\limits_{n=0}^{\infty} e^{in} z^{2n+1}$ 为缺项幂级数，其收敛半径不能用定理4.9或定理4.10予以求解，所以需利用结论：若采用比值法或根植法确定 $\sum\limits_{n=0}^{\infty} |c_n z^n|$ 收敛或发散，则 $\sum\limits_{n=0}^{\infty} c_n z^n$ 收敛或发散.

解 因为

$$\lim_{n\to\infty} \frac{|e^{i(n+1)} z^{2(n+1)+1}|}{|e^{in} z^{2n+1}|} = |z|^2,$$

所以当 $|z|^2 < 1$，即 $|z| < 1$ 时，幂级数 $\sum\limits_{n=0}^{\infty} e^{in} z^{2n+1}$ 收敛，其收敛半径为 $R = 1$.

4.2.2.4 幂级数的运算及性质

定理4.12(复合运算) 设 $f(z) = \sum\limits_{n=0}^{\infty} c_n z^n (|z| < r)$，$g(z)$ 在域 $|z| < R$ 内解析且 $|g(z)| < r$，则 $f(g(z)) = \sum\limits_{n=0}^{\infty} c_n [g(z)]^n (|z| < R)$.

定理4.13(代数运算) 设 $f(z) = \sum\limits_{n=0}^{\infty} a_n z^n (|z| < r_1)$，$g(z) = \sum\limits_{n=0}^{\infty} b_n z^n (|z| < r_2)$，则当 $|z| < r = \min\{r_1, \; r_2\}$ 时，

(1) $\sum\limits_{n=0}^{\infty} a_n z^n \pm \sum\limits_{n=0}^{\infty} b_n z^n = \sum\limits_{n=0}^{\infty} (a_n \pm b_n) z^n = f(z) \pm g(z)$;

(2) $\left(\sum\limits_{n=0}^{\infty} a_n z^n \right) \left(\sum\limits_{n=0}^{\infty} b_n z^n \right) = \sum\limits_{n=0}^{\infty} (a_0 b_n + a_1 b_{n-1} + \cdots + a_n b_0) z^n = f(z) g(z)$.

定理4.14(微积分运算) 设 $f(z) = \sum\limits_{n=0}^{\infty} c_n z^n (|z| < r)$，则

(1) $f(z)$ 在域 $|z| < r$ 内处处解析;

(2) $f(z) = \sum\limits_{n=0}^{\infty} c_n z^n$ 在域 $|z| < r$ 内可逐项求导,即

$$f'(z) = \left(\sum_{n=0}^{\infty} c_n z^n \right)' = \sum_{n=1}^{\infty} c_n n z^{n-1};$$

(3) $f(z) = \sum\limits_{n=0}^{\infty} c_n z^n$ 在域 $|z| < r$ 内可逐项积分,即

$$\int_C f(z)\mathrm{d}z = \int_C \sum_{n=0}^{\infty} c_n z^n \mathrm{d}z = \sum_{n=0}^{\infty} \int_C c_n z^n \mathrm{d}z,$$

其中,C 为域 $|z| < r$ 内的任意一条曲线.

特殊地,若 C 的起点为域 $|z| < r$ 内的点 0,终点取为域 $|z| < r$ 内的动点 z,则上式变为

$$\int_0^z f(z)\mathrm{d}z = \int_0^z \sum_{n=0}^{\infty} c_n z^n \mathrm{d}z = \sum_{n=0}^{\infty} \int_0^z c_n z^n \mathrm{d}z = \sum_{n=0}^{\infty} c_n \frac{z^{n+1}}{n+1}.$$

证明从略.

4.3 泰勒级数

4.3.1 问题的提出

由幂级数的性质知,若级数

$$\sum_{n=0}^{\infty} c_n(z - z_0)^n$$

在域 $|z - z_0| < r$ 内收敛,则级数的和函数 $f(z)$ 在域 $|z - z_0| < r$ 内处处解析,即 $f(z) = \sum\limits_{n=0}^{\infty} c_n(z - z_0)^n (|z - z_0| < r)$ 在点 z_0 处解析. 反过来,若 $f(z)$ 在某圆域 $|z - z_0| < r$ 处解析,是否可以将 $f(z)$ 表示成该圆域内的幂级数?即

$$f(z) = \sum_{n=0}^{\infty} c_n(z - z_0)^n (|z - z_0| < r)$$

是否仍成立?更一般地,设 $f(z)$ 在区域 D 内解析,点 $z_0 \in D$,则

$$f(z) = \sum_{n=0}^{\infty} c_n(z - z_0)^n (|z - z_0| < r)$$

是否仍成立?答案是肯定的,下面的定理给出了结论.

4.3.2 泰勒定理

定理4.15 (泰勒定理) 设 $f(z)$ 在区域 D 内解析,点 $z_0 \in D$,设 d 为 z_0 到 D 的边界上各点的最短距离,即 $d = \min\{|z - z_0| \mid z \in \partial D\}$,则当 $|z - z_0| < d$ 时,

$$f(z) = \sum_{n=0}^{\infty} c_n(z - z_0)^n \tag{4-3}$$

成立，且 $c_n = \dfrac{f^{(n)}(z_0)}{n!}(z - z_0)^n$, $n = 0$, 1, 2, $\cdots$.

证明 设 D_1: $|z - z_0| < d$, z 为 D_1 内任意一点，在 D_1 内做包围 z 且以 z_0 为圆心的圆周 K: $|\xi - z_0| = r(r < d)$. 由柯西积分公式得

$$f(z) = \frac{1}{2\pi i}\int_K \frac{f(\xi)}{\xi - z}\mathrm{d}\xi. \tag{4-4}$$

注意到 $|z - z_0| < |\xi - z_0|$，因此由幂级数的复合运算得

$$\frac{1}{\xi - z} = \frac{1}{\xi - z_0}\frac{1}{1 - \dfrac{z - z_0}{\xi - z_0}} = \frac{1}{\xi - z_0}\sum_{n=0}^{\infty}\frac{(z - z_0)^n}{(\xi - z_0)^n}. \tag{4-5}$$

式(4-5)右端出现的级数关于 ξ 不是幂级数，所以不能利用幂级数的逐项积分性质. 故将式(4-5)右端出现的级数拆分为有限项的和与无限项的和后，代入式(4-4)并对有限项的和利用曲线积分的性质得

$$f(z) = \frac{1}{2\pi i}\int_K f(\xi)\sum_{n=0}^{N}\frac{(z - z_0)^n}{(\xi - z_0)^{n+1}}\mathrm{d}\xi + R_N(z)$$

$$= \frac{1}{2\pi i}\sum_{n=0}^{N}(z - z_0)^n\int_K \frac{f(\xi)}{(\xi - z_0)^{n+1}}\mathrm{d}\xi + R_N(z), \tag{4-6}$$

其中，$R_N(z) = \dfrac{1}{2\pi i}\int_K \sum_{n=N+1}^{\infty}f(\xi)\dfrac{(z - z_0)^n}{(\xi - z_0)^{n+1}}\mathrm{d}\xi$.

下面估计式(4-6)等号右端的两项. 由 $f(z)$ 在 D_1 解析，从而在 D_1 连续，因此存在正常数 M，使得 $|f(z)| < M$. 又由于

$$\left|\frac{z - z_0}{\xi - z_0}\right| = \frac{|z - z_0|}{r} = q < 1,$$

于是由高阶导数公式、等比数列求和公式及曲线积分的定义得

$$\frac{1}{2\pi i}\sum_{n=0}^{N}(z - z_0)^n\int_K \frac{f(\xi)}{(\xi - z_0)^{n+1}}\mathrm{d}\xi = \sum_{n=0}^{N}\frac{f^{(n)}(z_0)}{n!}(z - z_0)^n, \tag{4-7}$$

$$|R_N(z)| = \left|\frac{1}{2\pi i}\int_K \sum_{n=N+1}^{\infty}\frac{f(\xi)}{\xi - z_0}\left(\frac{z - z_0}{\xi - z_0}\right)^n\mathrm{d}\xi\right|$$

$$\leqslant \frac{1}{2\pi}\int_K \sum_{n=N+1}^{\infty}\frac{|f(\xi)|}{|\xi - z_0|}\left|\frac{z - z_0}{\xi - z_0}\right|^n\mathrm{d}s$$

$$\leqslant \frac{1}{2\pi}\sum_{n=N+1}^{\infty}\frac{M}{r}q^n 2\pi r$$

$$= \frac{Mq^{N+1}}{1 - q}.$$

由 $\lim\limits_{N\to\infty}|R(N)| = 0$，得

$$\lim_{N\to\infty}\left|f(z) - \sum_{n=0}^{N}\frac{f^{(n)}(z_0)}{n!}(z - z_0)^n\right| = 0,$$

其中，$z \in D_1$.

综上，可得

$$f(z) = \sum_{n=0}^{\infty} \frac{f^{(n)}(z_0)}{n!}(z - z_0)^n, \quad |z - z_0| < r.$$

注

(1) 式(4-3)称为 $f(z)$ 在点 z_0 处的泰勒展开式，式(4-3)右端的幂级数称为$f(z)$在点z_0处的泰勒级数[$f(z)$在点 0 处的泰勒级数，也称为 $f(z)$ 的麦克劳林级数]，c_n称为$f(z)$在点z_0处的泰勒系数.

(2)由幂级数的性质及收敛范围知，式

$$f(z) = \sum_{n=0}^{\infty} c_n(z - z_0)^n$$

成立的 z 的范围为且仅为 $f(z)$ 在 D 内以 z_0 为圆心的最大解析圆域的子集.显然 $f(z)$ 在 D 内以 z_0 为圆心的最大解析圆域为

$$D_1: |z - z_0| < r = d = \min\{|z - z_0| \mid z \in \partial D\},$$

即 d表示点 z_0 到区域 D 的边界的最短距离.

(3) 由泰勒定理及幂级数的性质知：$f(z)$在点z_0处解析的充要条件为$f(z)$在点z_0处可展成幂级数.

(4) 唯一性：若 $f(z)$ 在点 z_0 处可展成幂级数，则此幂级数一定是 $f(z)$ 在点 z_0 处的泰勒级数.

例4.6 问 $f(z) = \sec z$ 在点 π 处是否能展成幂级数？若可以，求出 $f(z) = \sec z$ 在点 π 处泰勒展开式成立的 z 的变化范围.

解 注意到

$$f(z) = \sec z = \frac{1}{\cos z}$$

在扩充复平面内的奇点有

$$k\pi + \frac{\pi}{2}(k \in Z), \quad \infty,$$

所以由泰勒定理知 $f(z) = \sec z$ 在点 π 处能展成幂级数，而且距离点 π 最近的奇点有 $\frac{\pi}{2}$, $\frac{3\pi}{2}$，因此 $f(z) = \sec z$ 在点 π 处泰勒展开式成立的 z 的变化范围为 $f(z)$ 在扩充复平面内以 z_0 为心的最大解析圆域，即

$$|z - z_0| < \left|\frac{\pi}{2} - \pi\right| = \frac{\pi}{2}.$$

一般地，若 $f(z)$ 在点 z_0 处解析，则$f(z)$ 在点 z_0 处的泰勒展开式成立的 z 的变化范围是$|z - z_0| < |z - z_1|$，其中z_1 为 $f(z)$ 的距离z_0 最近的奇点.

4.3.3 函数的泰勒展开式的求法

4.3.3.1 直接法

由泰勒定理知,若 $f(z)$ 在域 $|z - z_0| < r$ 内解析,则求出 $f^{(n)}(z_0)$ 就可得到 $f(z)$ 在域 $|z - z_0| < r$ 内的泰勒展开式.

例4.7 求出 $f(z) = \mathrm{e}^z$ 在点 0 处的泰勒展开式.

解 注意到 $f(z) = \mathrm{e}^z$ 在复平面内处处解析, 且 $f^{(n)}(0) = \mathrm{e}^z|_{z=0} = 1$, 故当 $|z| < \infty$ 时,

$$\mathrm{e}^z = \sum_{n=0}^{\infty} \frac{1}{n!} z^n.$$

类似地,可得

$$\sin z = \sum_{n=0}^{\infty} \frac{(-1)^n}{(2n+1)!} z^{2n+1}, \ \ |z| < \infty,$$

$$\cos z = \sum_{n=0}^{\infty} \frac{(-1)^n}{(2n)!} z^{2n}, \ \ |z| < \infty.$$

直接法求解 $f(z)$ 在点 z_0 处的泰勒展开式的关键在于 $f^{(n)}(z_0)$ 的求解,但对于一般函数来说, $f^{(n)}(z_0)$ 的获取是比较困难的,所以根据函数幂级数展式的唯一性,在求解 $f(z)$ 在点 z_0 处的泰勒展开式时,更多地是采用如下的间接法.

4.3.3.2 间接法

变形(拆项、积分、求导、代换等)给定的函数与已知泰勒展开式的一些函数发生关系,利用这些函数已知的泰勒展开式,并根据幂级数的运算及性质,最后得给定函数的泰勒展开式.

例4.8 求出 $f(z) = \mathrm{Ln}(1 + z)$ 的麦克劳林级数.

解 注意到 $f(z) = \mathrm{Ln}(1+z)$ 在复平面内距离0最近的奇点为 -1,故当 $|z| < 1$ 时,

$$f'(z) = \frac{1}{1+z} = \sum_{n=0}^{\infty} (-1)^n z^n, \tag{4-8}$$

取 $|z| < 1$ 内的曲线 C ,它的起点为 0 ,终点为 z ,将式(4-8)两端沿着曲线 C 积分,并根据幂级数的逐项积分性质得

$$\mathrm{Ln}(1+z) = \int_0^z \frac{1}{1+z} \mathrm{d}z = \sum_{n=0}^{\infty} \int_0^z (-1)^n z^n \mathrm{d}z = \sum_{n=0}^{\infty} \frac{(-1)^n}{n+1} z^{n+1}. \tag{4-9}$$

为了采用间接法求得一般函数的泰勒展开式，必须记住下述5种函数的泰勒展开式：

$$\frac{1}{1-z} = \sum_{n=0}^{\infty} z^n, \quad |z| < 1,$$

$$\mathrm{e}^z = \sum_{n=0}^{\infty} \frac{1}{n!} z^n, \quad |z| < \infty,$$

$$\sin z = \sum_{n=0}^{\infty} \frac{(-1)^n}{(2n+1)!} z^{2n+1}, \quad |z| < \infty,$$

$$\cos z = \sum_{n=0}^{\infty} \frac{(-1)^n}{(2n)!} z^{2n}, \quad |z| < \infty,$$

$$\mathrm{Ln}(1+z) = \sum_{n=0}^{\infty} \frac{(-1)^n}{n+1} z^{n+1}, \quad |z| < 1.$$

例4.9 求出 $f(z) = \dfrac{1}{(z+1)^2(z+2)}$ 的麦克劳林级数.

解 为了求出给定函数的麦克劳林级数，需将给定函数变形以降低分母的次数，才能与函数 $\dfrac{1}{1-z}$ 建立关系.

当 $|z| < 1$ 时，将 $f(z)$ 部分分式并利用已知函数的麦克劳林级数得

$$\begin{aligned}
f(z) &= \frac{1}{(z+1)} \frac{1}{(z+1)(z+2)} = \frac{1}{z+1} \left(\frac{1}{z+1} - \frac{1}{z+2} \right) \\
&= \frac{1}{(z+1)^2} - \frac{1}{(z+2)(z+1)} = -\left(\frac{1}{z+1} \right)' - \frac{1}{z+1} + \frac{1}{z+2} \\
&= -\left(\frac{1}{z+1} \right)' - \frac{1}{z+1} + \frac{1}{2} \frac{1}{1+\dfrac{z}{2}} \\
&= -\left[\sum_{n=0}^{\infty} (-1)^n z^n \right]' - \sum_{n=0}^{\infty} (-1)^n z^n + \frac{1}{2} \sum_{n=0}^{\infty} (-1)^n \left(\frac{z}{2} \right)^n \\
&= \sum_{n=1}^{\infty} (-1)^{n+1} n z^{n-1} - \sum_{n=0}^{\infty} (-1)^n z^n + \frac{1}{2} \sum_{n=0}^{\infty} (-1)^n \left(\frac{z}{2} \right)^n \\
&= \sum_{n=0}^{\infty} (-1)^n (n+1) z^n - \sum_{n=0}^{\infty} (-1)^n z^n + \frac{1}{2} \sum_{n=0}^{\infty} (-1)^n \left(\frac{z}{2} \right)^n \\
&= \sum_{n=0}^{\infty} (-1)^n \left(n + \frac{1}{2^{n+1}} \right) z^n.
\end{aligned}$$

例4.10 求出 $f(z) = \cos^2 z$ 在点 $z = 0$ 处的泰勒展开式.

分析 如果直接将 $\cos z$ 的泰勒展开式二次方，那么通项不易求出.可以利用三角公式将 $\cos^2 z$ 降次，进而得到其泰勒展开式.

解 由余弦函数的降次公式及已知函数的泰勒展开式，得

$$f(z) = \frac{1 + \cos 2z}{2} = \frac{1}{2}\left[1 + 1 - \frac{(2z)^2}{2!} + \frac{(2z)^4}{4!} - \frac{(2z)^6}{6!} + \cdots\right], \quad |z| < +\infty,$$

所以

$$f(z) = 1 - \frac{2z^2}{2!} + \frac{2^3 z^4}{4!} - \frac{2^5 z^6}{6!} + \cdots = 1 + \sum_{z=1}^{\infty}(-1)^n \frac{2^{2n-1} z^{2n}}{(2n)!}, \quad |z| < +\infty.$$

说明 为了利用一些函数的麦克劳林级数，在求解泰勒级数的过程中，常需要对所给函数进行变形或变量代换以转为已知函数的麦克劳林级数.

例4.11 设 $f(z)$ 在域 $|z| < r$ 内解析且关于 z 为奇(偶)函数，则 $f(z)$ 在域 $|z| < r$ 内的泰勒级数不包含关于 z 的偶(奇)次项.

解 因为 $f(z)$ 在域 $|z| < r$ 内解析，所以当 $|z| < r$ 时，

$$f(z) = \sum_{n=0}^{\infty} c_n z^n. \tag{4-10}$$

若 $f(z)$ 在域 $|z| < r$ 内关于 z 为奇函数，则由式(4-10)及解析函数幂级数展式的唯一性得

$$-\sum_{n=0}^{\infty} c_n z^n = -f(z) = f(-z) = \sum_{n=0}^{\infty} c_n (-1)^n z^n,$$

即

$$\sum_{n=0}^{\infty} c_n\left[1 + (-1)^n\right] z^n = \sum_{n=0}^{\infty} 2c_{2n} z^{2n} \equiv 0,$$

因此 $c_{2n} = 0(n = 0,\ 1,\ 2,\ \cdots)$，故 $f(z)$ 在域 $|z| < r$ 内的泰勒级数不包含关于 z 的偶次项.

同理可证：若 $f(z)$ 在域 $|z| < r$ 内关于 z 为偶函数，$f(z)$ 在域 $|z| < r$ 内的泰勒级数不包含关于 z 的奇次项.

4.4 洛朗级数

4.4.1 双边幂级数

由第4.3节的内容知，若 $f(z)$ 在点 z_0 处不解析，则 $f(z)$ 在点 z_0 的某个邻域内无法展成幂级数，那么能否在以 z_0 为心的某个解析环域内展成级数？在研究这个问题前，需要先了解一下双边幂级数.

4.4.1.1 双边幂级数的定义

定义 称定义在区域 D 上的复变函数项级数 $\sum\limits_{n=-\infty}^{\infty} c_n z^n$ 或 $\sum\limits_{n=-\infty}^{\infty} c_n(z - z_0)^n$ 为双边幂级数.

因为通过变量代换$z' = z - z_0$，双边幂级数$\sum\limits_{n=-\infty}^{\infty} c_n(z - z_0)^n$可转化为双边幂级数$\sum\limits_{n=-\infty}^{\infty} c_n z'^n$，所以在下面的论述中，若没有特殊强调，提到的双边幂级数都是指双边幂级数$\sum\limits_{n=-\infty}^{\infty} c_n z^n$.

4.4.1.2 双边幂级数的收敛域及性质

定义　给定定义在区域D上的双边幂级数$\sum\limits_{n=-\infty}^{\infty} c_n z^n$及$z_0 \in D$，若两个数项级数$\sum\limits_{n=0}^{\infty} c_n z_0^n$及$\sum\limits_{n=-\infty}^{-1} c_n z_0^n$都收敛，则称双边幂级数$\sum\limits_{n=-\infty}^{\infty} c_n z^n$在点$z_0$处收敛.

例4.12　讨论双边幂级数$\sum\limits_{n=-\infty}^{\infty} c_n z^n$的收敛域.

解　由双边幂级数收敛的定义知双边幂级数$\sum\limits_{n=-\infty}^{\infty} c_n z^n$的收敛域是幂级数$\sum\limits_{n=0}^{\infty} c_n z^n$收敛域与负幂项级数$\sum\limits_{n=-\infty}^{-1} c_n z^n$收敛域的交集. 显然幂级数$\sum\limits_{n=0}^{\infty} c_n z^n$收敛域为$|z| < R_1$.

负幂项级数$\sum\limits_{n=-\infty}^{-1} c_n z^n$关于变量$z$不是幂级数，但若令$\xi = z^{-1}$，则负幂项级数$\sum\limits_{n=-\infty}^{-1} c_n z^n$可变为级数$\sum\limits_{n=1}^{\infty} c_{-n} \xi^n$. 而级数$\sum\limits_{n=1}^{\infty} c_{-n} \xi^n$关于$\xi$是幂级数，其收敛域为$|\xi| < R$，因此得负项级数$\sum\limits_{n=-\infty}^{-1} c_n z^n$收敛域为$|z| > \dfrac{1}{R} = R_2$.

综上，若$R_1 \leqslant R_2$，则双边幂级数$\sum\limits_{n=-\infty}^{\infty} c_n z^n$的收敛域为空集；若$R_1 > R_2$，则双边幂级数$\sum\limits_{n=-\infty}^{\infty} c_n z^n$的收敛域为环域$R_2 < |z| < R_1$.

在双边幂级数的收敛域内，双边幂级数有类似于幂级数的一些运算及性质.

4.4.2 函数展开成洛朗级数

4.4.2.1 问题的分析

现在考虑是否能够将圆环域内解析的函数展开成双边幂级数，来看一些具体函数对应的结果.

函数$f(z) = \dfrac{1}{z(1 + z)}$在0处不解析，但在环域$0 < |z| < 1$内解析，当$0 < |z| < 1$时，

$$f(z) = \frac{1}{z} - \frac{1}{1 + z} = \frac{1}{z} - \sum_{n=0}^{\infty} (-1)^n z^n.$$

函数 $f(z) = \dfrac{1}{(z-1)(1+z)}$ 在 1 处不解析，但在环域 $2 < |z-1| < \infty$ 内解析，当 $2 < |z-1| < \infty$ 时，

$$f(z) = \frac{1}{2}\frac{1}{z-1} - \frac{1}{2}\frac{1}{1+z} = \frac{1}{2(z-1)} - \frac{1}{2(z-1)}\frac{1}{1+\dfrac{2}{z-1}}$$

$$= \frac{1}{2(z-1)} - \frac{1}{2(z-1)}\sum_{n=0}^{\infty}(-1)^n\left(\frac{2}{z-1}\right)^n.$$

由上述两个具体例子对应的结论可猜想：若 $f(z)$ 在点 z_0 处不解析，则 $f(z)$ 在 z_0 为中心的某个解析环域内可展成双边幂级数.

4.4.2.2 洛朗定理

定理4.16 (洛朗定理) 设 $f(z)$ 在环域 D：$R_1 < |z-z_0| < R_2$ 内解析，则当 $R_1 < |z-z_0| < R_2$ 时，

$$f(z) = \sum_{n=-\infty}^{\infty} c_n(z-z_0)^n, \tag{4-11}$$

其中，$c_n = \dfrac{1}{2\pi i}\oint_C \dfrac{f(\xi)}{(\xi-z_0)^{n+1}}\mathrm{d}\xi(n = 0,\ \pm 1,\ \pm 2,\ \cdots)$；$C$ 为 D 内包围 z_0 的任意一条封闭曲线.

注

(1)式（4-11）称为 $f(z)$ 在环域 $R_1 < |z-z_0| < R_2$ 内的洛朗展开式，式（4-11）右端的双边幂级数称为 $f(z)$ 在环域 $R_1 < |z-z_0| < R_2$ 内的洛朗级数，c_n 称为 $f(z)$ 在环域 $R_1 < |z-z_0| < R_2$ 内的洛朗系数.

(2)不能利用高阶导数定理化简式（4-11）中的洛朗系数.

(3)唯一性：若 $f(z)$ 在环域 D：$R_1 < |z-z_0| < R_2$ 内可展成双边幂级数，则此双边幂级数一定是 $f(z)$ 在环域 $R_1 < |z-z_0| < R_2$ 内的洛朗级数.

回顾在第3章中推广的柯西积分公式，为了更好地给出证明，将推论3.2表述如下.

推论3.2(推广的柯西积分公式) 设 $f(z)$ 在环域 D：$R_1 < |z-z_0| < R_2$ 内解析，取数 r_1 及 r_2 满足 $R_1 < r_1 < r_2 < R_2$，则

$$f(z) = \frac{1}{2\pi i}\oint_\Gamma \frac{f(\xi)}{\xi-z}\mathrm{d}\xi, \tag{4-12}$$

其中，$\Gamma = K_1^- + K_2$，K_1 为正向封闭曲线：$|z-z_0| = r_1$，K_2 为正向封闭曲线：$|z-z_0| = r_2$.

下面利用推广的柯西积分公式，参考泰勒定理的证明来证明洛朗定理.

证明 设 z 为 D 内任意一点，在 D 内作正向圆周 K_1：$|z-z_0| = r_1$ 与 K_2：$|z-z_0| = r_2$，其中数 r_1 及 r_2 满足 $R_1 < r_1 < r_2 < R_2$.

由推广的柯西积分公式得

$$f(z) = \frac{1}{2\pi i} \int_{K_1^- + K_2} \frac{f(\xi)}{\xi - z} d\xi. \tag{4-13}$$

注意到当 $\xi \in K_2$ 时，$|z - z_0| < |\xi - z_0|$，由泰勒定理的证明过程得

$$\frac{1}{2\pi i} \int_{K_2} \frac{f(\xi)}{\xi - z} d\xi$$

$$= \frac{1}{2\pi i} \int_{K_2} f(\xi) \sum_{n=0}^{N} \frac{(z - z_0)^n}{(\xi - z_0)^{n+1}} d\xi + R_N(z)$$

$$= \frac{1}{2\pi i} \sum_{n=0}^{N} (z - z_0)^n \int_{K_2} \frac{f(\xi)}{(\xi - z_0)^{n+1}} d\xi + R_N(z), \tag{4-14}$$

其中，$R_N(z) = \dfrac{1}{2\pi i} \int_{K_2} \sum_{n=N+1}^{\infty} f(\xi) \dfrac{(z - z_0)^n}{(\xi - z_0)^{n+1}} d\xi$.

当 $\xi \in K_1$ 时，$|z - z_0| > |\xi - z_0|$，由幂级数的代换运算得

$$\frac{1}{\xi - z} = \frac{1}{\xi - z_0 - (z - z_0)}$$

$$= -\frac{1}{z - z_0} \frac{1}{1 - \dfrac{\xi - z_0}{z - z_0}} = -\frac{1}{z - z_0} \sum_{n=0}^{\infty} \frac{(\xi - z_0)^n}{(z - z_0)^n}. \tag{4-15}$$

将式(4-15)代入 $\dfrac{1}{2\pi i} \int_{K_1^-} \dfrac{f(\xi)}{\xi - z} d\xi$ 经过计算得

$$\frac{1}{2\pi i} \int_{K_1^-} \frac{f(\xi)}{\xi - z} d\xi$$

$$= \frac{1}{2\pi i} \int_{K_1} f(\xi) \sum_{n=0}^{N} \frac{(\xi - z_0)^n}{(z - z_0)^{n+1}} d\xi + R_N'(z)$$

$$= \frac{1}{2\pi i} \sum_{n=0}^{N} (z - z_0)^{-n-1} \int_{K_1} \frac{f(\xi)}{(\xi - z_0)^{-n}} d\xi + R_N'(z)$$

$$= \frac{1}{2\pi i} \sum_{n=-1}^{-N-1} (z - z_0)^n \int_{K_1} \frac{f(\xi)}{(\xi - z_0)^{n+1}} d\xi + R_N'(z), \tag{4-16}$$

其中，$R_N'(z) = \dfrac{1}{2\pi i} \int_{K_1} \sum_{n=N+1}^{\infty} f(\xi) \dfrac{(\xi - z_0)^n}{(z - z_0)^{n+1}} d\xi$.

利用等比数列求和公式及曲线积分的定义得

$$|R_N(z)| \leqslant \left| \frac{1}{2\pi i} \right| \int_{K_2} \left| \sum_{n=N+1}^{\infty} \frac{f(\xi)}{\xi - z_0} \left(\frac{z - z_0}{\xi - z_0} \right)^n \right| ds$$

$$= \frac{1}{2\pi} \int_{K_2} \left| \frac{f(\xi)}{\xi - z_0} \right| \left| \frac{\left(\dfrac{z - z_0}{\xi - z_0} \right)^{N+1}}{1 - \dfrac{z - z_0}{\xi - z_0}} \right| ds$$

$$= \frac{1}{2\pi} \left(\frac{|z-z_0|}{r_2} \right)^{N+1} \frac{1}{1 - \frac{|z-z_0|}{r_2}} \int_{K_2} \left| \frac{f(\xi)}{\xi - z_0} \right| \mathrm{d}s \to 0 (N \to \infty), \quad (4\text{-}17)$$

$$|R'_N(z)| \leqslant \left| \frac{1}{2\pi \mathrm{i}} \right| \int_{K_1} \left| \sum_{n=N+1}^{\infty} \frac{f(\xi)}{z-z_0} \left(\frac{\xi-z_0}{z-z_0} \right)^n \right| \mathrm{d}s$$

$$= \frac{1}{2\pi} \int_{K_1} \left| \frac{f(\xi)}{z-z_0} \right| \left| \frac{\left(\dfrac{\xi-z_0}{z-z_0} \right)^{N+1}}{1 - \dfrac{\xi-z_0}{z-z_0}} \right| \mathrm{d}s$$

$$= \frac{1}{2\pi} \left(\frac{r_1}{|z-z_0|} \right)^{N+1} \frac{1}{1 - \frac{r_1}{|z-z_0|}} \int_{K_1} \left| \frac{f(\xi)}{\xi - z} \right| \mathrm{d}s \to 0 (N \to \infty). \quad (4\text{-}18)$$

取 C 为 D 内包围 z_0 的任意一条封闭曲线，并令 $c_n = \dfrac{1}{2\pi \mathrm{i}} \oint_C \dfrac{f(\xi)}{(\xi - z_0)^{n+1}} \mathrm{d}\xi$，由式(4-13)，式(4-14)，式(4-16)~式(4-18)及闭路变形原理得

$$f(z)$$

$$= \frac{1}{2\pi \mathrm{i}} \sum_{n=0}^{+\infty} (z-z_0)^n \int_{K_2} \frac{f(\xi)}{(\xi-z_0)^{n+1}} \mathrm{d}\xi + \frac{1}{2\pi \mathrm{i}} \sum_{n=-1}^{-\infty} (z-z_0)^n \int_{K_1} \frac{f(\xi)}{(\xi-z_0)^{n+1}} \mathrm{d}\xi$$

$$= \frac{1}{2\pi \mathrm{i}} \sum_{n=0}^{+\infty} (z-z_0)^n \int_{C} \frac{f(\xi)}{(\xi-z_0)^{n+1}} \mathrm{d}\xi + \frac{1}{2\pi \mathrm{i}} \sum_{n=-1}^{-\infty} (z-z_0)^n \int_{C} \frac{f(\xi)}{(\xi-z_0)^{n+1}} \mathrm{d}\xi$$

$$= \sum_{n=-\infty}^{+\infty} c_n (z-z_0)^n. \quad (4\text{-}19)$$

有了这个定理，就可以将函数展开成洛朗级数了.

4.4.3 函数的洛朗展开式的求法

4.4.3.1 直接法

由洛朗定理知，若 $f(z)$ 在域 $r_1 < |z-z_0| < r_2$ 内解析，则求出封闭曲线积分 $\oint_C \dfrac{f(\xi)}{(\xi-z_0)^{n+1}} \mathrm{d}\xi$，就可得到 $f(z)$ 在域 $r_1 < |z-z_0| < r_2$ 内的洛朗展开式.

直接法求解 $f(z)$ 在域 $r_1 < |z-z_0| < r_2$ 内的洛朗展开式的关键在于曲线积分 $\oint_C \dfrac{f(\xi)}{(\xi-z_0)^{n+1}} \mathrm{d}\xi$ 的获取，但对于一般函数来说，$\oint_C \dfrac{f(\xi)}{(\xi-z_0)^{n+1}} \mathrm{d}\xi$ 的求解是比较困难的，所以根据函数双边级数展开式的唯一性，在求解 $f(z)$ 在点域 $r_1 < |z-z_0| < r_2$ 内的洛朗展开式，更多地是采用下面的间接法.

4.4.3.2 间接法

通过将函数变形(拆项、积分、求导、代换等)并与已知泰勒展开式的函数建立关系，利用这些函数已知的泰勒展开式，并根据幂级数及双边幂级数的运算及性质，最后得到给定函数的洛朗展开式.

例4.13 求出 $f(z) = \dfrac{1}{(z+1)^2(z+2)}$ 在下述环域内的洛朗展开式:

(1) $0 < |z+2| < 1$;

(2) $1 < |z+2| < \infty$.

分析 因为所给的环域是以 -2 为中心的,所以要求的洛朗级数的一般项具有形式 $c_n(z+2)^n$. 为了达到目的,对所给函数中的因子 $z+2$ 不要进行任何处理,只考虑如何建立 $\dfrac{1}{(z+1)^2}$ 与 $\dfrac{1}{(z+2)-1}$ 的关系.

解 显然

$$g(z) = \frac{1}{(z+1)^2} = -\left(\frac{1}{z+1}\right)' = -\left[\frac{1}{(z+2)-1}\right]'.$$

(1) $0 < |z+2| < 1$:因为

$$\frac{1}{z+2-1} = -\frac{1}{1-(z+2)} = -\sum_{n=0}^{\infty}(z+2)^n,$$

所以

$$f(z) = \frac{1}{z+2}g(z) = \frac{1}{z+2}\left[\sum_{n=0}^{\infty}(z+2)^n\right]' = \sum_{n=1}^{\infty}n(z+2)^{n-2}.$$

(2) $1 < |z+2| < \infty$:因为

$$\frac{1}{z+2-1} = \frac{1}{z+2}\cdot\frac{1}{1-\dfrac{1}{z+2}} = \sum_{n=0}^{\infty}\frac{1}{(z+2)^{n+1}},$$

所以

$$f(z) = \frac{1}{z+2}g(z) = -\frac{1}{z+2}\left[\sum_{n=0}^{\infty}(z+2)^{-n-1}\right]' = \sum_{n=0}^{\infty}(n+1)(z+2)^{-n-3}.$$

注 例4.13中,在不同的范围中求解函数 $\dfrac{1}{(z+2)-1}$ 的洛朗级数时,对函数 $\dfrac{1}{(z+2)-1}$ 进行了不同的处理,是因为泰勒展开式

$$\frac{1}{1-z} = \sum_{n=0}^{\infty}z^n$$

成立的条件为 $|z| < 1$.

例4.14 求出 $f(z) = \dfrac{1}{z^3+z}$ 在下述环域内的洛朗展开式:

(1) $0 < |z| < 1$;

(2) $2 < |z-\mathrm{i}| < \infty$.

解 显然

$$f(z) = \frac{1}{z(z+\mathrm{i})(z-\mathrm{i})}.$$

(1) $0 < |z| < 1$：因为

$$g_1(z) = \frac{1}{(z+\mathrm{i})(z-\mathrm{i})} = \frac{1}{2\mathrm{i}}\left(\frac{1}{z-\mathrm{i}} - \frac{1}{z+\mathrm{i}}\right)$$

$$= \frac{1}{2\mathrm{i}}\left(\mathrm{i}\frac{1}{1-\dfrac{z}{\mathrm{i}}} + \mathrm{i}\frac{1}{1+\dfrac{z}{\mathrm{i}}}\right) = \frac{1}{2}\left[\sum_{n=0}^{\infty}\frac{z^n}{\mathrm{i}^n} + \sum_{n=0}^{\infty}(-1)^n\frac{z^n}{\mathrm{i}^n}\right]$$

$$= \sum_{n=0}^{\infty}\frac{z^{2n}}{\mathrm{i}^{2n}} = \sum_{n=0}^{\infty}(-1)^n z^{2n},$$

所以

$$f(z) = \frac{1}{z}g_1(z) = \sum_{n=0}^{\infty}(-1)^n z^{2n-1}.$$

(2) $2 < |z-\mathrm{i}| < \infty$：因为

$$g_2(z) = \frac{1}{z(z+\mathrm{i})} = -\mathrm{i}\left(\frac{1}{z} - \frac{1}{z+\mathrm{i}}\right) = -\mathrm{i}\left(\frac{1}{z-\mathrm{i}+\mathrm{i}} - \frac{1}{z-\mathrm{i}+2\mathrm{i}}\right)$$

$$= -\frac{\mathrm{i}}{z-\mathrm{i}}\left(\frac{1}{1+\dfrac{\mathrm{i}}{z-\mathrm{i}}} - \frac{1}{1+\dfrac{2\mathrm{i}}{z-\mathrm{i}}}\right)$$

$$= -\frac{\mathrm{i}}{z-\mathrm{i}}\left[\sum_{n=0}^{\infty}(-1)^n\frac{\mathrm{i}^n}{(z-\mathrm{i})^n} - \sum_{n=0}^{\infty}(-1)^n\frac{(2\mathrm{i})^n}{(z-\mathrm{i})^n}\right]$$

$$= \sum_{n=0}^{\infty}(-1)^n(2^n-1)\frac{\mathrm{i}^{n+1}}{(z-\mathrm{i})^{n+1}}.$$

所以

$$f(z) = \frac{1}{z-\mathrm{i}}g_2(z) = \sum_{n=0}^{\infty}(-1)^n(2^n-1)\frac{\mathrm{i}^{n+1}}{(z-\mathrm{i})^{n+2}}.$$

小结

本章的主要内容是级数，级数是研究解析函数的有力工具.先介绍了复数项级数的概念、性质及运算，然后介绍了复变函数项级数中的两类特殊的函数项级数——幂级数及洛朗级数. 这两类函数项级数及复变函数的解析性具有重要的联系.在实际计算中，将函数展成幂级数或洛朗级数，应用起来非常方便.这一章内容还将在留数中有重要应用，因此，需要熟练掌握.

1.复数项级数的敛散性

复数项级数的敛散性的定义与实数项级数的敛散性定义类似，即复数项级数 $\sum\limits_{n=0}^{\infty}\alpha_n$ 的部分和

$$s_n = \alpha_0 + \alpha_1 + \alpha_2 + \cdots + \alpha_{n-1}$$

在 $n \to \infty$ 时的极限存在且有限，则称复数项级数 $\sum\limits_{n=0}^{\infty} \alpha_n$ 收敛，若

$$s_n = \alpha_0 + \alpha_1 + \alpha_2 + \cdots + \alpha_{n-1}$$

的极限不存在，则称复数项级数 $\sum\limits_{n=0}^{\infty} \alpha_n$ 发散.

级数 $\sum\limits_{n=0}^{\infty} \alpha_n$ 收敛的充要条件是实数项级数 $\sum\limits_{n=0}^{\infty} a_n$ 与 $\sum\limits_{n=0}^{\infty} b_n$ 都收敛.

级数 $\sum\limits_{n=0}^{\infty} \alpha_n (\alpha_n = a_n + \mathrm{i} b_n)$ 绝对收敛的充要条件为实数项级数 $\sum\limits_{n=0}^{\infty} a_n$ 与 $\sum\limits_{n=0}^{\infty} b_n$ 都绝对收敛.

2.函数项级数

复变函数项级数是复数项级数的通项为一个复变函数.特别地，当这个函数是幂函数(n取非负整数)z^n或$(z - z_0)^n$时，函数项级数就是幂级数；当这个函数是幂函数(n取一切整数)z^n或$(z - z_0)^n$时，函数项级数就是洛朗级数.

3.幂级数

幂级数的收敛范围是一个圆域，称为收敛圆，该圆的半径称为收敛半径.由阿贝尔定理知，在圆内，幂级数绝对收敛；在圆外，幂级数发散；在圆上，幂级数可能收敛也可能发散；需具体判断.幂级数的收敛半径可用比值法和根值法求得.

一方面，幂级数在收敛圆内的和函数一定是该收敛圆内的解析函数，且在收敛圆内，和函数与幂级数可逐项求导，逐项积分.

另一方面，任何一个在圆域内解析的函数都可以展开成幂级数，即设 $f(z)$ 在圆域 $|z - z_0| < R$ 内解析，则

$$f(z) = \sum_{n=0}^{\infty} c_n (z - z_0)^n,$$

其中，$c_n = \dfrac{f^{(n)}(z_0)}{n!}(z - z_0)^n.$

求函数的幂级数展开式可用直接法和间接法.直接法就是利用上述定理求出幂级数的系数，这个适用于函数的导数较容易求出；间接法就是利用特殊函数的幂级数展开式和一些变换技巧，这个方法一般用得比较多，大部分函数的幂级数展开都是这样的.

几个特殊函数的幂级数展开式：

$$\frac{1}{1 - z} = \sum_{n=0}^{\infty} z^n, \ |z| < 1,$$

$$\mathrm{e}^z = \sum_{n=0}^{\infty} \frac{1}{n!} z^n, \ |z| < \infty,$$

$$\sin z = \sum_{n=0}^{\infty} \frac{(-1)^n}{(2n+1)!} z^{2n+1}, \quad |z| < \infty,$$

$$\cos z = \sum_{n=0}^{\infty} \frac{(-1)^n}{(2n)!} z^{2n}, \quad |z| < \infty,$$

$$\mathrm{Ln}(1+z) = \sum_{n=0}^{\infty} \frac{(-1)^n}{n+1} z^{n+1}, \quad |z| < 1.$$

4.洛朗级数

洛朗级数可称为双边幂级数，洛朗级数的收敛范围是一个圆环域.同样有，洛朗级数在圆环域内的和函数一定是该圆环域内的解析函数，且任何一个在圆环域内解析的函数都可以展开成洛朗级数.一般地，求函数的洛朗展开式可用函数展开成幂级数的方法.

习题

1. 求下列数列的极限.

(1) 数列 $\left\{ \dfrac{n+\mathrm{i}}{n-n\mathrm{i}} \right\}$ 的极限；

(2) 复数列 $\left\{ \dfrac{n+2^n\mathrm{i}}{n-2^n\mathrm{i}} \right\}$ 的极限；

(3) $\lim\limits_{n\to\infty} \left(\dfrac{1}{2} + \dfrac{\mathrm{i}}{2} \right)^n$.

2. 判断下列级数的敛散性.

(1) 级数 $\sum\limits_{n=0}^{\infty} \dfrac{\cos(n\mathrm{i})}{3^n}$；

(2) 级数 $\sum\limits_{\mathrm{i}=1}^{\infty} \left(\dfrac{1-\mathrm{i}}{2} \right)^n$；

(3) 若幂级数 $\sum\limits_{n=0}^{\infty} c_n z^n$ 在 $z = 1 + 2\mathrm{i}$ 处收敛，求该级数在 $z = 2$ 处的敛散性.

3. 判断下列级数的绝对收敛性和条件收敛性.

(1) $\sum\limits_{n=1}^{+\infty} \dfrac{1}{n} \left(2 + \dfrac{\mathrm{i}}{n} \right)$；

(2) $\sum\limits_{n=1}^{+\infty} \left[\dfrac{(-1)^n}{n} + \dfrac{\mathrm{i}}{3^n} \right]$；

(3) $\sum\limits_{n=1}^{+\infty} \dfrac{(5\mathrm{i})^n}{n!}$.

4. 求函数 $f(z) = \dfrac{(z-1)^2(z-3)^3}{\cos\left(\pi z + \dfrac{\pi}{2}\right)}$ 的孤立奇点.

5. 求洛朗级数 $\displaystyle\sum_{n=1}^{\infty} \dfrac{(-1)^n}{(z-4)^n} + \displaystyle\sum_{n=1}^{\infty}(-1)^n\left(1-\dfrac{z}{4}\right)^n$ 的收敛域.

6. 求将函数 $(1+z^2)^{-2}$ 展成 z 的幂级数的收敛半径.

7. 求级数的收敛半径或收敛域.

(1) 将 $\sec z$ 在 $z = \mathrm{i}$ 处展开成的幂级数的收敛半径;

(2) 级数 $\displaystyle\sum_{n=0}^{\infty} \dfrac{\mathrm{i}^n}{2^n} z^{2n+1}$ 的收敛半径;

(3) 双边幂级数 $\displaystyle\sum_{n=0}^{\infty}(-1)^n \dfrac{1}{(z-5)^n} + \displaystyle\sum_{n=1}^{\infty}(-1)^n\left(1-\dfrac{z}{5}\right)^n$ 的收敛域;

(4) 函数 $\dfrac{1}{\mathrm{e}^{z+1}-1}$ 在 $z = 0$ 处的幂级数展开式的收敛半径;

(5) 函数项级数 $\displaystyle\sum_{n=0}^{\infty}(1+\mathrm{i})^n z^{2n}$ 的收敛半径;

(6) 幂级数 $\displaystyle\sum_{n=0}^{\infty}(\cos \mathrm{i}n) z^n$ 的收敛半径;

(7) $f(z) = \dfrac{1}{1+z^2}$ 在 $z = \mathrm{i}-1$ 处的泰勒展开式的收敛半径;

(8) 函数 $\dfrac{z}{(z+1)(z+2)}$ 在 $z_0 = 2$ 的泰勒展开式成立的收敛半径;

(9) 函数 $\dfrac{1}{(z+3)(z+2)^2}$ 在 $z_0 = 1$ 的泰勒展开式成立的收敛半径;

(10) 函数 $f(z) = \dfrac{1}{(z^2+1)(z-3)} = \displaystyle\sum_{n=0}^{\infty} c_n (z-1)^n$，则泰勒展开式成立的收敛半径.

8. 求函数 $f(z) = \dfrac{1}{z}$ 在指定点 $z_0 = 1$ 处的泰勒展开式及收敛半径.

9. 设 $0 < k < 1$，试在 $k < |z| < +\infty$ 内将 $\dfrac{1}{z-k}$ 展成洛朗级数，并证明：

$$\sum_{n=0}^{\infty} k^n \sin(n+1)\theta = \dfrac{\sin\theta}{1+k^2-2k\cos\theta},$$

$$\sum_{n=0}^{\infty} k^n \cos(n+1)\theta = \dfrac{\cos\theta}{1+k^2-2k\cos\theta}.$$

10. 将函数 $f(z) = \dfrac{z}{z^2+3z+2}$ 分别在下列圆环域内展成洛朗级数.

(1) $1 < |z| < 2$;

(2) $0 < |z+2| < 1$.

11. 已知函数 $f(z) = \dfrac{z+1}{z^2(z-1)}$，将函数 $f(z)$ 分别在以下的圆环域内展开为洛朗级数.

(1) $0 < |z| < 1$;

(2) $1 < |z| < +\infty$;

(3) $0 < |z-1| < 1$.

12. (1) 将函数 $f(z) = \sin\dfrac{z^2-2z}{(z-1)^2}$ 在圆环域 $0 < |z-1| < +\infty$ 内展开成洛朗级数;

(2) 求函数 $f(z) = \dfrac{1}{z(z+2)^3}$ 在圆环域 $0 < |z+2| < 2$ 内的洛朗展开式;

(3) 将 $f(z) = \dfrac{2-3z}{2z^2-3z+1}$ 在去心邻域 $0 < |z-1| < \dfrac{1}{2}$ 内展开为洛朗级数;

(4) 求函数 $f(z) = \dfrac{1}{z^2(z-\mathrm{i})}$ 在圆环域 $1 < |z-\mathrm{i}| < +\infty$ 内的洛朗展开式.

13.(1) 将 $f(z) = \dfrac{z}{z^2+3z+2}$ 在点 $z_0 = 2$ 处展成泰勒级数，并指出它的收敛半径 R;

(2) 求函数 $f(z) = \sin(4z-z^2)$ 在 $z_0 = 2$ 处的泰勒展开式，并指出它的收敛半径 R;

(3) 求 $f(z) = \cos z^2$ 在 $z = 0$ 的泰勒展开式;

(4) 求函数 $f(z) = \dfrac{z}{(1+z^2)^2}$ 在 $z = 0$ 处的泰勒展开式.

14. 将下面的函数展开成泰勒级数或洛朗级数的形式:

(1) $f(z) = \dfrac{1}{(1+z^2)^2}$ 在 $|z| < 1$ 内;

(2) $f(z) = \dfrac{1}{z^2+1}$ 在 $2 < |z-\mathrm{i}|$ 内;

(3) $f(z) = \dfrac{z}{z^2-2z+5}$ 在 $|z-1| < 2$ 内;

(4) $f(z) = \dfrac{1}{(1+z^2)^2}$ 在 $2 < |z-\mathrm{i}| < \infty$ 内;

(5) 将函数 $f(z) = -\dfrac{z^2-z+1}{z^2(z-1)}$ 在如下的区域内展开成级数的形式.

1) 在 $|z-\mathrm{i}| < 1$ 内;

2) 在 $0 < |z-1| < 1$ 内;

(6) 将函数 $f(z) = \sin\dfrac{z}{1-z}$ 在 $0 < |z-1| < \infty$ 内展开成洛朗级数;

(7) 将函数 $f(z) = \dfrac{z^2-8z+5}{(z+2)(z-3)^2}$ 在 $z = 0$ 处展开成幂级数;

(8) $f(z) = \dfrac{1}{1 + z^2}$ 在 $0 < |z - \mathrm{i}| < 2$ 内；

(9) $f(z) = \sin^2 z$ 在 $z = 1$ 处；

(10) $f(z) = \dfrac{1}{(z^2 + 1)^2}$ 在 $0 < |z - \mathrm{i}| < 1$ 内.

15. 解析函数 $f(z) = u + \mathrm{i}v$ 的实部 $u = \mathrm{e}^x(y\sin y - x\cos y)$ 且 $f(0) = 0$，求 $f(z)$.

16. 证明级数 $\displaystyle\sum_{n=1}^{\infty} \dfrac{\mathrm{i}^n}{n}$ 的敛散性.

第5章 留数

留数是复变函数中的一个重要概念，它在计算复变函数积分中起着关键的作用.本章将以级数为工具，介绍解析函数的孤立奇点及函数在孤立奇点的邻域内的洛朗级数展开的不同情况，以此引入留数概念、留数定理及留数在求解积分时的应用.

5.1 有限孤立奇点的分类及性质

5.1.1 孤立奇点的定义 设函数$f(z)$在点z_0不解析，但在点z_0的去心邻域$|z - z_0| < \delta$内解析，则称点z_0为函数$f(z)$的孤立奇点.

由洛朗定理知，若点z_0为函数$f(z)$的孤立奇点，则在点z_0的解析去心邻域$|z - z_0| < \delta$内函数$f(z)$可展成$z - z_0$的洛朗级数，即当$0 < |z - z_0| < \delta$时，

$$f(z) = \cdots + c_{-2}(z - z_0)^{-2} + c_{-1}(z - z_0)^{-1} + c_0 + c_1(z - z_0) + c_2(z - z_0)^2 + \cdots.$$

根据函数$f(z)$对应的洛朗级数中关于$z - z_0$的负幂项的多少，可将函数$f(z)$的孤立奇点分为可去奇点、极点及本性奇点三类.下面分别介绍这些奇点.

5.1.2 可去奇点的定义及性质

可去奇点的定义 设点z_0为函数$f(z)$的孤立奇点，若在点z_0的解析去心邻域$|z - z_0| < \delta$内函数$f(z)$对应的洛朗级数中不包含$z - z_0$的负幂项，即当$0 < |z - z_0| < \delta$时，

$$f(z) = c_0 + c_1(z - z_0) + c_2(z - z_0)^2 + \cdots, \tag{5-1}$$

则称点z_0为函数$f(z)$的可去奇点.

下面，讨论可去奇点的特点.不考虑与函数$f(z)$的关系，式(5-1)右端是一个幂级数.由幂级数的性质知

$$F(z) = c_0 + c_1(z - z_0) + c_2(z - z_0)^2 + \cdots (|z - z_0| < \delta_1 < \delta). \tag{5-2}$$

由式(5-1)与式(5-2)得

$$F(z) = \begin{cases} f(z), & 0 < |z - z_0| < \delta_1 ; \\ c_0 = F(z_0), & z = z_0. \end{cases} \tag{5-3}$$

因此

$$\lim_{z \to z_0} f(z) = \lim_{z \to z_0} F(z) = F(z_0) = c_0,$$

故不考虑$f(z)$在点z_0是否有定义，只要令$f(z_0) = c_0$，则在邻域$|z - z_0| < \delta_1$内$f(z) = F(z)$，所以在此情况下z_0就不是$f(z)$的奇点了，而是解析点.综上，有以下性质：

性质5.1 若点z_0为函数$f(z)$的可去奇点，则$\lim\limits_{z \to z_0} f(z)$存在且有限.

当介绍完关于所有孤立奇点性质后，发现性质5.1的逆命题也成立.在下面的应用中，认为性质5.1的逆命题成立.

例5.1 说明点0为函数$f(z) = \dfrac{\text{Ln}(1+z)}{z}$的可去奇点.

解 函数$f(z) = \dfrac{\text{Ln}(1+z)}{z}$在点0处不解析，但在点0的去心邻域内解析，所以0为函数$f(z)$的孤立奇点.

由$\lim\limits_{z \to 0} \dfrac{\text{Ln}(1+z)}{z} = 1$或当$0 < |z| < 1$时，

$$f(z) = \frac{\text{Ln}(1+z)}{z} = \sum_{n=0}^{\infty} \frac{(-1)^n}{n+1} z^n,$$

则知点0为函数$f(z) = \dfrac{\text{Ln}(1+z)}{z}$的可去奇点.

若令$\dfrac{\text{Ln}(1+z)}{z}$在0处的值为1，则$f(z) = \dfrac{\text{Ln}(1+z)}{z}$在点0处解析.

5.1.3 极点的定义及性质

极点的定义 设点z_0为函数$f(z)$的孤立奇点，若在点z_0的解析去心邻域$|z - z_0| < \delta$内，函数$f(z)$对应洛朗级数中仅包含有限个$z - z_0$的负幂项，即当$0 < |z - z_0| < \delta$时，

$$f(z) = c_{-m}(z - z_0)^{-m} + \cdots + c_{-1}(z - z_0)^{-1} + c_0 + c_1(z - z_0) + \cdots, \quad (5\text{-}4)$$

则称点z_0为函数$f(z)$的m级极点，其中$m \geq 1$，$c_{-m} \neq 0$，m也称为极点的级数.

下面，讨论极点的特点.

利用幂级数的性质，式(5-4)可进一步变形为

$$\begin{aligned}
f(z) &= c_{-m}(z - z_0)^{-m} + \cdots + c_{-1}(z - z_0)^{-1} + c_0 + c_1(z - z_0) + \cdots \\
&= (z - z_0)^{-m}(c_{-m} + \cdots + c_{-1}(z - z_0)^{m-1} + c_0 + c_1(z - z_0)^{m+1} + \cdots) \\
&= (z - z_0)^{-m}\varphi(z),
\end{aligned} \quad (5\text{-}5)$$

其中，$\varphi(z) = c_{-m} + \cdots + c_{-1}(z - z_0)^{m-1} + c_0 + c_1(z - z_0)^{m+1} + \cdots.$

由幂级数的性质知$\varphi(z)$在z_0处解析且$\varphi(z_0) = c_{-m} \neq 0$. 综上，有以下性质.

性质5.2 点z_0为函数$f(z)$的m级极点的充要条件为在点z_0的解析去心邻域内，函数$f(z) = (z - z_0)^{-m}\varphi(z)$，其中$m \geq 1$，$\varphi(z)$在$z_0$处解析且$\varphi(z_0) \neq 0$.

由性质5.2可得以下性质.

性质5.3 若点z_0为函数$f(z)$的极点，则$\lim\limits_{z \to z_0} f(z)$为无穷大.

在介绍完孤立奇点的性质后，发现性质5.3的逆命题也成立.下面的应用中，认为性质5.3的逆命题成立.

例5.2 求出函数 $f(z) = \dfrac{1}{(z+1)^2(z-\mathrm{i})}$ 的全部孤立奇点，并确定类型.

解 函数 $f(z) = \dfrac{z}{(z+1)^2(z-\mathrm{i})}$ 的全部孤立奇点为-1，i.由性质5.2 知-1为二级极点，i为一级极点.

例5.3 求出函数 $f(z) = \dfrac{1}{\sin z}$ 的全部孤立奇点，并确定类型.

解 函数 $f(z) = \dfrac{1}{\sin z}$ 的全部孤立奇点为$\sin z = 0$的解，即$z_k = k\pi(k \in \mathbf{Z})$. 因为 $\lim\limits_{z \to z_k} \dfrac{1}{\sin z} = \infty$，所以由性质5.3 可知点$z_k = k\pi(k \in \mathbf{Z})$为函数$f(z) = \dfrac{1}{\sin z}$的极点.

利用性质5.3，可方便地确定孤立奇点是否为极点，但无法确定极点的级数.相比较性质5.3，利用极点的定义及性质5.2确定孤立奇点是否为函数的极点时，虽然稍显麻烦，但能确定出极点的级数，而级数是进一步研究极点的一个很重要的因素.

5.1.4 本性奇点的定义及性质

本性奇点的定义 设点z_0为函数$f(z)$的孤立奇点，若在点z_0的解析去心邻域$0 < |z - z_0| < \delta$内函数$f(z)$ 对应洛朗级数中包含无限个$z - z_0$的负幂项，即当$0 < |z - z_0| < \delta$ 时，

$$f(z) = \cdots + c_{-2}(z - z_0)^{-2} + c_{-1}(z - z_0)^{-1} +$$
$$= +c_0 + c_1(z - z_0) + c_2(z - z_0)^2 + \cdots,$$

则称点z_0为函数$f(z)$的本性奇点.

性质5.4 设点z_0为函数$f(z)$的本性奇点，则对于任意的复数A，存在点列z_n使得 $\lim\limits_{n \to \infty} z_n = z_0$且$\lim\limits_{n \to \infty} f(z_n) = A$.

由性质5.4可得以下性质.

性质5.5 若点z_0为函数$f(z)$的本性奇点，则$\lim\limits_{z \to z_0} f(z)$不存在也不为无穷大.

例5.4 说明点0为函数$f(z) = \mathrm{e}^{\frac{1}{z}}$的本性奇点.

解 由函数$f(z) = \mathrm{e}^{\frac{1}{z}}$在点0处不解析，但在点0的去心邻域内解析，所以0为函数$f(z)$的孤立奇点.

方法1：因为当z沿正实轴趋于0，$\mathrm{e}^{\frac{1}{z}} \to \infty$；当$z$沿负实轴趋于0，$\mathrm{e}^{\frac{1}{z}} \to 0$，所以$\lim\limits_{z \to 0} \mathrm{e}^{\frac{1}{z}}$不存在也不为无穷大.

方法2：当$0 < |z| < 1$时，

$$\mathrm{e}^{\frac{1}{z}} = \sum_{n=0}^{\infty} \frac{1}{n! z^n}.$$

则点0为函数$f(z) = \mathrm{e}^{\frac{1}{z}}$的本性奇点.

因为孤立奇点总共可分为三类，所以利用性质5.1，性质5.3，性质5.5，采用反证法可知性质5.1，性质5.3，性质5.5的逆命题也成立，因此得以下命题.

命题5.1 设点z_0为函数$f(z)$的孤立奇点，则点z_0为函数$f(z)$的可去奇点的充要条件为$\lim\limits_{z \to z_0} f(z)$存在且有限.

命题5.2 设点z_0为函数$f(z)$的孤立奇点，则点z_0为函数$f(z)$的极点的充要条件为$\lim\limits_{z \to z_0} f(z)$为无穷大.

命题5.3 设点z_0为函数$f(z)$的孤立奇点，则点z_0为函数$f(z)$的本性奇点的充要条件为$\lim\limits_{z \to z_0} f(z)$不存在也不为无穷大.

正确地对孤立奇点分类，是进一步学习的基础.一般地，通过求极限，很容易对孤立奇点予以分类，但是对于极点，还需要确定其级数. 极点级数的确定只有两种方法：①洛朗展开；②讨论的函数具有形式$f(z) = (z - z_0)^{-m}\varphi(z)$，其中$m \geqslant 1$，$\varphi(z)$在$z_0$处解析且$\varphi(z_0) \neq 0$.有时，这两种方法对有些函数是失效的，如例5.3中的函数，这需要引入零点.

5.2 零点与极点的关系

本节介绍确定极点级数的第三种方法，即利用零点将欲讨论的函数变形为$(z - z_0)^{-m}\varphi(z)$，其中$m \geqslant 1$，$\varphi(z)$在z_0处解析且$\varphi(z_0) \neq 0$. 为此，先介绍零点的相关知识.

5.2.1 零点的定义及性质

零点的定义 设函数$f(z)$在点z_0的邻域$|z - z_0| < \delta$内解析，且在此邻域内$f(z) = (z - z_0)^m\varphi(z)$，则称点$z_0$为函数$f(z)$的$m$级零点，其中$m \geqslant 1$，$\varphi(z)$在$z_0$处解析且$\varphi(z_0) \neq 0$.

例5.5 求出函数$f(z) = z^2(z + 2)$的全部零点，并给出零点的级数.

解 令$f(z) = z^2(z + 2) = 0$，得函数的全部零点为0及-2.由零点的定义知，0为函数$f(z) = z^2(z + 2)$的二级零点，而-2为函数$f(z) = z^2(z + 2)$的一级零点.

有时，可确定z_0为函数$f(z)$的零点，但因为讨论的函数不具有形式$f(z) = (z - z_0)^m\varphi(z)$，所以无法直接根据零点的定义确定零点的级数，因此需要寻找确定零点级数的新方法.下面的定理给出了判别零点的新方法.

定理5.1 设函数$f(z)$在点z_0解析，则点z_0为函数$f(z)$的m级零点的充要条件为$f^{(n)}(z_0) = 0(n = 0,\ 1,\ 2,\ \cdots,\ m - 1)$，$f^{(m)}(z_0) \neq 0$.

证明 由零点的定义得零点的必要条件，再确定此必要条件或添加条件后的必要条件是否为零点的充分条件.

首先证明必要性. 因为点 z_0 为函数 $f(z)$ 的 m 级零点，则由零点的定义知

$$f(z) = (z - z_0)^m \varphi(z), \tag{5-6}$$

其中，$m \geqslant 1$，$\varphi(z)$ 在 z_0 处解析且 $\varphi(z_0) \neq 0$.

因为 $\varphi(z)$ 在 z_0 处解析，所以当 $|z - z_0| < \delta$ 时，

$$\varphi(z) = \sum_{n=0}^{\infty} c_n (z - z_0)^n,$$

且 $\varphi(z_0) = c_0 \neq 0$，从而由式 (5-6) 得 $f(z)$ 在点 z_0 处的泰勒展开式

$$f(z) = (z - z_0)^m \sum_{n=0}^{\infty} c_n (z - z_0)^n = \sum_{n=0}^{\infty} c_n (z - z_0)^{n+m}. \tag{5-7}$$

由函数的泰勒系数与函数的导数间的关系得

$$f^{(n)}(z_0) = 0 (n = 0, \ 1, \ 2, \ \cdots, \ m-1), \ f^{(m)}(z_0) = m!, \ c_0 \neq 0.$$

必要性得证.

其次证明充分性. 因为函数 $f(z)$ 在点 z_0 的邻域 $|z - z_0| < \delta$ 内解析，且

$$f^{(n)}(z_0) = 0 (n = 0, \ 1, \ 2, \ \cdots, \ m-1), \ f^{(m)}(z_0) \neq 0,$$

则当 $|z - z_0| < \delta$ 时，

$$\begin{aligned}
f(z) &= c_m (z - z_0)^m + c_{m+1}(z - z_0)^{m+1} + \cdots \\
&= (z - z_0)^m \left[c_m + c_{m+1}(z - z_0) + c_{m+2}(z - z_0)^2 + \cdots \right] \\
&= (z - z_0)^m \varphi(z),
\end{aligned} \tag{5-8}$$

其中，$c_m = \dfrac{f^{(m)}(z_0)}{m!} \neq 0$，$\varphi(z) = c_m + c_{m+1}(z - z_0) + c_{m+2}(z - z_0)^2 + \cdots$ 在点 z_0 处解析且不为零.

式 (5-8) 说明点 z_0 为函数 $f(z)$ 的 m 级零点，充分性得证. 定理证毕.

注 定理 5.1 将确定零点级数的问题转化为对函数导数的计算，因此在确定零点级数方面，定理 5.1 比零点的定义更方便.

例 5.6 求出函数 $f(z) = \sin z$ 的全部零点，并给出零点的级数.

解 令 $f(z) = \sin z = 0$ 得函数的全部零点为 $z_k = k\pi (k \in \mathbf{Z})$. 计算得 $f'(z_k) = \cos(k\pi) = (-1)^k \neq 0$，由定理 5.1 知 z_k 为函数 $f(z) = \sin z$ 的一级零点.

5.2.2 利用零点确定极点

利用零点确定极点的关键在于，若点 z_0 为函数 $g(z)$ 的 m 级零点，则由零点的定义知函数 $g(z)$ 具有新的表达式 $g(z) = (z - z_0)^m \psi(z)$，其中 $m \geqslant 1$，$\psi(z)$ 在 z_0 处解析且 $\psi(z_0) \neq 0$.

下面，通过一些具体例子说明如何利用零点确定极点，即确定极点的第三种方法：利用零点将欲讨论的函数变形为$(z - z_0)^{-m}\varphi(z)$，其中$m \geqslant 1$，$\varphi(z)$在z_0处解析且$\varphi(z_0) \neq 0$.

例5.7 确定1为函数$f(z) = \dfrac{\mathrm{e}^{z-1} - 1}{(z - 1)^3}$的几级极点？

分析 利用洛朗展开求解本题也是比较方便的，但为了熟悉零点的方法，本题采用零点的方法予以求解.

解 设$g(z) = \mathrm{e}^{z-1} - 1$，则$g(1) = \mathrm{e}^{z-1} - 1|_{z=1} = 0$，$g'(1) = \mathrm{e}^{z-1}|_{z=1} = 1 \neq 0$，所以1为$g(z)$的一级零点，故在1的邻域内

$$g(z) = (z - 1)\varphi(z),$$

其中，$\varphi(z)$在1处解析且$\varphi(1) \neq 0$.因此当$0 < |z - 1| < \infty$时，

$$f(z) = \frac{1}{(z - 1)^3}(z - 1)\varphi(z) = \frac{\varphi(z)}{(z - 1)^2},$$

故1为函数$f(z) = \dfrac{\mathrm{e}^{z-1} - 1}{(z - 1)^3}$的二级极点.

利用零点确定孤立奇点的步骤：

设z_0为函数$f(z)$的孤立奇点，

(1)将函数$f(z)$理解为一种分式函数，尽可能地对分子、分母分解因式，从而将分子、分母写成一系列因式的乘积；

(2)找出在点z_0处为零的因式，并分析z_0分别为这些因式的几级零点；

(3)利用零点的定义，将这些在点z_0处为零的因式写成一些新的表达式并代入函数$f(z)$中，如因式$g(z)$在点z_0处为零，且z_0为因式$g(z)$的三级零点，则根据零点的定义

$$g(z) = (z - z_0)^3\varphi(z),$$

其中，$m \geqslant 1$，$\varphi(z)$在z_0处解析且$\varphi(z_0) \neq 0$；

(4)将函数$f(z)$整理成形式$(z - z_0)^{-m}\varphi(z)$，从而对孤立奇点进行分类.

例5.8 找出函数$f(z) = \dfrac{z^4(z + 3)}{[\cos(z\pi) - 1]^2}$的全部孤立奇点并分类.

解 令$\cos(z\pi) - 1 = 0$得$z_k = 2k(k \in \mathbf{Z})$，所以$z_k = 2k(k \in \mathbf{Z})$为函数$f(z)$的全部孤立奇点.

(1)确定孤立奇点0的类型. 函数$f(z)$中的因子z，$\cos(z\pi) - 1$均在点0处为零，0为z的一级零点，为$\cos(z\pi) - 1$的二级零点，所以当$0 < |z| < 2$时，

$$\cos(z\pi) - 1 = z^2\psi(z),$$

其中，$\psi(z)$ 在0处解析且不为零，故

$$f(z) = \frac{z^4(z+3)}{[z^2\psi(z)]^2} = \frac{z+3}{[\psi(z)]^2},$$

因此0为 $f(z)$ 的可去奇点.

(2)确定孤立奇点 $z_k = 2k(k \in \mathbf{Z}, \ k \neq 0)$ 的类型. 函数 $f(z)$ 中的因子 $\cos(z\pi) - 1$ 在点 $z_k = 2k(k \in \mathbf{Z}, \ \mathrm{k} \neq 0)$ 处为零，$z_k = 2k(k \in \mathbf{Z}, \ k \neq 0)$ 为 $\cos(z\pi) - 1$ 的二级零点，所以当 $0 < |z| < 1$ 时，

$$\cos(z\pi) - 1 = (z - z_k)^2\varphi(z),$$

其中 $\varphi(z)$ 在 z_k 处解析且不为零，故

$$f(z) = \frac{z^4(z+3)}{(z - z_k)^4\varphi^2(z)},$$

因此 $z_k = 2k(k \in \mathbf{Z}, \ k \neq 0)$ 为 $f(z)$ 的四级极点.

5.2.3* 函数在无穷远点的性态

无穷远点的孤立奇点的定义 设函数 $f(z)$ 在区域 $R < |z| < \infty$ 内解析，则称点 ∞ 为函数 $f(z)$ 的孤立奇点.

采用变量代换，可将无穷远点转化为有限复数，因此由有限孤立奇点的分类可得无穷孤立奇点的分类：

设点 ∞ 为函数 $f(z)$ 的孤立奇点，则存在正数 R 使得函数 $f(z)$ 在区域 $R < |z| < \infty$ 内解析. 令 $t = \dfrac{1}{z}$，则 $g(t) = f\left(\dfrac{1}{t}\right)$ 在区域 $0 < |t| < \dfrac{1}{R}$ 内解析. 若0为函数 $g(t)$ 的可去奇点，则称点 ∞ 为函数 $f(z)$ 的可去奇点；若0为函数 $g(t)$ 的极点，则称点 ∞ 为函数 $f(z)$ 的极点；若0为函数 $g(t)$ 的本性奇点，则称点 ∞ 为函数 $f(z)$ 的本性奇点.

5.3 留数的定义及其计算法则

5.3.1 有限点处留数的定义

设点 z_0 为函数 $f(z)$ 的孤立奇点，则存在点 z_0 的去心邻域 $0 < |z - z_0| < \delta$ 使得 $f(z)$ 在域 $0 < |z - z_0| < \delta$ 内解析，且当 $0 < |z - z_0| < \delta$ 时，

$$f(z) = \cdots + c_{-2}(z - z_0)^{-2} + c_{-1}(z - z_0)^{-1} +$$
$$c_0 + c_1(z - z_0) + c_2(z - z_0)^2 + \cdots, \tag{5-9}$$

在域 $0 < |z - z_0| < \delta$ 内取包围点 z_0 的正向封闭曲线 C，将式(5-9)关于曲线 C 逐项积分后得

$$\oint_C f(z)\mathrm{d}z$$
$$= \cdots + c_{-2}\oint_C (z - z_0)^{-2}\mathrm{d}z + c_{-1}\oint_C (z - z_0)^{-1}\mathrm{d}z +$$

$$\oint_C c_0 \mathrm{d}z + c_1 \oint_C (z - z_0)\mathrm{d}z + c_2 \oint_C (z - z_0)^2 \mathrm{d}z + \cdots. \tag{5-10}$$

由柯西-古萨基本定理可知式(5-10)中的项 $c_n \oint_C (z - z_0)^n \mathrm{d}z = 0(n = 0,\ 1,\ 2,\ \cdots)$，而由高阶导数公式知式(5-10)中的项 $c_n \oint_C (z - z_0)^n \mathrm{d}z = 0(n = -2,\ -3,\ \cdots)$，因此式(5-10)变为

$$\oint_C f(z)\mathrm{d}z = c_{-1} \oint_C (z - z_0)^{-1}\mathrm{d}z = 2\pi \mathrm{i}c_{-1}, \tag{5-11}$$

其中，式(5-11)中第二个等号的计算，用到了柯西积分公式，由此给出了留数的定义.

有限点处留数的定义　设点 z_0 为函数 $f(z)$ 的孤立奇点，则称 $\dfrac{1}{2\pi \mathrm{i}} \oint_C f(z)\mathrm{d}z$ 为函数 $f(z)$ 在点 z_0 处的留数，记作 $\mathrm{Res}[f(z),\ z_0]$，即

$$\mathrm{Res}[f(z),\ z_0] = \frac{1}{2\pi \mathrm{i}} \oint_C f(z)\mathrm{d}z,$$

其中，C 为 $f(z)$ 的解析去心邻域 $0 < |z - z_0| < \delta$ 内任意一条正向封闭曲线.

由留数的定义知，函数 $f(z)$ 在孤立奇点 z_0 处的留数实际上就是 $f(z)$ 在其解析去心邻域 $0 < |z - z_0| < \delta$ 内洛朗级数中 $z - z_0$ 的负一次幂项的系数，因此得到了计算留数的第一种方法：若点 z_0 为函数 $f(z)$ 的孤立奇点，则

$$\mathrm{Res}[f(z),\ z_0] = c_{-1},$$

其中，c_{-1} 为 $f(z)$ 在其解析去心邻域 $0 < |z - z_0| < \delta$ 内洛朗级数中 $z - z_0$ 的负一次幂项的系数.

例5.9　求 $\mathrm{Res}\left[\dfrac{\cos z}{z^3},\ 0\right]$.

解　当 $0 < |z| < \infty$ 时，

$$\frac{\cos z}{z^3} = \sum_{n=0}^{\infty} (-1)^n \frac{z^{2n-3}}{(2n)!},$$

所以

$$\mathrm{Res}\left(\frac{\sin z}{z},\ 0\right) = -\frac{1}{2}.$$

利用定义法计算留数，前提是对应函数的洛朗级数容易求解.当对应的洛朗级数不容易求解时，需要寻找计算留数的其他方法.

5.3.2 有限点处留数计算法则

根据孤立奇点的分类及留数的定义，若点 z_0 为函数 $f(z)$ 的可去奇点时，则

$$\mathrm{Res}[f(z),\ z_0] = 0.$$

当点 z_0 为函数 $f(z)$ 的极点时，有如下的计算法则.

定理5.2 若点z_0为函数$f(z)$的$m(m \geqslant 1)$级极点，则

$$\text{Res}[f(z),\ z_0] = \frac{1}{(m-1)!} \lim_{z \to z_0} \frac{\mathrm{d}^{m-1}}{\mathrm{d}z^{m-1}}(z-z_0)^m f(z).$$

证明 由题意得，存在点z_0的去心邻域$0 < |z-z_0| < \delta$，使得$f(z)$在域$0 < |z-z_0| < \delta$内解析，且当$0 < |z-z_0| < \delta$时，

$$f(z) = c_{-m}(z-z_0)^{-m} + \cdots + c_{-1}(z-z_0)^{-1} + c_0 + c_1(z-z_0) + \cdots, \quad (5\text{-}12)$$

其中，$m \geqslant 1$，$c_{-m} \neq 0$.

式(5-12)等号两端同时乘以$(z-z_0)^m$得

$$(z-z_0)^m f(z)$$
$$= c_{-m} + \cdots + c_{-1}(z-z_0)^{m-1} + c_0(z-z_0)^m + c_1(z-z_0)^{m+1} + \cdots. \quad (5\text{-}13)$$

式(5-13)等号两端同时关于z进行$m-1$次求导得

$$\frac{\mathrm{d}^{m-1}}{\mathrm{d}z^{m-1}}(z-z_0)^m f(z)$$
$$= c_{-1}(m-1)! + c_0(m-1)!(z-z_0) + c_1(m-1)!(z-z_0)^2 + \cdots. \quad (5\text{-}14)$$

式(5-14)等号两端同时令$z \to z_0$得

$$c_{-1} = \text{Res}[f(z),\ z_0] = \frac{1}{(m-1)!} \lim_{z \to z_0} \frac{\mathrm{d}^{m-1}}{\mathrm{d}z^{m-1}}(z-z_0)^m f(z).$$

注 由定理5.2的证明过程知，定理5.2中的m取作整数$k \geqslant m$仍然成立.

例5.10 求$\text{Res}\left[\dfrac{z}{\sin z},\ 0\right]$.

分析 $\dfrac{z}{\sin z}$在点0的去心邻域内的洛朗级数不易求解，因此采用留数计算法则予以求解.

解 注意到$\lim\limits_{z \to 0} \dfrac{z}{\sin z} = 1$，0为函数$\dfrac{z}{\sin z}$的可去奇点，因此

$$\text{Res}\left[\frac{z}{\sin z},\ 0\right] = 0.$$

例5.11 求$\text{Res}\left[\dfrac{\sin^3 z}{z^8},\ 0\right]$.

解 方法1：当$0 < |z| < \infty$时，

$$\frac{\sin^3 z}{z^8} = \frac{\sin z(1 - \cos 2z)}{2z^8} = \frac{\sin z - \sin z \cos 2z}{2z^8}$$

$$= \frac{\sin z - \frac{1}{2}(\sin 3z - \sin z)}{2z^8} = \frac{3\sin z}{4z^8} - \frac{\sin 3z}{4z^8} = \sum_{n=0}^{\infty} (-1)^n \frac{(3 - 3^{2n+1})}{4(2n+1)!} z^{2n-7},$$

所以

$$\text{Res}\left[\frac{\sin^3 z}{z^8},\ 0\right] = (-1)^3 \frac{3 - 3^{2 \times 3 + 1}}{4 \times (2 \times 3 + 1)!} = -\frac{3 - 3^7}{4 \times 7!}.$$

方法2：注意到0为$\sin z$的一级零点，所以0为函数$\dfrac{\sin^3 z}{z^8}$的五级极点，因此灵活应用定理5.2($m = 8$)得

$$\mathrm{Res}\left[\frac{\sin^3 z}{z^8},\ 0\right] = \frac{1}{7!}\lim_{z\to 0}\frac{\mathrm{d}^7}{\mathrm{d}z^7}\left(z^8\frac{\sin^3 z}{z^8}\right) = \frac{1}{7!}\lim_{z\to 0}\frac{\mathrm{d}^7}{\mathrm{d}z^7}\sin^3 z = -\frac{3 - 3^7}{4\times 7!}.$$

应用定理5.2求留数时，有时将公式中的m取得比极点的实际级数高反而方便，如例5.11中，如果直接利用公式，即公式中的m取成极点的实际级数5，则得

$$\mathrm{Res}\left[\frac{\sin^3 z}{z^8},\ 0\right] = \frac{1}{4!}\lim_{z\to 0}\frac{\mathrm{d}^3}{\mathrm{d}z^3}\left(z^5\frac{\sin^3 z}{z^8}\right).$$

显然运算比较复杂.

例5.12 求$\mathrm{Res}\left[\dfrac{1}{(\sin z)^2},\ 0\right]$.

解 注意到0为$\sin z$的一级零点，所以0为函数$\dfrac{1}{(\sin z)^2}$的二级极点，因此应用定理5.2得

$$\mathrm{Res}\left[\frac{1}{(\sin z)^2},\ 0\right] = \frac{1}{1!}\lim_{z\to 0}\frac{\mathrm{d}}{\mathrm{d}z}z^2\frac{1}{(\sin z)^2}. \tag{5-15}$$

当$|z| < \infty$时，

$$\sin z = \sum_{n=0}^{\infty}(-1)^n\frac{1}{(2n+1)!}z^{2n+1} = zg(z), \tag{5-16}$$

其中，$g(z) = \sum\limits_{n=0}^{\infty}(-1)^n\dfrac{1}{(2n+1)!}z^{2n}$.

将式(5-16)代入式(5-15)得

$$\mathrm{Res}\left[\frac{1}{(\sin z)^2},\ 0\right] = \frac{1}{1!}\lim_{z\to 0}\frac{\mathrm{d}}{\mathrm{d}z}z^2\frac{1}{[zg(z)]^2}$$

$$= \lim_{z\to 0}\frac{\mathrm{d}}{\mathrm{d}z}\frac{1}{[g(z)]^2} = -2[g(0)]^{-3}g'(0). \tag{5-17}$$

由$g(z) = \sum\limits_{n=0}^{\infty}(-1)^n\dfrac{1}{(2n+1)!}z^{2n}$ 得$g(0) = 1$, $g'(0) = 0$, 因此

$$\mathrm{Res}\left[\frac{1}{(\sin z)^2},\ 0\right] = 0.$$

应用定理5.2求留数时，有时将公式中的相关函数表示为级数进一步求解比较方便.

5.3.3* 无穷远点处留数的定义及计算法则

无穷远点处的留数的定义 设函数$f(z)$在域$R < |z| < \infty(R > 0)$内解析，C为域$R < |z| < \infty(R > 0)$内任意一条正向封闭曲线，则称$\dfrac{1}{2\pi\mathrm{i}}\oint_{C^-}f(z)\mathrm{d}z$为函数$f(z)$在无穷远点处的留数，记作$\mathrm{Res}[f(z),\ \infty]$，即

$$\mathrm{Res}[f(z),\ \infty] = \frac{1}{2\pi\mathrm{i}}\oint_{C^-}f(z)\mathrm{d}z.$$

由有限点处留数的定义及无穷远点留数的定义知，函数 $f(z)$ 在无穷远点处的留数实际上就是$f(z)$在其解析域$R < |z| < \infty (R > 0)$内洛朗级数中z的负一次幂项的系数的相反数.

如果$f(z)$在其解析域$R < |z| < \infty (R > 0)$内洛朗级数不易求解，则利用无穷远点处的留数求解$\text{Res}[f(z)，\infty]$就比较困难，所以需寻找新的方法来求解$\text{Res}[f(z)，\infty]$.

通过变量代换，无穷远点可转化为点零，而有限点处的留数有对应的计算法则，那么无穷远点处留数的计算能否转化为有限点处的留数计算？下面的定理给出了结论.

定理5.3* $\text{Res}[f(z)，\infty] = -\text{Res}\left[f\left(\dfrac{1}{z}\right)\dfrac{1}{z^2}，0\right]$.

解 设函数$f(z)$在域$R < |z| < \infty (R > 0)$内解析，在域$R < |z| < \infty (R > 0)$内取封闭曲线K：$z = \rho e^{i\theta}$，θ：$0 \to 2\pi$，并令$\rho = \dfrac{1}{r}$，$\theta = -\varphi$，$\xi = re^{i\varphi}$，则根据无穷远点处的留数的定义及曲线积分的直接计算方法得

$$\text{Res}[f(z)，\infty] = \frac{1}{2\pi i}\oint_{C^-} f(z)\mathrm{d}z = \frac{1}{2\pi i}\int_0^{-2\pi} f(\rho e^{i\theta})i\rho e^{i\theta}\mathrm{d}\theta$$

$$= -\frac{1}{2\pi i}\int_0^{2\pi} f(\rho e^{-i\varphi})i\rho e^{-i\varphi}\mathrm{d}\varphi = -\frac{1}{2\pi i}\int_0^{2\pi} f\left(\frac{1}{re^{i\varphi}}\right)\frac{1}{(re^{i\varphi})^2}\mathrm{d}(re^{i\varphi})$$

$$= -\frac{1}{2\pi i}\oint_L f\left(\frac{1}{\xi}\right)\frac{1}{\xi^2}\mathrm{d}\xi, \tag{5-18}$$

其中，L为域$0 < |z| < \dfrac{1}{R}$内的一条正向封闭曲线.

因为函数$f(z)$在域$R < |z| < \infty (R > 0)$内解析，所以$f\left(\dfrac{1}{\xi}\right)$在域$0 < |\xi| < \dfrac{1}{R}$内解析，根据有限点处的留数定义及式(5-18) 得

$$\text{Res}[f(z)，\infty] = -\text{Res}\left[f\left(\frac{1}{z}\right)\frac{1}{z^2}，0\right].$$

5.4   留数定理及其在求解封闭曲线积分时的应用

5.4.1 问题的提出

问题1：设$f(z)$在曲线C上解析，在曲线C内有唯一奇点z_0，求$\oint_C f(z)\mathrm{d}z$.

若$f(z)$具有下述特殊形式

$$f(z) = \frac{g(z)}{(z - z_0)^n}(n \in \mathbf{Z}^+), \tag{5-19}$$

且$g(z)$在曲线C 上及C内都解析，则利用柯西积分公式或高阶导公式可得

$$\oint_C f(z)\mathrm{d}z = 2\pi i\frac{g^{(n)}(z_0)}{n!}.$$

当$f(z)$不具有式(5-19)的特殊形式时，则无法利用柯西积分公式和高阶导数公式求解问题1，但可根据留数的定义得

$$\oint_C f(z)\mathrm{d}z = 2\pi\mathrm{i}\mathrm{Res}[f(z),\ z_0]. \tag{5-20}$$

问题2： 设$f(z)$在曲线C上解析，在曲线C内有有限个奇点，求$\oint_C f(z)\mathrm{d}z$.

设$f(z)$在曲线C内的有限个奇点为$z_1,\ z_2,\ \cdots,\ z_n$，沿用第3章求封闭曲线的思路，在曲线C内作n个正向封闭曲线$C_1,\ C_2,\ \cdots,\ C_n$，其中C_1包含z_1，C_2包含z_2，$\cdots$，C_n包含z_n，曲线$C_1,\ C_2,\ \cdots,\ C_n$ 互不包含互不相交，则根据复合闭路定理及留数的定义得

$$\oint_C f(z)\mathrm{d}z = 2\pi\mathrm{i}\sum_{k=1}^{n}\mathrm{Res}[f(z),\ z_k]. \tag{5-21}$$

由此可以给出留数定理.

5.4.2 留数定理

定理5.4(留数定理) 设$f(z)$在曲线C上解析，在曲线C内有有限个奇点$z_1,\ z_2,\ \cdots,\ z_n$，则

$$\oint_C f(z)\mathrm{d}z = 2\pi\mathrm{i}\sum_{k=1}^{n}\mathrm{Res}[f(z),\ z_k].$$

注

(1)$f(z)$在其定义域上也许会有若干个奇点，但若用留数定理来计算封闭曲线C上的积分$\oint_C f(z)\mathrm{d}z$时，只需要考虑$f(z)$在曲线C内部的奇点；

(2) 与第3章介绍的封闭曲线积分的计算方法比较，显然留数定理更简单，且适用范围更广.

推论5.1* 设$f(z)$在其定义域上有有限个孤立奇点$z_1,\ z_2,\ \cdots,\ z_n$，则

$$\mathrm{Res}[f(z),\ \infty] + \sum_{k=1}^{n}\mathrm{Res}[f(z),\ z_k] = 0.$$

证明 令$R = \max\{|z_1|,\ |z_2|,\ \cdots,\ |z_n|\}$，则$f(z)$在域$R < |z| < \infty$内解析.在域$R < |z| < \infty$内取包围所有奇点的正向封闭曲线$C$，则根据无穷远点处留数的定义及留数定理得

$$\mathrm{Res}[f(z),\ \infty] = \frac{1}{2\pi\mathrm{i}}\oint_{C^-} f(z)\mathrm{d}z$$

$$= -\frac{1}{2\pi\mathrm{i}}\oint_C f(z)\mathrm{d}z$$

$$= -\sum_{k=1}^{n}\mathrm{Res}[f(z),\ z_k]. \tag{5-22}$$

移项得

$$\mathrm{Res}[f(z),\ \infty] + \sum_{k=1}^{n} \mathrm{Res}[f(z),\ z_k] = 0.$$

例5.13 求 $\oint_C f(z)\mathrm{d}z$，其中 $f(z) = \dfrac{1}{(z-1)(z-2)}$，$C$ 为正向曲线：$|z| = 3$.

解 $f(z)$ 在整个复平面上的有限孤立奇点有1，2，且1，2均在封闭曲线 C 内.

显然孤立奇点1与2均为函数 $f(z)$ 的一级极点，因此

$$\mathrm{Res}[f(z),\ 1] = \lim_{z \to 1}(z-1)f(z) = \lim_{z \to 1}\frac{1}{z-2} = -1,$$

$$\mathrm{Res}[f(z),\ 2] = \lim_{z \to 2}(z-2)f(z) = \lim_{z \to 2}\frac{1}{z-1} = 1,$$

所以根据留数定理得

$$\oint_C f(z)\mathrm{d}z = 2\pi\mathrm{i}\{\mathrm{Res}[f(z),\ 1] + \mathrm{Res}[f(z),\ 2]\} = 0.$$

例5.14 求 $\oint_C f(z)\mathrm{d}z$，其中 $f(z) = \dfrac{z}{\sin z}$，C 为正向封闭曲线：$|z| = 4$.

解 令 $\sin z = 0$，得 $z_k = k\pi(k \in \mathbf{Z})$，则 $f(z)$ 在整个复平面上的有限孤立奇点为 $z_k = k\pi(k \in \mathbf{Z})$，但在封闭曲线 C 内的孤立奇点只有 $z_k = k\pi(k = 0,\ \pm1)$.

显然孤立奇点0为函数 $f(z)$ 的可去奇点，故

$$\mathrm{Res}[f(z),\ 0] = 0,$$

而孤立奇点 $z_k = k\pi(k = \pm1)$ 均为函数 $f(z)$ 的一级极点，因此

$$\mathrm{Res}[f(z),\ \pi] = \lim_{z \to \pi}(z-\pi)f(z) = \lim_{z \to \pi}\frac{(z-\pi)z}{\sin z}$$

$$= \pi \lim_{z \to \pi}\frac{z-\pi}{\sin z} = \pi \lim_{z \to \pi}\frac{1}{\cos z} = -\pi,$$

$$\mathrm{Res}[f(z),\ -\pi] = \lim_{z \to -\pi}(z+\pi)f(z) = \lim_{z \to -\pi}\frac{(z+\pi)z}{\sin z}$$

$$= -\pi \lim_{z \to -\pi}\frac{z+\pi}{\sin z} = -\pi \lim_{z \to -\pi}\frac{1}{\cos z} = \pi,$$

所以根据留数定理得

$$\oint_C f(z)\mathrm{d}z = 2\pi\mathrm{i}\{\mathrm{Res}[f(z),\ 0] + \mathrm{Res}[f(z),\ \pi] + \mathrm{Res}[f(z),\ -\pi]\} = 0.$$

例5.15* 求 $\oint_C f(z)\mathrm{d}z$，其中 $f(z) = \dfrac{1}{z^{100} - 1}$，$C$ 为正向封闭曲线：$|z| = 2$.

解 令 $z^{100} - 1 = 0$，得 $z_k = \mathrm{e}^{\frac{2k\pi}{100}\mathrm{i}}(k = 0,\ 1,\ 2,\ \cdots,\ 99)$，且 $z_k = \mathrm{e}^{\frac{2k\pi}{100}\mathrm{i}}(k = 0,\ 1,\ 2,\ \cdots,\ 99)$ 均在封闭曲线 C 内.

由推论5.1及定理5.3得

$$\sum_{k=0}^{99} \mathrm{Res}[f(z),\ z_k] = -\mathrm{Res}[f(z),\ \infty] = \mathrm{Res}\left[f\left(\frac{1}{z}\right)\frac{1}{z^2},\ 0\right].$$

显然孤立奇点0为函数 $f\left(\dfrac{1}{z}\right)\dfrac{1}{z^2} = \dfrac{z^{98}}{1-z^{100}}$ 的可去奇点，故

$$\mathrm{Res}\left[f\left(\frac{1}{z}\right)\frac{1}{z^2},\ 0\right] = 0,$$

所以根据留数定理得

$$\oint_C f(z)\mathrm{d}z = 2\pi\mathrm{i}\sum_{k=0}^{99}\mathrm{Res}[f(z),\ z_k] = 0.$$

5.5 留数在求解三类实积分时的应用

对于如下三个实积分：

$$\int_0^{2\pi}\frac{\sin^2\theta}{2+\cos\theta}\mathrm{d}\theta,\qquad \int_{-\infty}^{+\infty}\frac{x^2}{(1+x^2)^2}\mathrm{d}x,\qquad \int_0^{+\infty}\frac{x\sin x}{1+x^2}\mathrm{d}x,$$

若考虑利用微积分的方法予以求解，也许很麻烦，甚至无解，所以针对上述三类实积分的更一般情况，从留数的角度给予解答.关键问题是如何建立上述积分与复数范围中封闭曲线积分间的关系，具体包括由所给积分如何去构造封闭曲线积分对应的封闭曲线及被积函数.

5.5.1 第一类积分的计算方法

第一类实积分形如

$$\int_0^{2\pi} R(\sin\theta,\ \cos\theta)\mathrm{d}\theta,$$

其中，$R(\sin\theta,\ \cos\theta)$ 为 $\sin\theta$ 和 $\cos\theta$ 的有理函数.

分析 当 θ 历经变程 $[0,\ 2\pi]$ 时，对应的 z 正好沿单位圆 $|z| = 1$ 的正向绕行一周，因此设 $z = \mathrm{e}^{\mathrm{i}\theta}$，$\theta: 0 \to 2\pi$，则

$$\sin\theta = \frac{\mathrm{e}^{\mathrm{i}\theta} - \mathrm{e}^{-\mathrm{i}\theta}}{2\mathrm{i}} = \frac{z^2-1}{2\mathrm{i}z},$$

$$\cos\theta = \frac{\mathrm{e}^{\mathrm{i}\theta} + \mathrm{e}^{-\mathrm{i}\theta}}{2} = \frac{z^2+1}{2z},$$

$$\mathrm{d}z = \mathrm{i}\mathrm{e}^{\mathrm{i}\theta}\mathrm{d}\theta \to \mathrm{d}\theta = \frac{1}{\mathrm{i}\mathrm{e}^{\mathrm{i}\theta}}\mathrm{d}z = \frac{1}{\mathrm{i}z}\mathrm{d}z,$$

因此

$$\int_0^{2\pi} R(\sin\theta,\ \cos\theta)\mathrm{d}\theta = \oint_{|z|=1} R\left(\frac{z^2-1}{2\mathrm{i}z},\ \frac{z^2+1}{2z}\right)\frac{1}{\mathrm{i}z}\mathrm{d}z.$$

该积分就转化单位圆周上函数 $R\left(\dfrac{z^2-1}{2\mathrm{i}z},\ \dfrac{z^2+1}{2z}\right)\dfrac{1}{\mathrm{i}z}$ 的复变积分了，利用留数定理即可计算.

例5.16 计算 $\displaystyle\int_0^{2\pi}\frac{\sin^2\theta}{2+\cos\theta}\mathrm{d}\theta$.

解 令 $z = \mathrm{e}^{\mathrm{i}\theta}$，$\theta: 0 \to 2\pi$，则 $\sin\theta = \dfrac{z^2 - 1}{2\mathrm{i}z}$，$\cos\theta = \dfrac{z^2 + 1}{2z}$，$\mathrm{d}\theta = \dfrac{1}{\mathrm{i}z}\mathrm{d}z$，故

$$
\int_0^{2\pi} \frac{\sin^2\theta}{2 + \cos\theta}\mathrm{d}\theta
$$

$$
= \oint_{|z|=1} \frac{\left(\frac{z^2-1}{2\mathrm{i}z}\right)^2}{2 + \frac{z^2+1}{2z}} \frac{1}{\mathrm{i}z}\mathrm{d}z
$$

$$
= \oint_{|z|=1} \frac{(z^2 - 1)^2}{-2\mathrm{i}z^2(z^2 + 4z + 1)}\mathrm{d}z
$$

$$
= 2\pi\mathrm{i}\left\{ \mathrm{Res}\left[\frac{(z^2-1)^2}{-2\mathrm{i}z^2(z^2+4z+1)},\ 0\right] + \right.
$$

$$
\left. \mathrm{Res}\left[\frac{(z^2-1)^2}{-2\mathrm{i}z^2(z^2+4z+1)},\ \sqrt{3}-2\right]\right\}
$$

$$
= 2\pi\mathrm{i}\left(\frac{2}{\mathrm{i}} + \sqrt{3}\mathrm{i}\right) = 2\pi(2 - \sqrt{3}).
$$

例5.17 计算 $\displaystyle\int_0^{\pi} \frac{1}{1 + \sin^2 x}\mathrm{d}x$.

解 本题的积分区间不是 $[0,\ 2\pi]$，因此首先要转化成 $[0,\ 2\pi]$ 上的积分.注意到 $\sin x$ 是二次方，所以可通过三角公式及变量代换将积分区间转化成标准的形式，然后再利用第一类积分的计算方法求解.

$$
\int_0^{\pi} \frac{1}{1 + \sin^2 x}\mathrm{d}x
$$

$$
= \int_0^{\pi} \frac{1}{1 + \frac{1-\cos 2x}{2}}\mathrm{d}x
$$

$$
= \frac{1}{2}\int_0^{2\pi} \frac{1}{1 + \frac{1-\cos t}{2}}\mathrm{d}t
$$

$$
= \frac{1}{2}\oint_{|z|=1} \frac{1}{1 + \frac{1-\frac{z^2+1}{2z}}{2}} \frac{1}{\mathrm{i}z}\mathrm{d}z
$$

$$
= \oint_{|z|=1} \frac{2\mathrm{i}}{z^2 - 6z + 1}\mathrm{d}z
$$

$$
= 2\pi\mathrm{i}\mathrm{Res}\left[\frac{2\mathrm{i}}{z^2 - 6z + 1},\ 3 - 2\sqrt{2}\right]
$$

$$
= \frac{\sqrt{2}\pi}{2}.
$$

5.5.2 第二类积分的计算方法

第二类实积分形如

$$
\int_{-\infty}^{+\infty} R(x)\mathrm{d}x,
$$

其中，$R(x)$ 为有理函数，其分母次数至少比分子的次数高两次，且分母在实轴上无零点.

分析 因为 $\int_{-\infty}^{+\infty} R(x)\mathrm{d}x = \lim_{R \to +\infty} \int_{-R}^{+R} R(x)\mathrm{d}x$，所以为了利用留数求解第二类实积分，只要建立实积分 $\int_{-R}^{+R} R(x)\mathrm{d}x$ 与封闭曲线上的复变积分间的关系. 事实上，实积分 $\int_{-R}^{+R} R(x)\mathrm{d}x$ 对应的有向线段 L：$z = t$，t：$-R \to R$ 为欲构造的复变积分的积分曲线的一段，且对应的复变函数 $R(z)$ 为欲构造的复变积分的被积函数. 补充曲线段 C_R：$z = R\mathrm{e}^{\mathrm{i}t}$，$t$：$0 \to \pi$，使得 $L + C_R = C$ 构成封闭曲线，正向，并选择 R 充分大，使得复变函数 $R(z)$ 在上半平面内的全部奇点落在该封闭曲线 C 内.

设 $R(z) = \dfrac{z^m + a_1 z^{m-1} + \cdots + a_{m-1}z + a_m}{z^n + b_1 z^{n-1} + \cdots + b_{n-1}z + b_n}$ $(n - m \geqslant 2)$，其在上半平面内的奇点为 $z_k(k = 1, 2, \cdots, l \leqslant n)$，因此根据留数定理得

$$2\pi\mathrm{i}\sum_{k=1}^{l} \operatorname{Res}[R(z), z_k] = \oint_{L+C_R} R(z)\mathrm{d}z$$

$$= \int_L R(z)\mathrm{d}z + \int_{C_R} R(z)\mathrm{d}z = \int_{-R}^{+R} R(x)\mathrm{d}x + \int_{C_R} R(z)\mathrm{d}z.$$

因为当 $z \in C_R$ 且 R 充分大时，可使得

$$|b_1|R^{-1} + \cdots + |b_{n-1}|R^{1-n} + |b_n|R^{-n} \leqslant \frac{1}{10},$$

故

$$\left|\frac{z^m + a_1 z^{m-1} + \cdots + a_{m-1}z + a_m}{z^n + b_1 z^{n-1} + \cdots + b_{n-1}z + b_n}\right|$$

$$= \frac{|z^{m-n} + a_1 z^{m-1-n} + \cdots + a_{m-1}z^{1-n} + a_m z^{-n}|}{|1 + b_1 z^{-1} + \cdots + b_{n-1}z^{1-n} + b_n z^{-n}|}$$

$$\leqslant \frac{|z|^{m-n} + |a_1||z|^{m-1-n} + \cdots + |a_{m-1}||z|^{1-n} + |a_m||z|^{-n}|}{1 - |b_1 z^{-1} + \cdots + b_{n-1}z^{1-n} + b_n z^{-n}|}$$

$$\leqslant \frac{R^{m-n} + |a_1|R^{m-1-n} + \cdots + |a_{m-1}|R^{1-n} + |a_m|R^{-n}|}{1 - (|b_1|R^{-1} + \cdots + |b_{n-1}|R^{1-n} + |b_n|R^{-n})}$$

$$\leqslant \frac{10}{9}(R^{m-n} + |a_1|R^{m-1-n} + \cdots + |a_{m-1}|R^{1-n} + |a_m|R^{-n}),$$

所以

$$\left|\int_{C_R} R(z)\mathrm{d}z\right| \leqslant \int_{C_R} |R(z)|\,\mathrm{d}s$$

$$= \pi R\frac{10}{9}(R^{m-n} + |a_1|R^{m-1-n} + \cdots + |a_{m-1}|R^{1-n} + |a_m|R^{-n})$$

$$= \frac{10}{9}\pi R^{-(n-m-1)}(1 + |a_1|R^{-1} + \cdots + |a_{m-1}|R^{1-m} + |a_m|R^{-m})$$

$$\to 0(R \to \infty),$$

因此

$$\int_{-\infty}^{+\infty} R(x)\mathrm{d}x = 2\pi\mathrm{i}\sum_{k=1}^{l} \mathrm{Res}[R(z),\ z_k],$$

其中，$z_k(k=1,\ 2,\ \cdots,\ l \leqslant n)$为$R(z)$在上半平面内的全部奇点.

例5.18 计算$\displaystyle\int_{-\infty}^{+\infty} \frac{1}{(x^2+1)^2(x^2+4)}\mathrm{d}x$.

解 设$R(z) = \dfrac{1}{(z^2+1)^2(z^2+4)}$，它在上半平面内有二级极点i，一级极点2i.

计算得

$$\mathrm{Res}[R(z),\ \mathrm{i}] = \lim_{z\to\mathrm{i}} \frac{\mathrm{d}}{\mathrm{d}z}\left[\frac{1}{(z+\mathrm{i})^2(z^2+4)}\right] = -\frac{\mathrm{i}}{36},$$

$$\mathrm{Res}[R(z),\ 2\mathrm{i}] = \lim_{z\to 2\mathrm{i}} \frac{1}{(z^2+1)^2(z+2\mathrm{i})} = -\frac{\mathrm{i}}{36},$$

所以

$$\int_{-\infty}^{+\infty} \frac{1}{(x^2+1)^2(x^2+4)}\mathrm{d}x$$
$$= 2\pi\mathrm{i}\{\mathrm{Res}[R(z),\ \mathrm{i}] + \mathrm{Res}[R(z),\ 2\mathrm{i}]\} = \frac{\pi}{9}.$$

5.5.3 第三类积分的计算方法

第三类实积分形如

$$\int_{-\infty}^{+\infty} R(x)\mathrm{e}^{a\mathrm{i}x}\mathrm{d}x(a>0),$$

其中$R(x)$为有理函数，其分母次数至少比分子的次数高一次，且分母在实轴上无零点.

将第三类实积分转化为留数来计算的思想总体上与第二类实积分的处理相似，但为了完整性及区别于第二类实积分的处理，依然将其详细过程予以叙述.

分析 因为$\displaystyle\int_{-\infty}^{+\infty} R(x)\mathrm{e}^{a\mathrm{i}x}\mathrm{d}x = \lim_{R\to+\infty}\int_{-R}^{+R} R(x)\mathrm{e}^{a\mathrm{i}x}\mathrm{d}x$，所以为了利用留数求解第三类实积分，只要建立实积分$\displaystyle\int_{-R}^{+R} R(x)\mathrm{e}^{a\mathrm{i}x}\mathrm{d}x$与封闭曲线上的复变积分间的关系. 事实上，实积分$\displaystyle\int_{-R}^{+R} R(x)\mathrm{e}^{a\mathrm{i}x}\mathrm{d}x$对应的有向线段$L$：$z=t$，$t$：$-R\to R$为欲构造的复变积分的积分曲线的一段，且对应的复变函数$R(z)\mathrm{e}^{a\mathrm{i}z}$为欲构造的封闭曲线积分的被积函数. 补充曲线段$C_R$：$z=R\mathrm{e}^{\mathrm{i}t}$，$t$：$0\to\pi$，使得$L+C_R=C$构成封闭曲线，正向，并选择$R$充分大，使得复变函数$R(z)$在上半平面内的全部奇点落在该封闭曲线$C$内.

设 $R(z) = \dfrac{z^m + a_1 z^{m-1} + \cdots + a_{m-1}z + a_m}{z^n + b_1 z^{n-1} + \cdots + b_{n-1}z + b_n}(n - m \geqslant 1)$，其在上半平面内的奇点为 $z_k(k = 1, 2, \cdots, l \leqslant n)$，因此根据留数定理得

$$2\pi i \sum_{k=1}^{l} \mathrm{Res}[R(z)\mathrm{e}^{aiz}, \ z_k] = \oint_{L+C_R} R(z)\mathrm{e}^{aiz}\mathrm{d}z$$

$$= \int_L R(z)\mathrm{e}^{aiz}\mathrm{d}z + \int_{C_R} R(z)\mathrm{e}^{aiz}\mathrm{d}z = \int_{-R}^{+R} R(x)\mathrm{e}^{aix}\mathrm{d}x + \int_{C_R} R(z)\mathrm{e}^{aiz}\mathrm{d}z.$$

因为当 $z \in C_R$ 且 R 充分大时，可使得

$$|b_1|R^{-1} + \cdots + |b_{n-1}|R^{1-n} + |b_n|R^{-n} \leqslant \frac{1}{10},$$

故

$$|R(z)| = \left| \frac{z^m + a_1 z^{m-1} + \cdots + a_{m-1}z + a_m}{z^n + b_1 z^{n-1} + \cdots + b_{n-1}z + b_n} \right|$$

$$= \frac{|z^{m-n} + a_1 z^{m-1-n} + \cdots + a_{m-1}z^{1-n} + a_m z^{-n}|}{|1 + b_1 z^{-1} + \cdots + b_{n-1}z^{1-n} + b_n z^{-n}|}$$

$$\leqslant \frac{|z|^{m-n} + |a_1||z|^{m-1-n} + \cdots + |a_{m-1}||z|^{1-n} + |a_m||z|^{-n}}{1 - |b_1 z^{-1} + \cdots + b_{n-1}z^{1-n} + b_n z^{-n}|}$$

$$\leqslant \frac{R^{m-n} + |a_1|R^{m-1-n} + \cdots + |a_{m-1}|R^{1-n} + |a_m|R^{-n}|}{1 - (|b_1|R^{-1} + \cdots + |b_{n-1}|R^{1-n} + |b_n|R^{-n})}$$

$$\leqslant \frac{10}{9}(R^{m-n} + |a_1|R^{m-1-n} + \cdots + |a_{m-1}|R^{1-n} + |a_m|R^{-n})$$

$$= \frac{10}{9}R^{-1}(R^{-(n-m-1)} + |a_1|R^{-(n-m)} + \cdots + |a_{m-1}|R^{2-n} + |a_m|R^{1-n})$$

$$\leqslant \frac{2}{R},$$

所以若令 $z = x + \mathrm{i}y$，则由不等式 $\sin\theta \geqslant \dfrac{2\theta}{\pi}\left(0 \leqslant \theta \leqslant \dfrac{\pi}{2}\right)$ 得

$$\left| \int_{C_R} R(z)\mathrm{e}^{aiz}\mathrm{d}z \right| \leqslant \int_{C_R} |R(z)||\mathrm{e}^{aiz}|\mathrm{d}s \leqslant \frac{2}{R} \int_{C_R} \mathrm{e}^{-ay}\mathrm{d}s$$

$$= 2\int_0^{\pi} \mathrm{e}^{-aR\sin\theta}\mathrm{d}\theta = 4\int_0^{\frac{\pi}{2}} \mathrm{e}^{-aR\sin\theta}\mathrm{d}\theta \leqslant 4\int_0^{\frac{\pi}{2}} \mathrm{e}^{-aR\frac{2\theta}{\pi}}\mathrm{d}\theta,$$

$$= \frac{2\pi}{aR}\left(1 - \mathrm{e}^{-aR}\right) \to 0(R \to \infty),$$

其中用到了微积分中两个常见的不等式

$$\int_0^{\pi} \mathrm{e}^{-aR\sin\theta}\mathrm{d}\theta = 2\int_0^{\frac{\pi}{2}} \mathrm{e}^{-aR\sin\theta}\mathrm{d}\theta$$

和

$$\sin\theta \geqslant \frac{2\theta}{\pi}, \ 0 \leqslant \theta \leqslant \frac{\pi}{2}.$$

因此

$$\int_{-\infty}^{+\infty} R(x)\mathrm{e}^{aix}\mathrm{d}x = 2\pi i \sum_{k=1}^{l} \mathrm{Res}[R(z)\mathrm{e}^{aiz}, \ z_k], \tag{5-23}$$

其中，$z_k(k = 1, 2, \cdots, l \leqslant n)$为$R(z)$在上半平面内的全部奇点.

注意到

$$\int_{-\infty}^{+\infty} R(x)\mathrm{e}^{aix}\mathrm{d}x = \int_{-\infty}^{+\infty} R(x)\cos ax\mathrm{d}x + \mathrm{i}\int_{-\infty}^{+\infty} R(x)\sin ax\mathrm{d}x,$$

因此由式(5-23)得

$$\int_{-\infty}^{+\infty} R(x)\cos ax\mathrm{d}x = \mathrm{Re}\{2\pi\mathrm{i}\sum_{k=1}^{l}\mathrm{Res}[R(z)\mathrm{e}^{aiz}, z_k]\},$$

$$\int_{-\infty}^{+\infty} R(x)\sin ax\mathrm{d}x = \mathrm{Im}\{2\pi\mathrm{i}\sum_{k=1}^{l}\mathrm{Res}[R(z)\mathrm{e}^{aiz}, z_k]\},$$

其中，$z_k(k = 1, 2, \cdots, l \leqslant n)$为$R(z)$在上半平面内的全部奇点.

例5.19 计算$\displaystyle\int_0^{+\infty} \frac{x\sin 2x}{(x^2+4)^2}\mathrm{d}x$.

解 当积分区间不是$(-\infty, +\infty)$时，可先利用函数的奇偶性将区间转化到$(-\infty, +\infty)$，然后利用第三类积分的计算方法求解.

$$\int_0^{+\infty} \frac{x\sin 2x}{(x^2+4)^2}\mathrm{d}x = \frac{1}{2}\int_{-\infty}^{+\infty} \frac{x\sin 2x}{(x^2+4)^2}\mathrm{d}x$$

$$= \frac{1}{2}\mathrm{Im}\left[\int_{-\infty}^{+\infty} \frac{x\mathrm{e}^{2ix}}{(x^2+4)^2}\mathrm{d}x\right].$$

设$R(z) = \dfrac{z}{(z^2+4)^2}$在上半平面内有二级极点$2\mathrm{i}$，计算得

$$\mathrm{Res}[R(z)\mathrm{e}^{2iz}, 2\mathrm{i}] = \lim_{z\to 2\mathrm{i}}\frac{\mathrm{d}}{\mathrm{d}z}\left[\frac{z\mathrm{e}^{2iz}}{(z+2\mathrm{i})^2}\right] = \frac{\mathrm{e}^{-4}}{4},$$

所以

$$\int_{-\infty}^{+\infty} \frac{x\mathrm{e}^{2ix}}{(x^2+4)^2}\mathrm{d}x = 2\pi\mathrm{i}\mathrm{Res}[R(z)\mathrm{e}^{2iz}, 2\mathrm{i}] = \frac{\pi\mathrm{e}^{-4}\mathrm{i}}{2},$$

因此

$$\int_0^{+\infty} \frac{x\sin 2x}{(x^2+4)^2}\mathrm{d}x = \frac{1}{2}\mathrm{Im}\left[\int_{-\infty}^{+\infty} \frac{x\mathrm{e}^{2ix}}{(x^2+4)^2}\mathrm{d}x\right] = \frac{\pi\mathrm{e}^{-4}}{4}.$$

小结

本章主要介绍了孤立奇点的定义及性质，进而给出留数的概念及留数定理在复积分的计算中的应用，最后介绍了复积分在三类实积分中的计算方法.

1.孤立奇点

它是研究留数的基础，分为三类——可去奇点、极点、本性奇点.设z_0为解析函数$f(z)$的孤立奇点，则三类孤立奇点定义如下：

若$f(z)$在以z_0为中心的洛朗展开式中不含有$z - z_0$的负幂项,称z_0 为$f(z)$的可去奇点;

若$f(z)$在以z_0为中心的洛朗展开式中含有有限个$z - z_0$的负幂项,称z_0 为$f(z)$的极点;

若$f(z)$在以z_0为中心的洛朗展开式中含有无穷多个$z - z_0$ 的负幂项,称z_0 为$f(z)$的本性奇点.

2.留数的定义、留数定理及留数的计算

留数定义为函数$f(z)$在以z_0为中心的洛朗展开式中$z - z_0$的负一次幂项的系数,即

$$\text{Res}[f(z),\ z_0] = c_{-1} = \frac{1}{2\pi\mathrm{i}} \oint_C f(z)\mathrm{d}z,$$

其中,C为去心邻域$0 < |z - z_0| < R$内的任意一条正向简单闭曲线.

留数定理给出了一种计算复变积分的方法.即将求封闭曲线的积分转化为求被积函数在C中的各孤立奇点处的留数.定理内容如下:

设$f(z)$在曲线C上解析,在曲线C内有有限个奇点$z_1,\ z_2,\ \cdots,\ z_n$,则

$$\oint_C f(z)\mathrm{d}z = 2\pi\mathrm{i} \sum_{k=1}^{n} \text{Res}[f(z),\ z_k].$$

按照定义,计算留数只需要求出函数洛朗展开式中负一次幂的系数c_{-1},但是这样需要在每一个孤立奇点处将函数展成洛朗级数,这很麻烦,有时甚至不容易求出.事实上,根据孤立奇点的特点以及定义可知,若z_0为$f(z)$的可去奇点,则展开式中没有负幂项,则$c_{-1} = 0$.当z_0 为$f(z)$的本性奇点时,此时别无它法.但当z_0 为$f(z)$的极点时,则有其他的方法可以求出c_{-1}.

一般地,当z_0 为$f(z)$的$m(m \in \mathbf{Z}^+)$级极点,则

$$\text{Res}[f(z),\ z_0] = \frac{1}{(m-1)!} \lim_{z \to z_0} \frac{\mathrm{d}^{m-1}}{\mathrm{d}z^{m-1}} (z - z_0)^m f(z).$$

应当注意,在使用这个公式时,为了避免计算更高阶导数,不要将m取得比实际级数高,但是有的题目将m取得更高,更有利于求导及计算留数,也是可行的.

函数在无穷远点的留数可用如下公式计算.

$$\text{Res}[f(z),\ \infty] = -\text{Res}\left[f\left(\frac{1}{z}\right) \frac{1}{z^2},\ 0 \right],$$

设$f(z)$在其定义域上有有限个孤立奇点$z_1,\ z_2,\ \cdots,\ z_n$,则

$$\text{Res}[f(z),\ \infty] + \sum_{k=1}^{n} \text{Res}[f(z),\ z_k] = 0.$$

3.留数在封闭曲线上的复积分计算中的应用

(1)首先利用留数定理将积分转化为每一个只包含一个孤立奇点的曲线上的积分；

(2)对每一个只包含一个孤立奇点的曲线积分，利用柯西-古萨基本定理、柯西积分公式或高阶导数公式计算.

1)如果函数 $f(z)$ 在 C 所包含的区域内解析，那么函数 $f(z)$ 在封闭曲线 C 上的积分值为零，即

$$\oint_C f(z)\mathrm{d}z = 0.$$

2)如果 $f(z)$ 具有下述特殊形式

$$f(z) = \frac{g(z)}{(z-z_0)^n}, \ n \in \mathbf{Z}^+,$$

且 $g(z)$ 在曲线 C 上及 C 内都解析，则

$$\oint_C f(z)\mathrm{d}z = 2\pi\mathrm{i}\frac{g^{(n)}(z_0)}{n!}.$$

3)如果 $f(z)$ 不具有如上式的特殊形式，则利用留数定义及留数定理来计算.

$$\oint_C f(z)\mathrm{d}z = 2\pi\mathrm{i}\mathrm{Res}[f(z), \ z_0].$$

4.留数在实积分计算中的应用

留数主要用于计算三类实积分，具体如下：

第一类实积分 $\int_0^{2\pi} R(\sin\theta, \ \cos\theta)\mathrm{d}\theta$ 转化为单位圆上复变积分，即

$$\int_0^{2\pi} R(\sin\theta, \ \cos\theta)\mathrm{d}\theta = \oint_{|z|=1} R\left(\frac{z^2-1}{2\mathrm{i}z}, \ \frac{z^2+1}{2z}\right)\frac{1}{\mathrm{i}z}\mathrm{d}z.$$

第二类实积分 $\int_{-\infty}^{+\infty} R(x)\mathrm{d}x$，其中 $R(x)$ 为有理函数，其中分母次数至少比分子的次数高两次，且分母在实轴上无零点.该积分转化为上半平面上的一个封闭半圆上的复变积分进而利用留数定理可得

$$\int_{-\infty}^{+\infty} R(x)\mathrm{d}x = 2\pi\mathrm{i}\sum_{k=1}^{l}\mathrm{Res}[R(z), \ z_k],$$

其中，$z_k(k=1, \ 2, \ \cdots, \ l \leqslant n)$ 为 $R(z)$ 在上半平面内的全部奇点.

第三类实积分 $\int_{-\infty}^{+\infty} R(x)\mathrm{e}^{a\mathrm{i}x}\mathrm{d}x(a>0)$，其中 $R(x)$ 为有理函数，其分母次数至少比分子次数高一次，且分母在实轴上无零点.该积分转化为上半平面上的一个封闭半圆上的复变积分，进而利用留数定理可得

$$\int_{-\infty}^{+\infty} R(x)\mathrm{e}^{a\mathrm{i}x}\mathrm{d}x = \int_{-\infty}^{+\infty} R(x)\cos ax\mathrm{d}x + \mathrm{i}\int_{-\infty}^{+\infty} R(x)\sin ax\mathrm{d}x,$$

其中，$z_k(k=1, \ 2, \ \cdots, \ l \leqslant n)$ 为 $R(z)$ 在上半平面内的全部奇点.

习题

1. 判断下列函数在指定点的奇点类型，若是极点，并指出级数.

(1) 函数 $\dfrac{e^z - 1}{z^3}$ 在点 $z = 0$;

(2) 函数 $\dfrac{\sin z}{\sin z - z}$ 在点 $z = 0$;

(3) 函数 $\dfrac{1}{z^3 \sin^{10} z}$ 在点 $z = 0$;

(4) 函数 $f(z) = \dfrac{e^z - 1 - z}{\sin^4 z}$ 在点 $z = 0$;

(5) 函数 $\dfrac{(\cos z - 1)^2}{z^3 \sin^{12} z}$ 在点 $z = 0$;

(6) 函数 $f(z) = \dfrac{\sin z}{z^6}$ 在点 $z = 0$.

2. 计算留数.

(1) $\operatorname{Res}\left[\dfrac{1}{\sin z},\ 0\right] + \operatorname{Res}[z^3 e^{\frac{1}{z}},\ 0]$;

(2) $\operatorname{Res}\left[\dfrac{1 - e^{2z}}{z^4},\ 0\right]$;

(3) $\operatorname{Res}\left[z^2 \sin\dfrac{1}{z},\ 0\right]$;

(4) $\operatorname{Res}\left[\dfrac{\sin 2z}{(z + 1)^3},\ -1\right] + \operatorname{Res}\left[z^2 \sin\dfrac{1}{z},\ 0\right]$;

(5) $f(z) = (z + 1)\sin\dfrac{1}{z}$;

(6) $g(z) = \dfrac{1}{e^z - 1}$;

(7) $f(z) = \dfrac{\sin z - z}{z^6}$;

(8) $g(z) = \tan(\pi \cdot z)$;

(9) $f(z) = \dfrac{\cos z - 1}{z^5}$;

(10) $g(z) = \dfrac{5}{e^z - 1}$;

(11) $\operatorname{Res}\left[\dfrac{e^{z^2} + 2\cos z - 3}{z^5},\ 0\right]$;

(12) $\operatorname{Res}\left[\dfrac{e^z}{1 - \cos z},\ 0\right]$.

3. 计算下列积分.

(1) 设 C 为正向圆周：$|z| = 2$，求 $\oint_C \dfrac{\cos z}{z^3} \mathrm{d}z$；

(2) 设 C：$|z| = 1$ 取正向，求 $\oint_C \dfrac{\mathrm{e}^{z+1} \cos z}{z(2-z)} \mathrm{d}z$；

(3) 求 $\oint_{C:\,|z|=\frac{1}{2}} \dfrac{1}{(z^{100}-1)} \tan z\,\mathrm{d}z$；

(4) 计算 $\oint_C \dfrac{2z-1}{z(z-1)} \mathrm{d}z$，其中 C 为正向圆周：$|z| = 3$；

(5) 计算 $\oint_C \dfrac{3z+2}{z^2(z+2)} \mathrm{d}z$，其中 C 为正向圆周：$|z| = 3$；

(6) 计算 $\oint_C \dfrac{z+1}{\sin z} \mathrm{d}z$，其中 C 为正向圆周：$|z - \pi| = 1$；

(7) 计算 $\oint_C \dfrac{1}{1-\mathrm{e}^z} \mathrm{d}z$，其中 C 为正向圆周：$|z - \mathrm{i}| = 4$；

(8) 计算 $\oint_C \dfrac{\mathrm{e}^{2z}}{(z-1)^2} \mathrm{d}z$，其中 C 为正向圆周：$|z| = 3$；

(9) 计算 $\oint_C \tan(\pi \cdot z) \mathrm{d}z$，其中 C 为正向圆周：$|z| = 2$；

(10) 设 C 为沿原点 $z = 0$ 到点 $z = 1 + \mathrm{i}$ 的直线段，求 $\displaystyle\int_C 2\bar{z}\,\mathrm{d}z$；

(11) 求 $\oint_C \dfrac{\mathrm{d}z}{(z^2+1)(z^2+4)} =$，其中 C：$z = \dfrac{3}{2}$，取逆时针方向；

(12) $\oint_C 2x\,\mathrm{d}z$，C：$|z| = 2$，取正向；

(13) $\oint_C \dfrac{\mathrm{e}^z}{z(z-1)^2} \mathrm{d}z$，$C$：$|z| = 2$，取正向；

(14) $\oint_C \dfrac{z+1}{\mathrm{e}^z-1} \mathrm{d}z$，$C$：$|z| = 7$，取正向；

(15) 设 C 表示正向圆周 $x^2 + y^2 = 3$，$f(z) = \oint_C \dfrac{3\xi^2 + 7\xi + 1}{\xi - z} \mathrm{d}\xi$，求 $f'(1)$；

(16) $\oint_C \dfrac{\bar{z}-2}{|\bar{z}-2|} \mathrm{d}z$，其中 C：$|z - 2| = 2$，起点为 0，沿 C 上半圆周，终点为 4；

(17) 求 $\oint_C \dfrac{1}{z^2+10z+9} \mathrm{d}z$，其中 C：$|z| = 2$，取逆时针方向；

(18) 设 C：$|z - \mathrm{i}| = \dfrac{1}{2}$，取正向，求 $\oint_C \dfrac{\mathrm{e}^z}{z(z-\mathrm{i})^2} \mathrm{d}z$；

(19) $\displaystyle\int_{-1}^{1} \bar{z}\,\mathrm{d}z$ 沿下半单位圆周积分；

(20) $\oint_C \dfrac{z^2}{(z-1)^2(z-\mathrm{i})} \mathrm{d}z$，$C$：$|z| = 1$ 取正向；

(21) $\oint_C \dfrac{z^2+1}{\mathrm{e}^z-1}\mathrm{d}z$，$C$：$|z|=7$，取正向；

(22) $\oint_C \dfrac{\cos(\pi z)}{(z-1)^5}\mathrm{d}z$，其中$C$为正向圆周：$|z|=2$；

(23) $\oint_C \dfrac{\sin z}{z(z-1)^2}\mathrm{d}z$，其中$C$为正向圆周：$|z|=4$；

(24) $\oint_C \dfrac{\bar{z}}{|z|}$，其中$C$：$|z|=2$正向；

(25) $\oint_C (x-y+\mathrm{i}x^2)\mathrm{d}z$，$C$：直线段从$z_1=0$到$z_2=1+\mathrm{i}$；

(26) $\oint_C \dfrac{1}{z(z^2+1)}\mathrm{d}z$，其中$C$：$|z|=2$，取逆时针方向；

(27) $\oint_{|z-\mathrm{i}|=1} \dfrac{2\cos z}{(\mathrm{e}+\mathrm{e}^{-1})(z-\mathrm{i})^3}\mathrm{d}z$；

(28) $\oint_C \dfrac{1+\bar{z}}{1+|z|}\mathrm{d}z$，其中$C$由起点1沿曲线$z=\mathrm{e}^{\mathrm{i}t}$逆时针方向至终点$\mathrm{i}$；

(29) $\oint_{|z|=2} \dfrac{1}{(z^2+1)^2}\mathrm{d}z$；

(30) $\oint_{|z|=4} \dfrac{z+1}{\cos z}\mathrm{d}z$；

(31) 设$\alpha \neq 0$，C 为不经过α与$-\alpha$的正向简单闭曲线，求$\oint_C \dfrac{\mathrm{d}z}{z^2-\alpha^2}$；

(32) $\oint_C \dfrac{\bar{z}}{|z|+1}\mathrm{d}z$，$C$：$|z|=2$，取负向；

(33) $\oint_C \dfrac{\mathrm{d}z}{(z-1)^2(z^2+1)}$，$C$：$x^2+y^2=2(x+y)$，取正向；

(34) $\oint_C \dfrac{1}{z}\mathrm{d}z$，$C$ 为沿圆周$|z|=\sqrt{2}$顺时针方向从$-1-\mathrm{i}$到$1+\mathrm{i}$的曲线段；

(35) $\oint_C \dfrac{\mathrm{e}^z}{z(z-\mathrm{i})^2}\mathrm{d}z$，$C$：$|z|=2$，取正向；

(36) $\oint_{|z|=2} \dfrac{z}{(z^2+9)(z-\mathrm{i})}\mathrm{d}z$；

(37) $\oint_{|z+3|=4} \dfrac{\mathrm{e}^z}{(z+2)^4}\mathrm{d}z$；

(38) $\oint_{|z|=\frac{1}{2}} \dfrac{\sin z}{z(1-\mathrm{e}^z)}\mathrm{d}z$.

4. 解方程$\mathrm{e}^{2z}+2\mathrm{e}^z+2=0$.

5. 设函数$f(z)$在复平面上的区域$0<|z|<+\infty$内解析，且$f(z)=f(-z)$，证明：$\mathrm{Res}[f(z),\ 0]=0$.

6. 计算下列实积分.

(1) $\displaystyle\int_0^{2\pi} \frac{1}{5+3\sin t}\mathrm{d}t$;

(2) $\displaystyle\int_0^{+\infty} \frac{x\sin 3x}{x^2+4}\mathrm{d}x$;

(3) $\displaystyle\int_{-\infty}^{+\infty} \frac{1}{x^2+2x+2}\mathrm{d}x$;

(4) $\displaystyle\int_0^{+\infty} \frac{\cos 3x}{x^2+4}\mathrm{d}x$;

(5) $\displaystyle\int_0^{+\infty} \frac{x^2}{(x^2+1)(x^2+4)}\mathrm{d}x$;

(6) $\displaystyle\int_0^{+\infty} \frac{x\sin x}{16+x^2}\mathrm{d}x$;

(7) $\displaystyle\int_{-\infty}^{+\infty} \frac{\mathrm{d}x}{(x^2+1)^2(x^2+4)}$;

(8) $\displaystyle\int_0^{\pi} \frac{1}{2+\cos^2\theta}\mathrm{d}\theta$;

(9) $\displaystyle\int_0^{\pi} \frac{\cos\theta}{2+\cos\theta}\mathrm{d}\theta$;

(10) $\displaystyle\int_{-\infty}^{+\infty} \frac{x\sin x\mathrm{d}x}{x^4+1}$;

(11) $\displaystyle\int_0^{\pi} \frac{1}{1+\sin^2\theta}\mathrm{d}\theta$;

(12) $\displaystyle\int_{-\infty}^{+\infty} \frac{\cos x}{x^2+4x+5}\mathrm{d}x$;

(13) $\displaystyle\int_0^{2\pi} \frac{1}{2+\sin\theta}\mathrm{d}\theta$;

(14) $\displaystyle\int_0^{+\infty} \frac{x^2}{x^6+1}\mathrm{d}x$;

(15) $\displaystyle\int_0^{\pi} \frac{1}{3+2\cos\theta}\mathrm{d}\theta$;

(16) $\displaystyle\int_{-\infty}^{+\infty} \frac{x\sin x}{x^2+4}\mathrm{d}x$;

(17) $\displaystyle\int_0^{\pi} \frac{1}{1+\sin^2\theta}\mathrm{d}\theta$;

(18) $\displaystyle\int_{-\infty}^{+\infty} \frac{x\cos x}{x^2+2x+2}\mathrm{d}x$;

(19) $\displaystyle\int_0^{+\infty} \frac{x^2}{(x^2+1)(x^2+9)}\mathrm{d}x$;

(20) $\displaystyle\int_{-\infty}^{+\infty} \frac{\cos x\mathrm{d}x}{x^2+6x+10}$;

(21) $\displaystyle\int_0^{2\pi} \frac{1}{1-2p\sin\theta+p^2}\mathrm{d}\theta$, $0<p<1$;

(22) $\displaystyle\int_0^{2\pi} \frac{\sin^2\theta}{5+4\cos\theta}\mathrm{d}\theta$.

7. 证明: $\displaystyle\oint_C (z-a)^n\mathrm{d}z = 0$, 其中 n 为不等于 -1 的整数, C 是不经过点 a 的任意闭曲线, 取逆时针方向.

第6章　共形映射

前面几章介绍了复变函数的定义、导数、积分、复变数无穷级数等概念以及它们的性质与运算, 着重讨论了解析函数的性质和应用. 本章将从几何的角度研究解析函数的性质和应用.

复变函数 $w = f(z)$ 实际上在几何上可以看作是从 z 平面上的一个点集 G (定义集合) 通过关系式 $w = f(z)$ 映射到 w 平面上的一个点集 G^* (函数值集合) 的映射(或变换). 对解析函数来说, 它所构成的映射还有更深刻的内涵, 本章将作一些具体的研究. 共形映射之所以重要, 在于它能把在比较复杂区域中所讨论的问题转到比较简单的区域中去讨论. 共形映射在很多实际问题中, 例如流体力学、电学领域都发挥着重要的作用.

本章先分析解析函数所构成的映射的特性, 引出共形映射的概念, 然后进一步研究一类特殊的共形映射——分式线性映射, 最后给出几个初等函数所构成的共形映射的性质.

6.1　共形映射的概念

6.1.1 复平面上曲线的切向量

设复平面内一条有向连续曲线为 C, 其参数方程记为

$$z = z(t), \ \alpha \leqslant t \leqslant \beta,$$

其中, 曲线 C 的正向为参数 t 增大时点 z 的移动方向. 根据一元向量值函数导数的几何意义, 若 $z'(t_0) \neq 0$, $\alpha < t_0 < \beta$, 则复数 $z'(t_0)$ 所表示的向量(起点为 $z_0 = z(t_0)$, 以下不再说明) 与 C 相切于点 z_0. 这便是曲线 C 在点 z_0 处(对应参数 t_0)的切向量.

事实上, 如图6-1所示, 令 C 上对应参数 t_0 的点为 P_0, P 是随参数增大的方向曲线上的任一点, 即通过 C 上两点 P_0 与 P 的割线 P_0P 的正向对应于参数 t 增大的方向, 那么这个方向与表示

$$\frac{z(t_0 + \Delta t) - z(t_0)}{\Delta t}$$

的向量的方向相同, 这里, $z(t_0 + \Delta t)$ 与 $z(t_0)$ 分别为点 P 于 P_0 所对应的复数. 当点 P 沿 C 无限趋向于点 P_0 时, 割线 P_0P 的极限位置就是 C 上 P_0 处的切线, 这是一个向量, 即切向量, 可用导数的定义来表示如下:

$$z'(t_0) = \lim_{\Delta t \to 0} \frac{z(t_0 + \Delta t) - z(t_0)}{\Delta t}$$

切点为 z_0(对应参数 t_0), 且方向与 C 的正向一致. 这就是 C 上点 z_0 处的切线的正向, 于是 $\mathrm{Arg}\, z'(t_0)$ 就是在 C 上点 z_0 处的切线的正向与 x 轴正向之间的夹角.

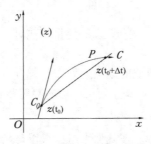

图 6-1 曲线的切向量

对于两条曲线C_1与C_2的夹角的规定：相交于一点的两条曲线C_1与C_2正向之间的夹角就是在交点处的两条切线正向之间的夹角.

下面讨论解析函数导数的几何意义并由此引出共形映射的概念.

6.1.2 解析函数导数的几何意义

6.1.2.1 函数导数的辐角的几何意义

设函数$w = f(z) = u + iv$在区域D内解析，z_0为D内一点，且$f'(z_0) \neq 0$. 又设C为z平面内通过点z_0的一条有向光滑曲线，它的参数方程是：

$$z = z(t), \ \alpha \leqslant t \leqslant \beta,$$

其正向为参数t增大的方向，且$z_0 = z(t_0)$，$z'(t_0) \neq 0$，$\alpha < t_0 < \beta$. 映射$w = f(z)$将曲线C映射成w平面内通过点z_0的对应点$w_0 = f(z_0)$的一条有向光滑曲线Γ. 它的参数方程是

$$w = f(z(t)), \ \alpha \leqslant t \leqslant \beta,$$

其正向为参数t增大的方向.

根据复合函数的求导法则，有

$$w'(t_0) = f'(z_0) z'(t_0),$$

由前面的条件$f'(z_0) \neq 0$，$z'(t_0) \neq 0$，得$w'(t_0) \neq 0$.

因此，在Γ上点w_0处也有切线存在，且切线的正向与u轴正向之间的夹角是

$$\operatorname{Arg} w'(t_0) = \operatorname{Arg} f'(z_0) + \operatorname{Arg} z'(t_0),$$

即

$$\operatorname{Arg} f'(z_0) = \operatorname{Arg} w'(t_0) - \operatorname{Arg} z'(t_0). \tag{6-1}$$

设z平面与w平面坐标轴方向一致，即x轴与u轴、y轴与v轴的正向相同，该式表明解析函数$w = f(z)$在z_0(对应参数t_0)处的导数的辐角等于映射过后的曲线Γ在$w_0[w_0 = f(z(t_0))]$的切线正向与原曲线C在z_0(对应参数t_0)的切线正向之

间的夹角，这个夹角称作 $w = f(z)$ 在 z_0 处的转动角，显然这个转动角只与 z_0 有关，与过 z_0 的曲线 C 的形状和方向无关.总结为以下两点：

(1) 导数 $f'(z_0) \neq 0$ 的辐角 $\mathrm{Arg}\, f'(z_0)$ 是曲线 C 经过 $w = f(z)$ 映射后在 z_0 处的转动角；

(2) 转动角的大小与方向跟曲线 C 的形状与方向无关，只与 z_0 有关. 这一性质称为转动角不变性.

6.1.2.2 两曲线夹角在映射下的性质

下面讨论两条曲线的夹角在映射下的性质.假设曲线 C_1 与 C_2 相交于点 z_0，它们的参数方程分别是：$z = z_1(t)$ 与 $z = z_2(t)$，$\alpha \leqslant t \leqslant \beta$，设映射 $w = f(z)$ 将 C_1 与 C_2 分别映射为相交于点 $w_0 = f(z_0)$ 的曲线 Γ_1 及 Γ_2，它们的参数方程分别是 $w = w_1(t)$ 与 $w = w_2(t)$，$\alpha \leqslant t \leqslant \beta$. 由式(6-1)，得

$$\mathrm{Arg}\, f'(z_0) = \mathrm{Arg}\, w_1'\left(t_0^{(1)}\right) - \mathrm{Arg}\, z_1'\left(t_0^{(1)}\right) = \mathrm{Arg}\, w_2'\left(t_0^{(2)}\right) - \mathrm{Arg}\, z_2'\left(t_0^{(2)}\right),$$

即

$$\mathrm{Arg}\, w_2'\left(t_0^{(2)}\right) - \mathrm{Arg}\, w_1'\left(t_0^{(1)}\right) = \mathrm{Arg}\, z_2'\left(t_0^{(2)}\right) - \mathrm{Arg}\, z_1'\left(t_0^{(1)}\right), \tag{6-2}$$

其中，$z_0 = z_1\left(t_0^{(1)}\right) = z_2\left(t_0^{(2)}\right)$，$z_1'\left(t_0^{(1)}\right) \neq 0$，$z_2'\left(t_0^{(2)}\right) \neq 0$，$\alpha < t_0^{(1)}$，$t_0^{(2)} < \beta$.

式(6-2)左端表示映射后的曲线 Γ_1 与 Γ_2 夹角，右端表示原曲线 C_1 与 C_2 之间的夹角，式(6-2)表明原两曲线的夹角与映射之后的两曲线的夹角相等.即相交于点 z_0 的任何两条曲线 C_1 与 C_2 之间的夹角在其大小和方向上都等于经过 $w = f(z)$ 映射后跟 C_1 与 C_2 对应的曲线 Γ_1 与 Γ_2 之间的夹角. 称这种映射具有保持两曲线间夹角的大小与方向不变的性质，这种性质称为保角性.

6.1.2.3 函数导数的模的几何意义

下面讨论函数 $f(z)$ 在 z_0 的导数的模 $|f'(z_0)|$ 的几何意义. 由导数定义得，

$$f'(z_0) = \lim_{z \to 0} \frac{f(z) - f(z_0)}{z - z_0} = \lim_{\Delta z \to 0} \frac{\Delta w}{\Delta z}.$$

令设 Δs，$\Delta \sigma$ 分别表示 C 与 Γ 上的弧长的增量，如图6-2、图6-3所示，则

$$|f'(z_0)| = \lim_{\Delta z \to 0} \left| \frac{\Delta w}{\Delta z} \right| = \lim_{z \to z_0} \left| \frac{\Delta \sigma}{\Delta s} \right|. \tag{6-3}$$

极限值称为曲线 C 在 z_0 的伸缩率. 因此式(6-3)表明，$|f'(z_0)|$ 是经过映射 $w = f(z)$ 后通过点 z_0 的任何曲线 C 在 z_0 的伸缩率. 它与曲线 C 的形状及方向无关. 所以这种映射又具有伸缩率的不变性.

综上所述，有下面的定理：

定理6.1 设函数 $w = f(z)$ 在区域 D 内解析，z_0 为 D 内的点，且 $f'(z_0) \neq 0$，那么映射 $w = f(z)$ 在 z_0 具有以下三个性质：

(1)转动角不变性. 即$\text{Arg } f'(z_0)$仅与点z_0相关,与过z_0的曲线C的形状和方向无关.

(2)保角性. 即通过z_0的两条曲线间的夹角跟经过映射后所得两曲线间的夹角在大小和方向上保持不变.

(3)伸缩率的不变性. 即通过z_0的任何一条曲线的伸缩率均为$|f'(z_0)|$,与其形状和方向无关.

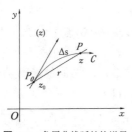

图 6-2 象原曲线弧长的增量

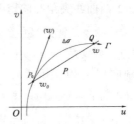

图 6-3 象曲线弧长的增量

下面通过几个例子研究函数的转动角和伸缩率.

例6.1 求函数$w = z^3$在 i 处的转动角和伸缩率,并判断在该点此映射是否保角,是否共形.

解 由题意得

$$w' = 3z^2, \quad w'(\text{i}) = -3,$$

于是有

$$\arg w'(\text{i}) = \pi, \quad |w'(\text{i})| = 3.$$

因此,函数$w = z^3$在 i 处的转动角为π,伸缩率为3. 该映射在 i 处保持角度大小和方向都相等,伸缩率不变,是一一映射,所以在 i 处是保角的、共形的.

例6.2 求函数$w = z^2 + 4z$在z平面上哪一部分被放大了,哪一部分被缩小了.

解 由题意,得

$$w' = 2z + 4, \quad |w'| = |2z + 4|,$$

因此,在$|2z + 4| > 1$的部分被放大了,即z平面上$|z + 2| > \dfrac{1}{2}$的部分被放大了,而z平面上$|z + 2| < \dfrac{1}{2}$的部分被缩小了.

6.1.3 共形映射的概念

定义 设函数$w = f(z)$在z_0的邻域内有定义,且在z_0具有保角性和伸缩率的不变性,那么称映射$w = f(z)$在z_0是第一类保角的,或称$w = f(z)$在z_0是第一类保角映射. 如果映射 $w = f(z)$ 在 D 内的每一点都是第一类保角的, 那么称 $w = f(z)$ 是区域 D 内的第一类保角映射. 如果函数 $w = f(z)$ 在 z_0 具有伸缩率不变性和保持曲线的夹角大小不变但方向相反, 那么称映射 $w = f(z)$ 在 z_0 是第二类保角的, 或称映射 $w = f(z)$ 在 z_0 是第二类保角映射. 如果映射 $w = f(z)$ 在 D 内的每一点都是第二类保角的, 那么称 $w = f(z)$ 是区域 D 内的第二类保角映射.

定义 设函数 $w = f(z)$ 在 z_0 是第一类保角映射, 且在 z_0 的邻域内是一一映射, 那么称映射 $w = f(z)$ 在 z_0 是第一类共形的, 或称 $w = f(z)$ 在 z_0 是第一类共形映射. 如果映射 $w = f(z)$ 在 D 内的每一点都是第一类共形的, 那么称 $w = f(z)$ 是区域 D 内的第一类共形映射. 如果函数 $w = f(z)$ 在 z_0 是第二类保角映射, 且在 z_0 的邻域内是一一映射, 那么称映射 $w = f(z)$ 在 z_0 是第二类共形的, 或称 $w = f(z)$ 在 z_0 是第二类共形映射. 如果映射 $w = f(z)$ 在 D 内的每一点都是第二类保角的, 且在 D 内是一一映射, 那么称 $w = f(z)$ 是区域 D 内的第二类共形映射.

根据定理6.1和定义, 可得出以下结论:

定理6.2 如果函数 $w = f(z)$ 在 z_0 解析, 且 $f'(z_0) \neq 0$, 那么映射 $w = f(z)$ 在 z_0 是第一类共形的, 而且 $\operatorname{Arg} f'(z_0)$ 表示这个映射在 z_0 的转动角, $|f'(z_0)|$ 表示伸缩率. 如果解析函数 $w = f(z)$ 在 D 内处处有 $f'(z) \neq 0$, 那么映射 $w = f(z)$ 是 D 内的第一类共形映射.

需要强调, 一般不特别声明, 共形映射指的是第一类共形映射. 对于第一类和第二类共形映射, 有下面的例子.

例6.3 证明函数 $w = \bar{z}$ 是第二类共形映射.

证明 一方面, 这个映射是关于实轴的对称映射, 显示是一一映射. 又因为, 在复平面上任一点 z_0, 有

$$|f'(z_0)| = \lim_{z \to 0} \frac{|w - w_0|}{|z - z_0|} = \lim_{z \to 0} \frac{|\bar{z} - \bar{z}_0|}{|z - z_0|} = 1,$$

因此, 函数 $w = \bar{z}$ 具有伸缩率不变性.

另一方面, 如果将 z 平面与 w 平面重合在一起, 该映射把点 z 映射成关于实轴对称的点 $w = \bar{z}$. 因此它使得曲线的夹角的大小不变但方向相反, 由定义可知该映射具有保持夹角大小相等、方向相反的特性.

综上, 该映射是第二类共形映射.

例6.4 考察函数 $w = e^z$ 构成的映射.

解 因为函数 $w = e^z$ 在复平面上解析, 且在复平面上任一点, 有

$$w' = e^z \neq 0,$$

故该映射在复平面上任一点具有保角性和伸缩率不变性，是复平面上的第一类保角映射.但它不一定构成第一类共形映射.如取$z_1 = \dfrac{\pi}{2}$i，$z_2 = z\left(2\pi + \dfrac{\pi}{2}\right)$i，则$\mathrm{e}^{z_1} = \mathrm{e}^{z_2} = \mathrm{i}$，因此，在整个复平面上函数$w = \mathrm{e}^z$不构成共形映射.

如果缩小定义域范围，设函数$w = \mathrm{e}^z$定义在区域$0 < \mathrm{Im}\,z < 2\pi$，则函数$w = \mathrm{e}^z$不仅满足保角性、伸缩率不变性，还是一一映射，因而是第一类共形映射.

6.2 分式线性映射

6.2.1 分式线性映射的定义

定义　分式线性映射是共形映射中比较简单但又很重要的一类映射，其定义如下：

$$w = \frac{az + b}{cz + d},\tag{6-4}$$

其中，a，b，c，d均为复常数且满足$ad - bc \neq 0$.

注

(1) 条件$ad - bc \neq 0$的限制是必要的，否则w恒为常数，$w' = 0$，这无法保证映射的保角性.

(2) 分式线性映射又称为双线性映射，它是德国数学家默比乌斯首先研究的，也称默比乌斯映射.

事实上，给式(6-4)两边同乘以$cz + d$，得

$$cwz + dw - az - b = 0.$$

对每一个固定的w，上式关于z是线性的，而对每一个固定的z，它关于w也是线性的. 因此称为双线性映射.

(3) 分式线性映射的逆映射为

$$z = \frac{-dw + b}{cw - a},\quad (-a)(-d) - bc \neq 0,$$

所以分式线性映射的逆映射也是一个分式线性映射.

(4) 两个分式线性映射的复合仍是一个分式线性映射.

事实上，设两个分式线性映射

$$w = \frac{\alpha\zeta + \beta}{\Gamma\zeta + \delta},\quad \alpha\delta - \beta\Gamma \neq 0,$$

$$\zeta = \frac{\alpha'z + \beta'}{\Gamma'z + \delta'},\quad \alpha'\delta' - \beta'\Gamma' \neq 0,$$

将后式代入前式，得

$$w = \frac{az+b}{cz+d},$$

其中，$ad - bc = (\alpha\delta - \beta\Gamma)(\alpha'\delta' - \beta'\Gamma') \neq 0.$

6.2.2 分式线性映射的分解

任何一个分式线性映射都可以分解成一些简单映射的复合.

设分式线性映射

$$w = \frac{az+b}{cz+d}, \quad ad - bc \neq 0$$

恒等变形为

$$w = \left(b - \frac{ad}{c}\right)\frac{1}{cz+d} + \frac{a}{c}.$$

令

$$\zeta_1 = cz + d, \quad \zeta_2 = \frac{1}{\zeta_1},$$

则

$$w = A\zeta_2 + B,$$

其中，A，B为常数.

由此可见，分式线性映射是由$w = z + b$，$w = az$，$a \neq 0$ 和$w = \dfrac{1}{z}$这三个简单映射复合而成的.下面来分别讨论这三个映射的几何意义，从而得到分式线性映射满足的特性.

(1)映射$w = z + b$. 这是一个平移映射. 事实上，如图6-4所示，因为b是复常数，$z + b$是两个复数相加，其几何意义是两个向量相加，所以映射$w = z + b$在几何上表示z 沿向量b 的方向平行移动距离$|b|$ 后，得到w .

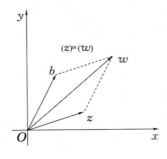

图 6-4 平移映射

(2)映射$w = az$，$a \neq 0$. 这是一个旋转与伸缩映射.事实上，如图6-5所示，因为a是非零复常数，az是两个复数相乘，设$z = re^{i\theta}$，$a = \lambda e^{ia}$，则$w =$

$r\lambda e^{i(\theta+\alpha)}$. 因此，映射 $w = az$ 在几何上表示把 z 先转一个角度 α，再将 $|z|$ 伸长(或缩短)到 $|a| = \lambda$ 倍后，就得到 w.

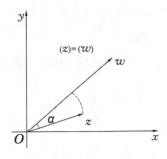

图 6-5 旋转与伸缩映射

(3) 映射 $w = \dfrac{1}{z}$. 这是一个反演映射，是其中最复杂的一个映射.这个映射又可分解为

$$w_1 = \frac{1}{\bar{z}}, \ w = \overline{w}_1.$$

显然，后面的映射 $w = \bar{w}_1$ 在几何上表示 w 与 w_1 关于实轴对称，那么前面的映射 $w_1 = \dfrac{1}{\bar{z}}$ 在几何上表示什么呢？因此为了要用几何方法从 z 作出 w_1 从而获得 w，需要研究一种新的对称——关于已知圆周的对称.

设 C 为以原点为中心，r 为半径的圆周. 在以圆心为起点的一条半直线上，如果有两点 P 与 P' 满足关系式

$$|OP| \cdot |OP'| = r^2,$$

那么称这两点为关于圆周的对称点.

规定 无穷远点的对称点是圆心 O.

设 P 在 C 外，从 P 作圆周 C 的切线 PT，由 T 作 OP 的垂线 TP' 与 OP 交于 P'，则 P 与 P' 即互为对称点.

事实上，如图6-6所示，$\triangle OP'T \backsim \triangle OTP$. 因此，$|OP'| : |OT| = |OT| : |OP|$. 即 $|OP| \cdot |OP'| = |OT|^2 = r^2$.

由以上讨论可知，映射 $w = \dfrac{1}{z}$ 在几何上表示先求 z 关于单位圆周的对称点 w_1，再求 w_1 关于实轴的对称点，即得 w.具体地，如图6-7所示，设 $z = re^{i\theta}$，则 $w_1 = \dfrac{1}{\bar{z}} = \dfrac{1}{r}e^{i\theta}$，$w = \overline{w}_1 = \dfrac{1}{r}e^{-i\theta}$，从而 $|w_1||z| = 1$. 由此可知，z 与 w_1 是关于单位圆周 $|z| = 1$ 的对称点，w_1 与 w 是关于实轴的对称点. 因此，要从 z 作出 $w = \dfrac{1}{z}$，应先作出点 z 关于单位圆周 $|z| = 1$ 对称的点 w_1，然后再作出点 w_1 关于实轴对称的点，即得 w. 这就是反演映射.

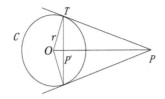

图 6-6 关于圆周的对称点

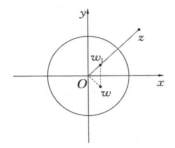

图 6-7 反演映射

6.2.3 分式线性映射的性质

分式线性映射具有保角性、保圆性、保对称性.下面就分式线性映射的三个分解映射分别讨论它们的性质，从而得出一般分式线性映射的性质.

6.2.3.1 保角性

首先，讨论映射 $w = z + b$.显然当 $z \neq \infty$ 时，由于 $w' = 1 \neq 0$，映射 $w = z + b$ 在复平面上是保角映射. 当 $z \to \infty$ 时，令

$$\eta = \frac{1}{z}, \ \xi = \frac{1}{w}.$$

则映射 $w = z + b$ 变为

$$\xi = \frac{\eta}{1 + b\eta}.$$

它在 $\eta = 0$ 处解析，且有

$$\xi'(\eta)|_{\eta=0} = \frac{1}{(1 + b\eta)^2}\bigg|_{\eta=0} = 1 \neq 0,$$

因而映射 $\xi = \dfrac{\eta}{1+b\eta}$ 在 $\eta = 0$ 处是保角的，即 $w = z + b$ 在 $z = \infty$ 处是保角的. 显然此映射又是一一映射，因此，映射 $w = z + b$ 在扩充复平面上是(第一类)共形映射.

类似地，讨论映射 $w = az$，$a \neq 0$ 的保角性.可以得到，映射 $w = az$ 在扩充复平面上是保角映射，又此映射是一一映射，因此，映射 $w = az$ 在扩充复平面上是(第一类)共形映射.

最后，讨论映射 $w = \dfrac{1}{z}$.当 $z \neq 0$，$z \neq \infty$ 时，

$$w' = \left(\frac{1}{z}\right)' = -\frac{1}{z^2} \neq 0,$$

则根据定理6.1可知，函数在除 $z = 0$，$z = \infty$ 外都是保角的.对于 $z = 0$，$z = \infty$时的保角性，首先规定两曲线在无穷远点的夹角指的是它们在反演变换下的像曲线在原点的夹角. 因此，当 $z = \infty$ 时，令 $\zeta = \dfrac{1}{z}$，则 $\zeta = 0$，此时 $w = \zeta$，该映射在 $\zeta = 0$ 处解析，且 $w'(\zeta)|_{\zeta=0} = 1 \neq 0$，所以映射 $w = \zeta$ 在 $\zeta = 0$ 处，即映射 $w = \dfrac{1}{z}$ 在 $z = \infty$ 处是保角的. 由 $z = \dfrac{1}{w}$ 在 $w = \infty$ 处映射 $z = \dfrac{1}{w}$ 是保角的，即就是说映射 $w = \dfrac{1}{z}$ 在 $z = 0$ 处是保角的. 所以映射 $w = \dfrac{1}{z}$ 在扩充复平面上是保角的，且该映射还是一一映射，因此，映射 $w = \dfrac{1}{z}$ 在扩充复平面上是(第一类)共形映射.

由于分式线性映射是由上述三种映射复合而成的，因此，有下面的定理.

定理6.3 分式线性映射在扩充复平面上是一一对应的，且具有保角性，因而是(第一类)共形映射.

6.2.3.2 保圆性

这里将直线看作是半径为无穷大的圆周，来讨论映射 $w = z + b$，$w = az(a \neq 0)$ 与 $w = \dfrac{1}{z}$ 在扩充复平面上是否把圆周(包含直线)映射成圆周(包含直线).这种将圆周映射成圆周的性质称为保圆性.

事实上，映射 $w = z + b(a \neq 0)$ 和映射 $w = az(a \neq 0)$ 是将 z 平面上的点经过平移、旋转和伸缩而得到的. 因此，z 平面上的一个圆周或一条直线经过映射 $w = z + b$ 和 $w = az(a \neq 0)$ 所得的象曲线显然仍是一个圆周或一条直线.因此，映射 $w = z + b(a \neq 0)$ 和映射 $w = az(a \neq 0)$ 在扩充复平面上把圆周映射成圆周.

对于映射 $w = \dfrac{1}{z}$，令

$$z = x + \mathrm{i}y, \quad w = \frac{1}{z} = u + \mathrm{i}v.$$

代入并利用复数相等的性质，得

$$u = \frac{x}{x^2 + y^2}, \quad v = \frac{-y}{x^2 + y^2},$$

反解，得

$$x = \frac{u}{u^2 + v^2}, \quad y = \frac{-v}{u^2 + v^2},$$

对于一般的圆周方程

$$a\left(x^2 + y^2\right) + bx + cy + d = 0,$$

映射$w = \dfrac{1}{z}$将其变换为方程

$$d\left(u^2 + v^2\right) + bu - cv + a = 0.$$

当$a \neq 0$，$d \neq 0$时，映射将圆周映射成圆周；

当$a \neq 0$，$d = 0$时，映射将圆周映射成直线；

当$a = 0$，$d \neq 0$时，映射将直线映射成圆周；

当$a = 0$，$d = 0$时，映射将直线映射成直线.

因此，映射$w = \dfrac{1}{z}$将圆周映射成圆周，即映射$w = \dfrac{1}{z}$具有保圆性.

由于分式线性映射是由上述三种映射复合而成的，因此，有下面的定理.

定理6.4　分式线性映射在扩充复平面上将圆周映射成圆周，即分式线性映射具有保圆性.

注　在分式线性映射下，如果给定的圆周或直线上没有点映射成无穷远点，那么它就映射成半径为有限的圆周；如果有一个点映射成无穷远点，那么它就映射成直线.

6.2.3.3 保对称性

分式线性映射，除了保角性与保圆性之外，还有保持对称点不变的性质，简称保对称性.

为了证明这个结论，先来证明关于对称点的一个特性.

引理　扩充复平面上两点z_1，z_2关于圆周C对称的充要条件是经过z_1，z_2的任何圆周Γ与C正交.

证明　显然，当C是直线时，定理一定成立.下面假定C是有限圆周，设为C：$|z - z_0| = R$，如图6-8所示.

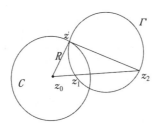

图 6-8　保对称性

必要性.一方面，设z_1，z_2关于圆周C对称，由于对称点在以圆心为起点的一条射线上，则过z_1，z_2的直线必与圆周正交.设Γ是经过z_1，z_2的任意一个圆

周，过圆心作 Γ 的切线，设切点为 z'. 由切割线定理可知，

$$|z' - z_0|^2 = |z_2 - z_0||z_1 - z_0|.$$

另一方面，由关于圆周的对称点的定义，有

$$|z_2 - z_0||z_1 - z_0| = R^2.$$

所以 $|z' - z_0| = R$. 则 z' 也在 C 上，而 Γ 的切线就是 C 的半径，因此 Γ 与 C 正交.

充分性. 设 Γ 是经过 z_1，z_2 且与 C 正交的任一圆周，那么连接 z_1 与 z_2 的直线作为 Γ 的特殊情形(半径为无穷大) 必与 C 正交，因而必过 z_0. 又因 Γ 与 C 于交点 z' 处正交，因此 C 的半径 $z_0 z'$ 就是 Γ 的切线. 所以有

$$|z_1 - z_0||z_2 - z_0| = R^2,$$

即 z_1 与 z_2 是关于圆周 C 的一对对称点.

有了上面的引理，马上可以得到下面的定理.

定理6.5 设 z_1，z_2 关于圆周 C 对称，那么在分式线性映射下，它们的象点 w_1 与 w_2 也关于 C 的象曲线 Γ 对称.

证明 设经过 w_1 与 w_2 的任一圆周 Γ' 是经过 z_1 与 z_2 的圆周 Γ 由分式线性映射映射过来的. 由于 Γ 与 C 正交，而分式线性映射具有保角性，所以 Γ' 与 C' (C 的象)也必正交，因此，w_1 与 w_2 关于 C' 对称.

6.2.4 分式线性映射的确定

分式线性映射定义式(6-4)中含有四个常数 a，b，c，d. 如果用这四个数中的一个非零数去除分子和分母，可将分式中的四个常数化为三个常数. 所以，式(6-4)中实际上只有三个独立的常数. 因此，决定一个分式线性映射只需三个条件，且得到的分式线性映射是唯一的. 一般地，给三组不同点与点的变换关系，就可以唯一确定一个分式线性映射. 下面的定理给出了分式线性映射的具体公式.

定理6.6 在 z 平面上给定三个相异的点 z_1，z_2，z_3，在分式线性映射下分别映射成 w 平面上的三个点 w_1，w_2，w_3，那么此分式线性映射是唯一确定的，即

$$\frac{w - w_1}{w - w_2} \cdot \frac{w_3 - w_2}{w_3 - w_1} = \frac{z - z_1}{z - z_2} \cdot \frac{z_3 - z_2}{z_3 - z_1}. \tag{6-5}$$

证明 设 $w = \dfrac{az + b}{cz + d}(ad - bc \neq 0)$，将 $z_k(k = 1, 2, 3)$ 和 $w_k(k = 1, 2, 3)$ 代入，得

$$w_k = \frac{az_k + b}{cz_k + d}, \ k = 1, 2, 3,$$

因而有

$$w - w_k = \frac{(z - z_k)(ad - bc)}{(cz + d)(cz_k + d)}, \ k = 1, 2,$$

及

$$w_3 - w_k = \frac{(z_3 - z_k)(ad - bc)}{(cz_3 + d)(cz_k + d)}, \quad k = 1, 2,$$

由此得

$$\frac{w - w_1}{w - w_2} \cdot \frac{w_3 - w_2}{w_3 - w_1} = \frac{z - z_1}{z - z_2} \cdot \frac{z_3 - z_2}{z_3 - z_1}.$$

这是满足条件的分式线性映射. 下面证明该分式线性映射是唯一确定的. 若有另外一个分式线性映射 $w = \dfrac{\alpha z + \beta}{\gamma z + \delta}$ 也把 z 平面上的三个相异点 z_1，z_2，z_3 依次映射成 w 平面上的三个相异点 w_1，w_2，w_3，那么重复上面的步骤，在消去常数 α，β，γ，δ 后，最后得到一样的公式. 所以该分式线性映射是唯一确定的分式线性映射. 证毕.

例6.5 求将 $z_1 = 1$，$z_2 = -1$，$z_3 = 0$ 映射成 $w_1 = -1$，$w_2 = 0$，$w_3 = 1$ 的分式线性映射.

解 由式 (6-5)，得

$$\frac{w - (-1)}{w - 0} \cdot \frac{1 - 0}{1 - (-1)} = \frac{z - 1}{z - (-1)} \cdot \frac{0 - (-1)}{0 - 1},$$

即

$$\frac{1}{2} \frac{w + 1}{w} = -\frac{z - 1}{z + 1},$$

由此解得

$$w = -\frac{z + 1}{3z - 1}.$$

这就是所要求的分式线性映射.

分式线性映射将三个不同的点映射成另外三个不同的点，而三个不共线的点可以确定一个圆，也就是说，分别取定三个不共线的点以后，必能找到一个分式线性映射将圆周 C 映射成圆周 Γ. 但是这个映射会把 C 的内部映射成什么呢？

首先指出，在分式线性映射下，C 的内部不是映射成 C' 的内部，便是映射成 Γ 的外部. 即，不可能将 C 内部的一部分映射成 Γ 内部的一部分，而 C 内部的另一部分映射成 Γ 外部的一部分.

因此，在分式线性映射下，如果在 C 内任取一点 z_0，而点 z_0 的象在 C' 的内部. 则 C 的内部就映射成 C' 的内部；如果 z_0 的象在 $C\Gamma$ 的外部，则 C 的内部就映射成 Γ 的外部.

其次需要指出，当 C 为圆周、Γ 为直线时，分式线性映射将 C 的内部映射成 Γ 的某一侧的半平面. 具体哪一侧，取特殊点确定.

当 C 为直线、Γ 为圆周时，分式线性映射将 C 的一侧映射成 Γ 的内部，将 C 的另一侧映射成 Γ 的外部. 具体哪部分，取特殊点确定.

当 C 为直线、Γ 为直线时，分式线性映射将 C 的一侧映射成 Γ 的一侧，具体哪一侧，取特殊点确定.

对于两相交圆的情况，有以下结论：

(1) 当二圆周上没有点映射成无穷远点时，这二圆周的弧所围成的区域映射成二圆弧所围成的区域；

(2) 当二圆周上有一个点映射成无穷远点时，这二圆周的弧所围成的区域映射成一圆弧与一直线所围成的区域；

(3) 当二圆周交点中的一个映射成无穷远点时，这二圆周的弧所围成的区域映射成角形区域.

由于分式线性映射具有保圆性与保对称性，所以，在处理边界由圆周、圆弧、直线、直线段所组成的区域的共形映射问题时，分式线性映射起着十分重要的作用.

例6.6 中心分别在 $z = 1$ 与 $z = -1$，半径为 $\sqrt{2}$ 的二圆弧所围成的区域，在映射 $w = \dfrac{z - \mathrm{i}}{z + \mathrm{i}}$ 下映射成什么区域？

解 如图6-9所示，显然两个圆的交点为 $-\mathrm{i}$ 与 i，且互相正交. 由分式线性映射 $w = \dfrac{z - \mathrm{i}}{z + \mathrm{i}}$，交点 $-\mathrm{i}$ 映射成无穷远点，i 映射成原点，根据保角性得到，象原曲线在 i 处垂直，则象曲线在原点处垂直. 因此所给的区域映射成以原点为顶点的角形区域，张角等于 $\dfrac{\pi}{2}$.

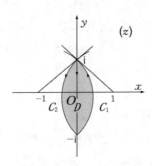

图 6-9 两圆弧所围的区域

为了确定角形域的位置，只要定出它的边上异于顶点的任何一点就可以了.分别取所给圆弧C_1与正实轴的交点$z = \sqrt{2} - 1$与C_2与正实轴的交点$z = 1 - \sqrt{2}$，它们的对应点分别是

$$w = \frac{\sqrt{2} - 1 - \mathrm{i}}{\sqrt{2} - 1 + \mathrm{i}} = \frac{(\sqrt{2} - 1 - \mathrm{i})^2}{(\sqrt{2} - 1)^2 + 1} = -\frac{1}{\sqrt{2}} - \mathrm{i}\frac{1}{\sqrt{2}},$$

$$w = \frac{1 - \sqrt{2} - \mathrm{i}}{1 - \sqrt{2} + \mathrm{i}} = \frac{(1 - \sqrt{2} - \mathrm{i})^2}{(1 - \sqrt{2})^2 + 1} = -\frac{1}{\sqrt{2}} + \mathrm{i}\frac{1}{\sqrt{2}},$$

这两点分别在第三象限和第二象限的对角线上. 因而映射成的角形域如图6-10所示.

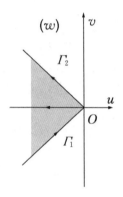

图 6-10 角形域

6.2.5 三类典型的分式线性映射

由于分式线性映射的保角性、保圆性、保对称性，故对边界为圆周、圆弧、直线和直线段组成的区域的变换有很大作用，一般这些区域可能为半平面和圆域.下面分三类情况介绍.

6.2.5.1 将半平面映射成半平面的分式线性映射

分式线性映射可将上半平面映射成上半平面，或将上半平面映射成下半平面，或将下半平面映射成上半平面，或将下半平面映射成下半平面，以上半平面映射成上半平面为例说明，其他类似.

设分式线性映射$w = \dfrac{az + b}{cz + d}$，它将上半平面映射成上半平面，则将实轴上三个点按顺序映射成实轴上三个点，即当z为实数时，旋转角为0，即

$$\arg w'(z) = 0,$$

所以$w'(z)$为正实数，而

$$w'(z) = \frac{ad - bc}{(cz + d)^2},$$

因此

$$ad - bc > 0.$$

事实上，以上过程是可逆的. 因此，有以下结论.

结论：分式线性映射$w = \dfrac{az + b}{cz + d}$将上半平面映射成上半平面的充要条件是$ad - bc > 0$.

6.2.5.2 将上半平面映射成单位圆域的分式线性映射

分式线性映射也可以将上半平面映射成单位圆域. 设上半平面为$\text{Im}(z) > 0$，单位圆域为$|w| < 1$，如果把上半平面看成是半径为无穷大的圆域，那么实轴就相当于圆域的边界圆周. 因为分式线性映射具有保圆性，所以它必能将上半平面$\text{Im}(z) > 0$映射成单位圆域$|w| < 1$. 由于上半平面总有一点$z = a$要映成单位圆周$|w| = 1$的圆心$w = 0$、实轴要映射成单位圆，而$z = a$与$z = \bar{a}$是关于实轴的一对对称点，$z = 0$与$z = \infty$是与之对应的关于圆周$|w| = 1$的一对对称点，所以根据分式线性映射的保对称性知，$z = \bar{a}$必映成$w = \infty$. 从而所求的分式线性映射具有下列形式：

$$w = k\left(\frac{z - a}{z - \bar{a}}\right),$$

其中，k为常数.

因为$|w| = |k|\left|\dfrac{z - a}{z - \bar{a}}\right|$，而实轴上的任意点$z$对应着$|w| = 1$上的点，特别地，当$z = 0$时，有$|k|\left|\dfrac{-a}{-\bar{a}}\right| = 1$，所以$|k| = 1$，即$k = \text{e}^{\text{i}\theta}$，其中$\theta$是任意实数. 因此所求的分式线性映射为

$$w = \text{e}^{\text{i}\theta}\left(\frac{z - a}{z - \bar{a}}\right), \quad \text{Im}(a) > 0. \tag{6-6}$$

反之，形如式(6-6)的分式线性映射必将上半平面$\text{Im}(z) > 0$映射成单位圆$|w| < 1$. 这是因为当z取实数时，有

$$|w| = \left|\text{e}^{\text{i}\theta}\left(\frac{z - a}{z - \bar{a}}\right)\right| = |\text{e}^{\text{i}\theta}|\left|\frac{z - a}{z - \bar{a}}\right| = 1,$$

即把实轴映射成$|w| = 1$. 又因上半平面中的$z = a$映射成$w = 0$，所以式(6-6)必将$\text{Im}(z) > 0$映射成$|w| < 1$.

因此把上半平面映射成单位圆的映射必是如式(6-6)的分式线性映射.

注 由式(6-6)可以看出，公式中需要确定a，$\bar{a}$和θ，即使a，$\bar{a}$给定了，还有一个参数θ. 当θ取定时，分式线性映射则确定. 请看下面的例子.

例6.7 求将上半平面$\text{Im}(z) > 0$映射成单位圆域$|w| < 1$且满足条件$w(\text{i}) = 0$，$\arg w'(\text{i}) = 0$的分式线性映射.

解 由$w(\text{i}) = 0$知，所求的映射要将上半平面中的点$z = \text{i}$映射成单位圆周的圆心$w = 0$. 所以由式(6-6)得

$$w = k\text{e}^{\text{i}\theta}\left(\frac{z - \text{i}}{z + \text{i}}\right).$$

因为

$$w'(z)\,|_{z=\text{i}} = \text{e}^{\text{i}\theta}\frac{2\text{i}}{(z + \text{i})^2}\bigg|_{z=\text{i}} = -\frac{1}{2}\text{i}\text{e}^{\text{i}\theta} = \frac{1}{2}\text{e}^{\text{i}\left(\theta - \frac{\pi}{2}\right)},$$

故由题意有

$$\arg w'(\text{i}) = \theta - \frac{\pi}{2} = 0, \quad \theta = \frac{\pi}{2},$$

因而所得的映射为

$$w = \text{i}\frac{z - \text{i}}{z + \text{i}}.$$

6.2.5.3 将单位圆内部映射成单位圆内部的分式线性映射

分式线性映射还可以将单位圆域$|z| < 1$映射成单位圆域$|w| < 1$. 设z平面上的单位圆域$|z| < 1$内部的一点a映射成w平面上的单位圆域$|w| < 1$的中心$w = 0$. 这时与点a关于单位圆周$|z| = 1$对称的点$\frac{1}{\bar{a}}$应该被映射成w平面上与$w = 0$关于$|w| = 1$对称的点$w = \infty$，即无穷远点. 因此，当$z = a$时，$w = 0$，当$z = \frac{1}{\bar{a}}$时，$w = \infty$. 因此有分式线性映射

$$w = k\left(\frac{z - a}{z - \dfrac{1}{\bar{a}}}\right) = k\bar{a}\left(\frac{z - a}{\bar{a}z - 1}\right) = k_1\left(\frac{z - a}{1 - \bar{a}z}\right),$$

其中，$k_1 = -k\bar{a}$.

由于z平面上单位圆周上的点要映成w平面上单位圆周上的点，所以当$|z| = 1$，$|w| = 1$. 将圆周$|z| = 1$上的点$z = 1$代入上式，得

$$|k_1|\left|\frac{1 - a}{1 - \bar{a}}\right| = |w| = 1.$$

又因

$$|1 - a| = |1 - \bar{a}|,$$

所以

$$|k_1| = 1,$$

即

$$k_1 = \text{e}^{\text{i}\theta},$$

其中，θ是任意实数.

因此，将单位圆域 $|z| < 1$ 映射成单位圆域 $|w| < 1$ 的分式线性映射的一般表示式是

$$w = \mathrm{e}^{\mathrm{i}\theta} \left(\frac{z-a}{1-\bar{a}z} \right), \quad |a| < 1. \tag{6-7}$$

注 类似于式(6-6)，由式(6-7)可以看出，公式中需要确定 a，$\bar{a}$ 和 θ，即使 a，$\bar{a}$ 给定了，还有一个参数 θ. 当 θ 取定时，分式线性映射则确定. 请看下面的例子.

例6.8 求将单位圆域映射成单位圆域且满足条件 $w\left(\dfrac{1}{2}\right) = 0$，$w'\left(\dfrac{1}{2}\right) > 0$ 的分式线性映射.

解 由条件 $w\left(\dfrac{1}{2}\right) = 0$ 知，所求的映射要将 $|z| < 1$ 内的点 $z = \dfrac{1}{2}$ 映射成 $|w| < 1$ 的中心. 所以由式(6-7) 得

$$w = \mathrm{e}^{\mathrm{i}\theta} \left(\frac{z - \frac{1}{2}}{1 - \frac{1}{2}z} \right),$$

由此得

$$w'\left(\frac{1}{2}\right) = \mathrm{e}^{\mathrm{i}\theta} \frac{\left(1 - \frac{1}{2}z\right) + \left(z - \frac{1}{2}\right)\frac{1}{2}}{\left(1 - \frac{1}{2}z\right)^2}\Bigg|_{z=\frac{1}{2}} = \mathrm{e}^{\mathrm{i}\theta}\frac{4}{3},$$

故

$$\arg w'\left(\frac{1}{2}\right) = \theta.$$

由于

$$w'\left(\frac{1}{2}\right) > 0,$$

则 $w'\left(\dfrac{1}{2}\right)$ 为正实数，所以

$$\arg w'\left(\frac{1}{2}\right) = 0,$$

即 $\varphi = 0$. 因此所求的映射为

$$w = \frac{z - \frac{1}{2}}{1 - \frac{1}{2}z} = \frac{2z-1}{2-z}.$$

对于求解更一般的区域映射问题时，常通过反复利用这三种典型的分式线性映射变换，首先转化成上半平面，或转化成单位圆域，从而根据所给的条件确定分式线性映射.

例6.9 求将 $\mathrm{Im}(z) > 0$ 映射成 $|w - \mathrm{i}| < 2$ 且满足条件 $w(\mathrm{i}) = \mathrm{i}$，$\arg w'(\mathrm{i}) = 0$ 的分式线性映射.

解 本题是将上半平面映射成一个中心在 i 处，半径为2的圆域，先将上半平面映射成单位圆域，再通过平移伸缩变换将单位圆域映射成所要求的圆

域.设 $w_1 = \dfrac{1}{2}(w - \mathrm{i})$，则 $|w_1| < 1$，且 $w_1(\mathrm{i}) = 0$. 因此将 $\mathrm{Im}(z) > 0$ 映射成 $|w_1| < 1$，且满足 $w_1(\mathrm{i}) = 0$ 的分式线性映射为

$$w_1 = \mathrm{e}^{\mathrm{i}\theta} \left(\frac{z - \mathrm{i}}{z + \mathrm{i}} \right),$$

即

$$\frac{1}{2}(w - \mathrm{i}) = \mathrm{e}^{\mathrm{i}\theta} \left(\frac{z - \mathrm{i}}{z + \mathrm{i}} \right),$$

由此得

$$w = 2\mathrm{e}^{\mathrm{i}\theta} \left(\frac{z - \mathrm{i}}{z + \mathrm{i}} \right) + \mathrm{i},$$

$$w'(\mathrm{i}) = 2\mathrm{e}^{\mathrm{i}\theta} \left. \frac{2\mathrm{i}}{(z + \mathrm{i})^2} \right|_{z=\mathrm{i}} = -\mathrm{i}\mathrm{e}^{\mathrm{i}\theta} = \mathrm{e}^{\mathrm{i}\left(\theta - \frac{\pi}{2}\right)},$$

$$\arg w'(\mathrm{i}) = \theta - \frac{\pi}{2}.$$

已知 $\arg w'(\mathrm{i}) = 0$，从而得 $\theta = \dfrac{\pi}{2}$. 于是所求分式线性映射为

$$w = 2\mathrm{i}\frac{z - \mathrm{i}}{z + \mathrm{i}} + \mathrm{i} = \frac{3\mathrm{i}z + 1}{z + \mathrm{i}}.$$

6.3　几个初等函数所构成的共形映射

6.3.1　幂函数

仅讨论幂函数 $w = z^n (n \geqslant 2$ 为自然数). 显然这个函数在 z 平面内处处可导，其导数是

$$\frac{\mathrm{d}w}{\mathrm{d}z} = nz^{n-1},$$

因而当 $z \neq 0$ 时，

$$\frac{\mathrm{d}w}{\mathrm{d}z} \neq 0.$$

所以，在 z 平面内顶点在原点，张角不超过 $\dfrac{2\pi}{n}$ (保证映射后的区域张角不超过 2π) 的角形区域，映射 $w = z^n$ 是共形映射.

当 $z = 0$ 时，令

$$z = r\mathrm{e}^{\mathrm{i}\theta}, \quad w = \rho\mathrm{e}^{\mathrm{i}\varphi},$$

则

$$\rho = r^n, \quad \varphi = n\theta. \tag{6-8}$$

因此，在映射 $w = z^n$ 下，z 平面上的圆周 $|z| = r$ 映射成 w 平面上的圆周 $|w| = r^n$，特别是单位圆周 $|z| = 1$ 映射成单位圆周 $|w| = 1$；射线 $\theta = \theta_0$ 映射成射线 $\varphi = n\theta_0$；正实轴 $\theta = 0$ 映射成正实轴 $\varphi = 0$；角形域 $0 < \theta < \theta_0 \left(\theta_0 < \dfrac{2\pi}{n} \right)$ 映射成角形域 $0 < \varphi < n\theta_0$. 因此，在 $z = 0$ 处角形域的张角经过这一映射后变成

了原来的 n 倍. 因此，当 $n \geqslant 2$ 时，映射 $w = z^n$ 在 $z = 0$ 处没有保角性. 特别地，当角形域 $0 < \theta < \dfrac{2\pi}{n}$ 映射成沿正实轴剪开的 w 平面 $0 < \varphi < 2\pi$，它的一边 $\theta = 0$ 映射成 w 平面正实轴的上岸 $\varphi = 0$，另外一边 $\theta = \dfrac{2\pi}{n}$ 映射成 w 平面正实轴的下岸 $\varphi = 2\pi$. 在这样两个域上的点在所给的映射 $(w = z^n$ 或 $z = \sqrt[n]{w})$ 下是一一对应的.

幂函数 $w = z^n(n \geqslant 2)$ 所构成的映射的特点：把以原点为顶点的角形域映射成以原点为顶点的角形域，但张角变成了原来的 n 倍.

因此，如果要把角形域映射成角形域，可以选择幂函数.

例6.10 求把角形域 $0 < \arg z < \dfrac{\pi}{6}$ 映射成角形域 $0 < \arg w < \dfrac{\pi}{2}$ 的一个映射.

解 考虑幂函数的映射的特点，$w = z^3$ 可将角形域 $0 < \arg z < \dfrac{\pi}{6}$ 映射成角形域 $0 < \arg w < \dfrac{3\pi}{6} = \dfrac{\pi}{2}$，因此 $w = z^3$ 即为所求.

例6.11 求把角形域 $0 < \arg z < \dfrac{\pi}{2}$ 映射成单位圆 $|w| < 1$ 的一个映射.

解 由幂函数的映射特点知，$\zeta = z^2$ 将所给角形域 $0 < \arg z < \dfrac{\pi}{2}$ 映射成上半平面 $\mathrm{Im}(\zeta) > 0$. 又由第二类典型线性映射知，映射 $w = k\dfrac{z^2 - a}{z^2 - \bar{a}}$ 将上半平面映射成单位圆 $|w| < 1$. 因此所求的映射为

$$w = k\frac{z^2 - a}{z^2 - \bar{a}}.$$

6.3.2 指数函数

设指数函数 $w = \mathrm{e}^z$，在 z 平面内，由

$$w' = (\mathrm{e}^z)' = \mathrm{e}^z \neq 0,$$

得 $w = \mathrm{e}^z$ 所构成的映射在每一个平行于实轴宽度不超过 2π 的带型区域内是共形映射. 设 $z = x + \mathrm{i}y$，$w = \rho\mathrm{e}^{\mathrm{i}\varphi}$，则

$$\rho = \mathrm{e}^x, \qquad \varphi = y, \tag{6-9}$$

由此可知：z 平面上的直线 $x = $ 常数，被映射成 w 平面上的圆周 $\rho = $ 常数；而直线 $y = $ 常数，被映射成射线 $\varphi = $ 常数.

当实轴 $y = 0$ 平行移动到直线 $y = h(0 < h \leqslant 2\pi)$ 时，带形域 $0 < \mathrm{Im}(z) < h$ 映射成角形域 $0 < \arg w < h$. 特别地，指数函数将带形域 $0 < \mathrm{Im}(z) < 2\pi$ 映射成沿正实轴剪开的 w 平面：$0 < \arg w < 2\pi$，它们之间的点是一一对应的.

指数函数 $w = \mathrm{e}^z$ 所构成的映射的特点：把水平的带形域 $0 < \mathrm{Im}(z) < h(h \leqslant 2\pi)$ 映射成角形域 $0 < \arg w < h$.

因此，如果要把带形域映射成角形域，常常利用指数函数.

例6.12 求一个映射，将带形域$0 < \text{Im}(z) < \pi$映射成单位圆$|w| < 1$.

解 由指数函数映射的特点，映射$\zeta = e^z$将带形域$0 < \text{Im}(z) < \pi$映射成ζ平面的角形域$0 < \arg \zeta < \pi$，即ζ平面的上半平面$\text{Im}(\zeta) > 0$. 又由上节第二类典型的分式线性映射，可知映射$w = k\dfrac{\zeta - a}{\zeta - \bar{a}}$ 将上半平面$\text{Im}(\zeta) > 0$ 映射成单位圆$|w| < 1$. 因此，所求的映射为

$$w = k\frac{e^z - a}{e^z - \bar{a}}.$$

例6.13 求把带形域$a < \text{Re}(z) < b$ 映射成上半平面$\text{Im}(w) > 0$ 的一个映射.

解 带形域$a < \text{Re}(z) < b$经过平行、伸缩及旋转变换得到

$$\zeta = \frac{\pi i}{b - a}(z - a).$$

此映射将竖直带型域映射成水平带形域$0 < \text{Im}(\zeta) < \pi$.再由指数函数映射$w = e^\zeta$，把带形域$0 < \text{Im}(\zeta) < \pi$ 映射成上半平面$\text{Im}(w) > 0$.

因此所求的映射为

$$w = e^{\frac{\pi i}{b - a}(z - a)}.$$

小结

1.解析函数导数的几何意义

设$w = f(z)$为区域D内的解析函数，z_0为D内一点.

(1) 导数的辐角的几何意义：若$f'(z_0) \neq 0$，辐角$\arg f'(z_0)$是曲线C经过$w = f(z)$映射后在z_0处的转动角. 它的大小与方向跟曲线C的形状与方向无关. 即映射$w = f(z)$具有转动角的不变性.

(2) 导数的模的几何意义：$|f'(z_0)|$是经过映射$w = f(z)$后通过z_0的任何曲线C在z_0的伸缩率，它与曲线C的形状与方向无关，即映射$w = f(z)$具有伸缩率的不变性.

2.保角映射与共形映射的概念

保角性：设$w = f(z)$为区域D内的解析函数，z_0为D内一点，如果$f'(z_0) \neq 0$，通过z_0的任何两条曲线C_1与C_2之间的夹角，在其大小和方向上都等同于经过$w = f(z)$映射后跟C_1与C_2对应的曲线Γ_1与Γ_2之间的夹角，即映射$w = f(z)$具有保持两曲线间夹角的大小和方向不变的性质，称为保角性.

保角映射：设函数$w = f(z)$在z_0的邻域内有定义，且在z_0具有保角性和伸缩率的不变性，那么称映射在z_0是第一类保角映射. 如果函数$w = f(z)$在z_0具有伸

缩率不变性和保持曲线的夹角大小不变但方向相反，那么称映射$w = f(z)$在z_0是第二类保角映射.

共形映射：设函数$w = f(z)$在z_0是第一类保角映射，且在z_0的邻域内是一一映射，那么称映射$w = f(z)$在z_0是第一类共形映射. 如果函数$w = f(z)$在z_0是第二类保角映射，且在z_0的邻域内是一一映射，那么称映射$w = f(z)$在z_0是第二类共形映射.

3.分式线性映射的定义及分解

分式线性映射是共形映射中比较简单但又很重要的一类映射，定义为

$$w = \frac{az + b}{cz + d},$$

其中，a，b，c，d均为常数且满足$ad - bc \neq 0$. 它可以由以下三类映射复合而成.

(1)平移变换$\zeta = z + b$：在几何上表示z沿向量$\boldsymbol{b}$的方向平行移动距离$|b|$后，得到w.

(2)旋转与伸缩变换$\eta = a\zeta$：在几何上表示把z先转一个角度$\arg a$，再将$|z|$伸长(或缩短)到$|a|$倍后，就得到w.

(3)反演变换$w = \dfrac{1}{z}$：在几何上表示先求z关于单位圆周的对称点w_1，再求w_1关于实轴的对称点w.

由于它们在扩充平面上都是一一对应，且具有保角性、保圆性、保对称性，所以，分式线性映射也具有保角性、保圆性与保对称性.

4.分式线性映射的确定

分式线性映射可用三对相异的对应点唯一确定.设三个相异点z_1，z_2，z_3对应于三个相异点w_1，w_2，w_3，则就唯一确定一个分式线性映射：

$$\frac{w - w_1}{w - w_2} \cdot \frac{w_3 - w_2}{w_3 - w_1} = \frac{z - z_1}{z - z_2} \cdot \frac{z_3 - z_2}{z_3 - z_1}.$$

5.三类典型的分式线性映射

(1) 上半平面映射成上半平面的分式线性映射：它的形式是

$$w = \frac{az + b}{cz + d},$$

其中，a，b，c，d都为实常数，且$ad - bc > 0$.

(2)上半平面映射成单位圆域的分式线性映射：它的形式是

$$w = \mathrm{e}^{\mathrm{i}\theta}\left(\frac{z - a}{z + \bar{a}}\right),$$

其中，θ为实数，a为上半平面内映射成圆心$w = 0$的点.

(3)单位圆域映射成单位圆域的分式线性映射：它的形式是

$$w = \mathrm{e}^{\mathrm{i}\theta}\left(\frac{z-a}{1-\bar{a}z}\right), \ |\alpha| < 1,$$

其中，θ 为实数，a 为单位圆域 $|z| < 1$ 内的任意一点.

6.几个初等函数所构成的映射

(1) 幂函数 $w = z^n(n \geqslant 2, n$ 为正整数)映射的特点：把以原点为顶点的角形域映射成以原点为顶点的角形域，但张角的角度变成了原来的 n 倍.

(2) 指数函数 $w = \mathrm{e}^z$ 映射的特点：把水平的带形域 $0 < \mathrm{Im}(z) < h(0 < h < 2\pi)$ 映射成角形域 $0 < \arg w < h$.

共形映射主要研究两类问题：一类是已知区域及定义在区域上的函数，求其映射后的区域及函数的共形问题；一类是已知两个区域，求它们之间的共形映射；其中第二类问题是基本问题.而上半平面和单位圆域是共形映射问题中两个典型的区域，在寻找复杂区域之间的共形映射时，一般先将区域映射成上半平面或单位圆域，再求所要的共形映射，这两个区域是连接区域之间共形映射的纽带.

习题

1. 求 $w = z^2$ 在 $z = \mathrm{i}$ 处的伸缩率和转动角. 问：$w = z^2$ 将经过点 $z = \mathrm{i}$ 且平行于实轴正向的曲线的切线方向映射成 w 平面上哪一个方向？并作图.

2. 一个解析函数所构成的映射在什么条件下具有伸缩率和转动角的不变性？映射 $w = z^2$ 在 z 平面上每一点都具有这个性质吗？

3. 设 $w = f(z)$ 在 z_0 解析，且 $f'(z_0) \neq 0$. 为什么说：曲线 C 经过映射 $w = f(z)$ 后在 z_0 的转动角与伸缩率跟曲线 C 的形状和方向无关？

4. 在映射 $w = \mathrm{i}z$ 下，下列图形映射成什么图形？

(1) 以 $z_1 = \mathrm{i}$, $z_2 = -1$, $z_3 = 1$ 为顶点的三角形；

(2) 圆域 $|z - 1| \leqslant 1$.

5. 证明：映射 $w = z + \dfrac{1}{z}$ 把圆周 $|z| = c$ 映射成椭圆：

$$u = \left(c + \frac{1}{c}\right)\cos\theta, \ v = \left(c - \frac{1}{c}\right)\sin\theta.$$

6. 证明：在映射 $w = \mathrm{e}^{\mathrm{i}z}$ 下，互相正交的直线族 $\mathrm{Re}(z) = c_1$ 与 $\mathrm{Im}(z) = c_2$ 依次映射成互相正交的直线族 $v = u\tan c_1$ 与圆族 $u^2 + v^2 = \mathrm{e}^{-2c_2}$.

7. 映射 $w = z^2$ 把上半个圆域 $|z| < R$, $\mathrm{Im}(z) > 0$ 映射成什么？

8. 下列区域在指定的映射下映射成什么?

(1) $\mathrm{Re}(z) > 0$, $w = \mathrm{i}z + \mathrm{i}$;

(2) $\mathrm{Im}(z) > 0$, $w = (1 + \mathrm{i})z$;

(3) $0 < \mathrm{Im}(z) < \dfrac{1}{2}$, $w = \dfrac{1}{z}$;

(4) $\mathrm{Re}(z) > 1$, $\mathrm{Im}(z) > 0$, $w = \dfrac{1}{z}$;

(5) $\mathrm{Re}(z) > 0$, $0 < \mathrm{Im}(z) < 1$, $w = \dfrac{\mathrm{i}}{z}$.

9. 如果分式线性映射 $w = \dfrac{az + b}{cz + d}$ 将上半平面$\mathrm{Im}(z) > 0$分别映射成下列平面,那么它们的系数应满足什么条件?

(1) 映射成上半平面$\mathrm{Im}(w) > 0$;

(2) 映射成下半平面$\mathrm{Im}(w) < 0$.

10. 如果分式线性映射 $w = \dfrac{az + b}{cz + d}$ 将z平面上的直线映射成w平面上的$|w| < 1$,那么它的系数应满足什么条件?

11. 试证:对任何一个分式线性映射 $w = \dfrac{az + b}{cz + d}$ 都可以认为$ad - bc = 1$.

12. 试求将$|z| < 1$映射成$|w - 1| < 1$的分式线性映射.

13. 设$w = \mathrm{e}^{\mathrm{i}\varphi}\left(\dfrac{z - \alpha}{1 - \bar{\alpha}z}\right)$,试证:$\varphi = \arg w'(\alpha)$.

14. 试求将圆域$|z| < R$映射成圆域$|w| < 1$的分式线性映射.

15. 求把上半平面$\mathrm{Im}(z) > 0$映射成单位圆$|w| < 1$的分式线性映射$w = f(z)$,并满足条件:

(1) $f(\mathrm{i}) = 0$, $f(-1) = 1$;

(2) $f(\mathrm{i}) = 0$, $\arg f'(\mathrm{i}) = 0$;

(3) $f(1) = 1$, $f(\mathrm{i}) = \dfrac{1}{\sqrt{5}}$.

16. 求把单位圆内部共形映射成单位圆域的分式线性映射,并满足条件:

(1) $f\left(\dfrac{1}{2}\right) = 0$, $f(-1) = 1$;

(2) $f\left(\dfrac{1}{2}\right) = 0$, $\arg f'\left(\dfrac{1}{2}\right) = 0$;

(3) $f\left(\dfrac{1}{2}\right) = 0$, $\arg f'\left(\dfrac{1}{2}\right) = \dfrac{\pi}{2}$;

(4) $f(a) = a$, $\arg f'(a) = \varphi$.

17. 把点$z = 1$, i, $-\mathrm{i}$分别映射成点$w = 1$, 0, -1的分式线性映射把单位圆$|z| < 1$映射成什么?求出这个映射.

18. 求出一个把右半平面$\text{Re}(z) > 0$ 映射成单位圆$|w| < 1$ 的映射.

19. 求映射$w = f(z) = z^2 + 4z$在点$z_0 = -1 + \text{i}$处的伸缩率和旋转角，并说明映射$w = f(z)$将z平面的哪一部分放大，哪一部分缩小.

20. 证明：在映射$w = \text{e}^{\text{i}z}$下，互相正交的直线簇$\text{Re}z = c_1$与$\text{Im}z = c_2$依次映射成互相正交的直线簇$v = u \tan c_1$与圆周簇$u^2 + v^2 = \text{e}^{-2c_2}$.

21. 研究函数$w = (1 + \text{i})z + 2\text{i}$所构成的映射.

22. 求使点-1，i，$1 + \text{i}$映射为下列点的分式线性映射.

(1)0，2i，$1 - \text{i}$；

(2)i，∞，1.

23. 求把点$z_1 = -1$，$z_2 = 0$，$z_3 = 1$分别映射成点$w_1 = -1$，$w_2 = -\text{i}$，$w_3 = 1$的分式线性映射，并研究这一映射将z平面的上半平面映射成什么？将直线x=常数，y=常数(> 0) 映射成什么？

24. 试证明任何一个分式线性变换$w = \dfrac{az + b}{cz + d}$都可以认为$ad - bc = 1$.

25.求出将圆$|z - 4\text{i}| < 2$映射成半平面$v > u$的保角映射，并将圆心映射到-4，而圆周上的点2i映射到$w = 0$.

26.求线性映射，使$|z| = 1$映射成$|w| = 1$，且使$z = 1$，$1 + \text{i}$分别映射成$w = 1$，∞.

27.求线性映射$w = f(z)$，将$|z| < 1$映射为$|w| < 1$，使得$f\left(\dfrac{1}{2}\right) = 0$，$f'\left(\dfrac{1}{2}\right) > 0$.

28.求线性映射$w = f(z)$，把$|z| = 1$映射成$\text{Im}\,w = 1$，使得$f(0) = b + \text{i}(b$为实数$)$.

29.求线性映射$w = f(z)$将$|z| < 1$映射为$|w| < 1$，使得$f\left(\dfrac{1}{2}\right) = \dfrac{\text{i}}{2}$，$f'\left(\dfrac{1}{2}\right) > 0$.

30.求z平面上的区域$D = \{z\,|\,z - 1| < \sqrt{2}, |z + 1| < \sqrt{2}\}$在映射$w = \dfrac{z - \text{i}}{z + \text{i}}$下的像.

31.试问在$w = f(z) = \dfrac{z - \sqrt{3} - \text{i}}{z + \sqrt{3} - \text{i}}$映射下，区域$\text{Im}\,z > 1$，$|z| < 2$的像在$w$平面上是怎样的点集？

32.求将偏向圆环$|z - 3| > 9$，$|z - 8| < 16$映射到同心圆环$\rho < |w| < 1$的分式线性映射，并求ρ的值.

33.求一个把角形域 $-\dfrac{\pi}{6} < \arg z < \dfrac{\pi}{6}$ 映射成单位圆域的映射.

34.试将单位圆的外部区域 $|z| > 1$ 映射为全平面去掉 $-1 \leqslant \mathrm{Re}w \leqslant 1$, $\mathrm{Im}w = 0$ 的区域.

35.将扩充 z 平面割去 $1 + \mathrm{i}$ 到 $2 + 2\mathrm{i}$ 的线段后剩下的区域保角映射到上半平面.

36.求将 z 平面上的区域 $D = \{z : |z| < 1, |z + \sqrt{3}| > 2\}$ 映射为 w 平面上的单位圆域的一个保角映射.

37.设区域 D 是 z 平面上介于直线 $x - y = 0$ 与 $x - y + \dfrac{\pi}{2\sqrt{2}} = 0$ 之间的带形区域,试求将区域 D 映射为 w 平面上的单位圆域的一个保角映射.

38.试将半带形域 $-\dfrac{\pi}{2} < x < \dfrac{\pi}{2}$, $y > 0$ 映射为上半平面,并使 $f\left(\pm\dfrac{\pi}{2}\right) = \pm 1$, $f(0) = 0$.

第7章 Fourier 变换

积分变换是高等学校理工科专业学生必要的数学工具，应用非常广泛，为后续课程的学习和工程技术的应用打下重要的理论基础.Fourier变换和Laplace变换是积分变换中常用的两类变换，主要适用于求解微分方程或积分方程，将微分积分方程转化为更容易求解的代数方程，从而获得问题的解答.积分变换的理论和方法不仅在数学的许多分支中有着广泛的应用，而且在其他自然科学和各种工程技术领域中已成为不可或缺的数学工具.本章主要介绍Fourier变换的由来、概念与频谱介绍、性质、卷积及应用.

7.1 Fourier变换的由来

在学习Fourier级数的时候，已知一个以T为周期的函数$f_T(t)$，如果在$\left[-\dfrac{T}{2}, \dfrac{T}{2}\right]$上满足狄利克雷(Dirichlet) 条件，即函数在$\left[-\dfrac{T}{2}, \dfrac{T}{2}\right]$上满足：

(1)连续或只有有限个第一类间断点；

(2)只有有限个极值点.

那么在$\left[-\dfrac{T}{2}, \dfrac{T}{2}\right]$上就可以展成Fourier级数，在$f_T(t)$的连续点处，级数的三角形式为

$$f_T(t) = \frac{a_0}{2} + \sum_{n=1}^{\infty}(a_n \cos n\omega t + b_n \sin n\omega t), \tag{7-1}$$

其中

$$\omega = \frac{2\pi}{T},$$

$$a_0 = \frac{2}{T}\int_{-\frac{T}{2}}^{\frac{T}{2}} f_T(t)\mathrm{d}t,$$

$$a_n = \frac{2}{T}\int_{-\frac{T}{2}}^{\frac{T}{2}} f_T(t)\cos n\omega t \mathrm{d}t, \ n=1, \ 2, \ 3, \ \cdots,$$

$$b_n = \frac{2}{T}\int_{-\frac{T}{2}}^{\frac{T}{2}} f_T(t)\sin n\omega t \mathrm{d}t, \ n=1, \ 2, \ 3, \ \cdots.$$

为了今后应用上的方便，下面把Fourier级数的三角形式转换为复指数形式.为了和工程上吻合，本章和第8章统一用j表示虚数单位，利用欧拉(Euler) 公式

$$\cos\varphi = \frac{\mathrm{e}^{\mathrm{j}\varphi} + \mathrm{e}^{-\mathrm{j}\varphi}}{2},$$

$$\sin\varphi = \frac{\mathrm{e}^{\mathrm{j}\varphi} - \mathrm{e}^{-\mathrm{j}\varphi}}{2\mathrm{j}} = -\mathrm{j}\frac{\mathrm{e}^{\mathrm{j}\varphi} - \mathrm{e}^{-\mathrm{j}\varphi}}{2},$$

此时，式(7-1)可写为

$$f_T(t) = \frac{a_0}{2} + \sum_{n=1}^{\infty} \left(a_n \frac{e^{jn\omega t} + e^{-jn\omega t}}{2} + b_n \frac{e^{jn\omega t} - e^{-jn\omega t}}{2j} \right)$$

$$= \frac{a_0}{2} + \sum_{n=1}^{\infty} \left(\frac{a_n - jb_n}{2} e^{jn\omega t} \frac{a_n + jb_n}{2} e^{-jn\omega t} \right).$$

如果令

$$c_0 = \frac{a_0}{2} = \frac{1}{T} \int_{-\frac{T}{2}}^{\frac{T}{2}} f_T(t) dt,$$

$$c_n = \frac{a_n - jb_n}{2}$$

$$= \frac{1}{T} \left[\int_{-\frac{T}{2}}^{\frac{T}{2}} f_T(t) \cos n\omega t dt - j \int_{-\frac{T}{2}}^{\frac{T}{2}} f_T(t) \sin n\omega t dt \right]$$

$$= \frac{1}{T} \int_{-\frac{T}{2}}^{\frac{T}{2}} f_T(t) (\cos n\omega t - j \sin n\omega t) dt$$

$$= \frac{1}{T} \int_{-\frac{T}{2}}^{\frac{T}{2}} f_T(t) e^{-jn\omega t} dt, \ n = 1, \ 2, \ 3, \ \cdots,$$

$$c_{-n} = \frac{a_n + jb_n}{2} = \frac{1}{T} \int_{-\frac{T}{2}}^{\frac{T}{2}} f_T(t) e^{jn\omega t} dt, \ n = 1, \ 2, \ 3, \ \cdots,$$

而它们可以合写成一个式子

$$c_n = \frac{1}{T} \int_{-\frac{T}{2}}^{\frac{T}{2}} f_T(t) e^{-jn\omega t} dt, \ n = 0, \ \pm 1, \ \pm 2, \ \cdots.$$

若令

$$\omega_n = n\omega, \ n = 0, \ \pm 1, \ \pm 2, \ \cdots,$$

则式(7-1)可以写为

$$f_T(t) = c_0 + \sum_{n=1}^{\infty} (c_n e^{j\omega_n t} + c_{-n} e^{-j\omega_n t})$$

$$= \sum_{n=-\infty}^{+\infty} c_n e^{j\omega_n t},$$

这就是Fourier级数的复指数形式，或者写为

$$f_T(t) = \frac{1}{T} \sum_{n=-\infty}^{+\infty} \left[\int_{-\frac{T}{2}}^{\frac{T}{2}} f_T(\tau) e^{-j\omega_n \tau} d\tau \right] e^{-j\omega_n t}. \tag{7-2}$$

下面来讨论非周期函数的展开问题.任何一个非周期函数 $f(t)$ 都可以看成是由某个周期函数 $f_T(t)$，使其在 $\left[-\frac{T}{2}, \ \frac{T}{2} \right)$ 之内等于 $f(t)$，而在 $\left[-\frac{T}{2}, \ \frac{T}{2} \right)$ 之外按周期 T 延拓到整个数轴上.很明显，T 越大，$f_T(t)$ 与 $f(t)$ 相等的范围越大，这表明当 $T \to \infty$ 时，周期函数 $f_T(t)$ 便可转化为 $f(t)$.

在式(7-2)中令$T \to \infty$，结果就可以看成是$f(t)$的展开式，即

$$f_T(t) = \lim_{T \to +\infty} \frac{1}{T} \sum_{n=-\infty}^{+\infty} \left[\int_{-\frac{T}{2}}^{\frac{T}{2}} f_T(\tau) \mathrm{e}^{-\mathrm{j}\omega_n \tau} \mathrm{d}\tau \right] \mathrm{e}^{\mathrm{j}\omega_n t}.$$

当n取一切整数时，ω_n所对应的点便均匀地分布在整个数轴上.若两个相邻点的距离以$\Delta\omega_n$表示，即

$$\Delta\omega_n = \omega_n - \omega_{n-1} = \frac{2\pi}{T}, \ T = \frac{2\pi}{\Delta\omega_n},$$

则当$T \to +\infty$时，有$\Delta\omega_n \to 0$，所以上式又可以写为

$$f_T(t) = \lim_{\Delta\omega_n \to 0} \frac{1}{2\pi} \sum_{n=-\infty}^{+\infty} \left[\int_{-\frac{T}{2}}^{\frac{T}{2}} f_T(\tau) \mathrm{e}^{-\mathrm{j}\omega_n \tau} \mathrm{d}\tau \right] \mathrm{e}^{\mathrm{j}\omega_n t} \Delta\omega_n. \tag{7-3}$$

当t固定时，$\dfrac{1}{2\pi} \left[\displaystyle\int_{-\frac{T}{2}}^{\frac{T}{2}} f_T(\tau) \mathrm{e}^{-\mathrm{j}\omega_n \tau} \mathrm{d}\tau \right] \mathrm{e}^{\mathrm{j}\omega_n t}$ 是参数ω_n的函数，记为$\Phi_T(\omega_n)$，即

$$\Phi_T(\omega_n) = \frac{1}{2\pi} \left[\int_{-\frac{T}{2}}^{\frac{T}{2}} f_T(\tau) \mathrm{e}^{-\mathrm{j}\omega_n \tau} \mathrm{d}\tau \right] \mathrm{e}^{\mathrm{j}\omega_n t}.$$

利用$\Phi_T(\omega_n)$可将式(7-3)写为

$$f(t) = \lim_{\Delta\omega_n \to 0} \sum_{n=-\infty}^{+\infty} \Phi_T(\omega_n) \Delta\omega_n,$$

很明显，当$\Delta\omega_n \to 0$，即$T \to \infty$时，$\Phi_T(\omega_n) \to \Phi(\omega_n)$，这里

$$\Phi(\omega_n) = \frac{1}{2\pi} \left[\int_{-\infty}^{+\infty} f(\tau) \mathrm{e}^{-\mathrm{j}\omega_n \tau} \mathrm{d}\tau \right] \mathrm{e}^{\mathrm{j}\omega_n t}.$$

从而$f(t)$可以看作$\Phi(\omega_n)$在$(-\infty, +\infty)$上的积分

$$f(t) = \int_{-\infty}^{+\infty} \Phi(\omega_n) \mathrm{d}\omega_n,$$

即

$$f(t) = \int_{-\infty}^{+\infty} \Phi(\omega) \mathrm{d}\omega,$$

亦即

$$f(t) = \frac{1}{2\pi} \int_{-\infty}^{+\infty} \left[\int_{-\infty}^{+\infty} f(\tau) \mathrm{e}^{-\mathrm{j}\omega\tau} \mathrm{d}\tau \right] \mathrm{e}^{\mathrm{j}\omega t} \mathrm{d}\omega.$$

这个公式称为函数$f(t)$的Fourier积分公式.应该指出，上式只是由式(7-3)的右端从形式上推出来的，是不严格的.至于一个非周期函数$f(t)$在什么条件下，可以用Fourier积分公式来表示，有下面的收敛定理.

Fourier积分定理　若$f(t)$在$(-\infty, +\infty)$上满足下列条件：

(1)$f(t)$在任一有限区间上满足Dirichlet条件；

(2)$f(t)$在无限区间$(-\infty, +\infty)$上绝对可积（即积分$\int_{-\infty}^{+\infty} |f(t)|\mathrm{d}t$ 收敛），则有

$$f(t) = \frac{1}{2\pi}\int_{-\infty}^{+\infty}\left[\int_{-\infty}^{+\infty} f(\tau)\mathrm{e}^{-\mathrm{j}\omega\tau}\mathrm{d}\tau\right]\mathrm{e}^{\mathrm{j}\omega t}\mathrm{d}\omega \tag{7-4}$$

成立，而式(7-4)左端的$f(t)$在它的间断点t处，应以$\dfrac{f(t+0)+f(t-0)}{2}$来代替.这个定理的条件是充分的，它的证明要用到较多的基础理论，这里从略.

式(7-4)是$f(t)$的Fourier积分公式的复数形式，利用Euler公式，可将它转化为三角形式.因为

$$\begin{aligned}
f(t) &= \frac{1}{2\pi}\int_{-\infty}^{+\infty}\left[\int_{-\infty}^{+\infty} f(\tau)\mathrm{e}^{-\mathrm{j}\omega\tau}\mathrm{d}\tau\right]\mathrm{e}^{\mathrm{j}\omega t}\mathrm{d}\omega \\
&= \frac{1}{2\pi}\int_{-\infty}^{+\infty}\left[\int_{-\infty}^{+\infty} f(\tau)\mathrm{e}^{\mathrm{j}\omega(t-\tau)}\mathrm{d}\tau\right]\mathrm{d}\omega \\
&= \frac{1}{2\pi}\int_{-\infty}^{+\infty}\left[\int_{-\infty}^{+\infty} f(\tau)\cos\omega(t-\tau)\mathrm{d}\tau +\right. \\
&\quad \left. \mathrm{j}\int_{-\infty}^{+\infty} f(\tau)\sin\omega(t-\tau)\mathrm{d}\tau\right]\mathrm{d}\omega,
\end{aligned}$$

考虑到积分$\int_{-\infty}^{+\infty} f(\tau)\sin\omega(t-\tau)\mathrm{d}\tau$是$\omega$的奇函数，就有

$$\int_{-\infty}^{+\infty}\left[\int_{-\infty}^{+\infty} f(\tau)\sin\omega(t-\tau)\mathrm{d}\tau\right]\mathrm{d}\omega = 0,$$

从而

$$f(t) = \frac{1}{2\pi}\int_{-\infty}^{+\infty}\left[\int_{-\infty}^{+\infty} f(\tau)\cos\omega(t-\tau)\mathrm{d}\tau\right]\mathrm{d}\omega. \tag{7-5}$$

又考虑到积分

$$\int_{-\infty}^{+\infty} f(\tau)\cos\omega(t-\tau)\mathrm{d}\tau$$

是ω的偶函数，式(7-5)可写为

$$f(t) = \frac{1}{\pi}\int_{0}^{+\infty}\left[\int_{-\infty}^{+\infty} f(\tau)\cos\omega(t-\tau)\mathrm{d}\tau\right]\mathrm{d}\omega. \tag{7-6}$$

这便是$f(t)$的Fourier积分公式的三角形式.

在实际应用中，常常要考虑奇函数和偶函数的Fourier积分公式.当$f(t)$为奇函数时，利用三角函数的和差公式，式(7-6)可写为

$$f(t) = \frac{1}{\pi}\int_{0}^{+\infty}\left[\int_{-\infty}^{+\infty} f(\tau)(\cos\omega t\cos\omega\tau + \sin\omega t\sin\omega\tau)\mathrm{d}\tau\right]\mathrm{d}\omega.$$

由于$f(t)$为奇函数，故$f(\tau)\cos\omega\tau$和$f(\tau)\sin\omega\tau$分别是关于τ的奇函数和偶函数.因此

$$f(t) = \frac{2}{\pi}\int_{0}^{+\infty}\left[\int_{0}^{+\infty} f(\tau)\sin\omega\tau\mathrm{d}\tau\right]\sin\omega t\mathrm{d}\omega. \tag{7-7}$$

当$f(t)$为偶函数时，同理可得

$$f(t) = \frac{2}{\pi} \int_0^{+\infty} \left[\int_0^{+\infty} f(\tau) \cos \omega \tau \mathrm{d}\tau \right] \cos \omega t \mathrm{d}\omega. \tag{7-8}$$

它们分别称为Fourier正弦积分公式和Fourier余弦积分公式.

特别地，如果$f(t)$仅在$(0, +\infty)$上有定义，且满足Fourier积分存在定理的条件，那么可以采用类似于Fourier级数中的奇延拓或偶延拓的方法，得到$f(t)$相应的Fourier正弦积分展开式或Fourier余弦积分展开式.

例7.1 求函数$f(t) = \begin{cases} 1, & |t| \leqslant 1, \\ 0, & \text{其他}. \end{cases}$ 的Fourier积分表达式.

解 根据Fourier积分公式的复数形式(7-4)，有

$$\begin{aligned} f(t) &= \frac{1}{2\pi} \int_{-\infty}^{+\infty} \left[\int_{-\infty}^{+\infty} f(\tau) \mathrm{e}^{-\mathrm{j}\omega\tau} \mathrm{d}\tau \right] \mathrm{e}^{\mathrm{j}\omega t} \mathrm{d}\omega \\ &= \frac{1}{2\pi} \int_{-\infty}^{+\infty} \left[\int_{-1}^{1} (\cos \omega\tau - \mathrm{j} \sin \omega\tau) \mathrm{d}\tau \right] \mathrm{e}^{\mathrm{j}\omega t} \mathrm{d}\omega \\ &= \frac{1}{\pi} \int_{-\infty}^{+\infty} \left(\int_0^1 \cos \omega\tau \mathrm{d}\tau \right) \mathrm{e}^{\mathrm{j}\omega t} \mathrm{d}\omega \\ &= \frac{1}{\pi} \int_{-\infty}^{+\infty} \frac{\sin \omega}{\omega} (\cos \omega t + \mathrm{j} \sin \omega t) \mathrm{d}\omega \\ &= \frac{2}{\pi} \int_0^{+\infty} \frac{\sin \omega \cos \omega t}{\omega} \mathrm{d}\omega, \quad t \neq \pm 1, \end{aligned}$$

当$t \neq \pm 1$时，$f(t)$ 应以$\dfrac{f(\pm 1 + 0) + f(\pm 1 - 0)}{2} = \dfrac{1}{2}$ 代替.

可以根据Fourier积分公式的三角形式(7-6)来计算.事实上，这里$f(t)$为偶函数，还可以根据Fourier余弦积分公式获得结果.读者不妨计算和比较一下.

根据上述的结果，可以写为

$$\frac{2}{\pi} \int_0^{+\infty} \frac{\sin \omega \cos \omega t}{\omega} \mathrm{d}\omega = \begin{cases} f(t), & t \neq \pm 1, \\ \dfrac{1}{2}, & t = \pm 1. \end{cases}$$

即

$$\int_0^{+\infty} \frac{\sin \omega \cos \omega t}{\omega} \mathrm{d}\omega = \begin{cases} \dfrac{\pi}{2}, & |t| < 1, \\ \dfrac{\pi}{4}, & |t| = 1, \\ 0, & |t| > 1. \end{cases}$$

据此也可看出，利用Fourier 积分表达式可以推证一些反常积分的结果.这里，当$t = 0$时，有

$$\int_0^{+\infty} \frac{\sin \omega}{\omega} \mathrm{d}\omega = \frac{\pi}{2},$$

这就是著名的狄利克雷(Dirichlet)积分.

例7.2 求函数 $f(t) = \begin{cases} 1, & 0 \leqslant t \leqslant 1, \\ 0, & t > 1. \end{cases}$ 的Fourier积分表达式.

解 可以根据Fourier积分公式的复数形式(7-4)或三角形式(7-6)来计算，但为了方便也可以对函数 $f(t)$ 进行偶延拓，即补充函数 $f(t)$ 在 $(-\infty, 0)$ 上的定义，使得 $f(t)$ 在 $(-\infty, +\infty)$ 上成为偶函数，这样可以利用Fourier余弦积分式(7-8)来计算.实际上，这就是例7.1的结果.即

$$\frac{2}{\pi} \int_0^{+\infty} \frac{\sin\omega\cos\omega t}{\omega} \mathrm{d}\omega = \begin{cases} f(t), & t \neq \pm 1, \\ \dfrac{1}{2}, & t = \pm 1. \end{cases}$$

当 $t > 0$ 时，有

$$\frac{2}{\pi} \int_0^{+\infty} \frac{\sin\omega\cos\omega t}{\omega} \mathrm{d}\omega = \begin{cases} f(t), & 0 < t < 1, \\ \dfrac{1}{2}, & t = 1, \\ 0, & t > 1. \end{cases}$$

即

$$\int_0^{+\infty} \frac{\sin\omega\cos\omega t}{\omega} \mathrm{d}\omega = \begin{cases} \dfrac{\pi}{2}, & 0 < t < 1, \\ \dfrac{\pi}{4}, & t = 1, \\ 0, & t > 1. \end{cases}$$

如果对函数 $f(t)$ 进行奇延拓，即补充函数 $f(t)$ 在 $(-\infty, 0)$ 上的定义，使得 $f(t)$ 在 $(-\infty, +\infty)$ 上成为奇函数，这样可以利用Fourier正弦积分式(7-7)来计算，即

$$\begin{aligned} f(t) &= \frac{2}{\pi} \int_0^{+\infty} \left[\int_0^{+\infty} f(\tau)\sin\omega\tau \mathrm{d}\tau \right] \sin\omega t \mathrm{d}\omega \\ &= \frac{2}{\pi} \int_0^{+\infty} \left[\int_0^1 \sin\omega\tau \mathrm{d}\tau \right] \sin\omega t \mathrm{d}\omega \\ &= \frac{2}{\pi} \int_0^{+\infty} \frac{(1-\cos\omega)\sin\omega t}{\omega} \mathrm{d}\omega. \end{aligned}$$

当 $t > 0$ 时，有

$$\frac{2}{\pi} \int_0^{+\infty} \frac{(1-\cos\omega)\sin\omega t}{\omega} \mathrm{d}\omega = \begin{cases} f(t), & 0 < t < 1, \\ \dfrac{1}{2}, & t = 1, \\ 0, & t > 1. \end{cases}$$

即

$$\int_0^{+\infty} \frac{(1-\cos\omega)\sin\omega t}{\omega}\mathrm{d}\omega = \begin{cases} \dfrac{\pi}{2}, & 0 < t < 1, \\[2mm] \dfrac{\pi}{4}, & t = 1, \\[2mm] 0, & t > 1. \end{cases}$$

可以看出，同一函数 $f(t)$ 进行奇延拓和偶延拓，其 Fourier 积分表达式是不相同的，而由此引出的两个反常积分，在 $t > 0$ 时有着相同的积分结果.读者可以自行验证.

7.2　Fourier变换的概念与频谱简介

7.2.1 Fourier变换的定义

定义　若函数 $f(t)$ 在 $(-\infty, +\infty)$ 上满足 Fourier 积分定理的条件，则称函数

$$F(\omega) = \int_{-\infty}^{+\infty} f(t)\mathrm{e}^{-\mathrm{j}\omega t}\mathrm{d}t \tag{7-9}$$

为 $f(t)$ 的 Fourier 变换.而称函数

$$f(t) = \frac{1}{2\pi}\int_{-\infty}^{+\infty} F(\omega)\mathrm{e}^{\mathrm{j}\omega t}\mathrm{d}\omega \tag{7-10}$$

为 $F(\omega)$ 逆变换.

根据定义和式(7-4)可以看出，$f(t)$ 和 $F(\omega)$ 通过指定的积分运算可以相互表达.式(7-9)叫作 $f(t)$ 的 Fourier 变换式.可记为

$$F(\omega) = \mathscr{F}\left[f(t)\right].$$

$F(\omega)$ 叫作 $f(t)$ 的象函数.式(7-10)叫作 $F(\omega)$ 的 Fourier 逆变换式，可记为

$$f(t) = \mathscr{F}^{-1}\left[F(\omega)\right].$$

$f(t)$ 叫作 $F(\omega)$ 的象原函数.

式(7-9)右端的积分运算，叫作取 $f(t)$ 的 Fourier 变换，同样，式(7-10)右端的积分运算，叫作取 $F(\omega)$ 的 Fourier 逆变换.可以说象函数 $F(\omega)$ 和象原函数 $f(t)$ 构成了一个 Fourier 变换对，它们有相同的奇偶性.

当 $f(t)$ 为奇函数时，从式(7-7)出发，则

$$F_s(\omega) = \int_0^{+\infty} f(t)\sin\omega t\mathrm{d}t \tag{7-11}$$

叫作 $f(t)$ 的 Fourier 正弦变换式(简称为正弦变换)，即

$$F_s(\omega) = \mathscr{F}_s[f(t)],$$

而

$$f(t) = \frac{2}{\pi}\int_0^{+\infty} F_s(\omega)\sin\omega t\mathrm{d}\omega \tag{7-12}$$

叫作$F(\omega)$的Fourier正弦逆变换式(简称为正弦逆变换), 即

$$f(t) = \mathscr{F}_s^{-1}\left[F_s(\omega)\right].$$

当$f(t)$为偶函数时, 从式(7-8)出发, 则

$$F_c(\omega) = \int_0^{+\infty} f(t)\cos\omega t\mathrm{d}t \tag{7-13}$$

叫作$f(t)$的Fourier余弦变换式(简称为余弦变换), 即

$$F_c(\omega) = \mathscr{F}_c\left[f(t)\right].$$

而

$$f(t) = \frac{2}{\pi}\int_0^{+\infty} F_c(\omega)\cos\omega t\mathrm{d}\omega \tag{7-14}$$

叫作$F(\omega)$的Fourier 余弦逆变换式(简称为余弦逆变换), 即

$$f(t) = \mathscr{F}_c^{-1}\left[F_c(\omega)\right].$$

显然, 若函数$f(t)$在$(-\infty, +\infty)$上有定义, 且满足Fourier积分定理的条件, 则其象函数$F(\omega)$, $F_s(\omega)$及$F_c(\omega)$之间的关系满足:

当$f(t)$为奇函数时, $F(\omega) = -2\mathrm{j}F_s(\omega)$; 当$f(t)$为偶函数时, $F(\omega) = 2F_c(\omega)$.

如果函数$f(t)$只是在$(0, +\infty)$上有定义（称之为半无限区间上的函数, 或单侧函数）, 且满足Fourier积分定理的条件, 则可以通过奇延拓或偶延拓, 得到$f(t)$的正弦变换或余弦变换.

例7.3 求函数$f(t) = \begin{cases} 0, & t < 0, \\ \mathrm{e}^{-\beta t}, & t \geqslant 0. \end{cases}$的Fourier变换及其积分表达式, 其中$\beta \geqslant 0$.这个$f(t)$叫作指数衰减函数, 是工程技术中常碰到的一个函数.

解 根据式(7-9), 有

$$F(\omega) = \mathscr{F}\left[f(t)\right] = \int_{-\infty}^{+\infty} f(t)\mathrm{e}^{-\mathrm{j}\omega t}\mathrm{d}t$$

$$= \int_0^{+\infty} \mathrm{e}^{-\beta t}\mathrm{e}^{-\mathrm{j}\omega t}\mathrm{d}t = \int_0^{+\infty} \mathrm{e}^{-(\beta t + \mathrm{j}\omega t)}\mathrm{d}t$$

$$= \frac{1}{\beta + \mathrm{j}\omega} = \frac{\beta - \mathrm{j}\omega}{\beta^2 + \omega^2}.$$

这便是指数衰减函数的Fourier变换.下面来求指数衰减函数的积分表达式.

根据式(7-10), 并利用奇偶函数的积分性质, 可得

$$f(t) = \mathscr{F}^{-1}\left[F(\omega)\right] = \frac{1}{2\pi}\int_{-\infty}^{+\infty} F(\omega)\mathrm{e}^{\mathrm{j}\omega t}\mathrm{d}\omega$$

$$= \frac{1}{2\pi}\int_{-\infty}^{+\infty} \frac{\beta - \mathrm{j}\omega}{\beta^2 + \omega^2}\mathrm{e}^{\mathrm{j}\omega t}\mathrm{d}\omega$$

$$= \frac{1}{2\pi}\int_{-\infty}^{+\infty} \frac{\beta\cos\omega t + \omega\sin\omega t}{\beta^2 + \omega^2}\mathrm{d}\omega$$

$$= \frac{1}{\pi} \int_0^{+\infty} \frac{\beta \cos \omega t + \omega \sin \omega t}{\beta^2 + \omega^2} \mathrm{d}\omega.$$

由此便得到一个含参量反常积分的结果：

$$\int_0^{+\infty} \frac{\beta \cos \omega t + \omega \sin \omega t}{\beta^2 + \omega^2} \mathrm{d}\omega = \begin{cases} 0, & t < 0, \\ \dfrac{\pi}{2}, & t = 0, \\ \pi \mathrm{e}^{-\beta t}, & t > 0. \end{cases}$$

例7.4 求函数 $f(t) = A\mathrm{e}^{-\beta t^2}$ 的Fourier变换及其积分表达式，其中 $A > 0$，$\beta > 0$.这个函数叫作钟形脉冲函数，也是工程技术中常碰到的一个函数.

解 根据式(7-9)，有

$$F(\omega) = \mathcal{F}[f(t)] = \int_{-\infty}^{+\infty} f(t)\mathrm{e}^{-\mathrm{j}\omega t}\mathrm{d}t = A \int_{-\infty}^{+\infty} \mathrm{e}^{-\beta\left(t^2 + \frac{\mathrm{j}\omega}{\beta}t\right)}\mathrm{d}t$$

$$= A\mathrm{e}^{-\frac{\omega^2}{2\beta}} \int_{-\infty}^{+\infty} \mathrm{e}^{-\beta\left(t + \frac{\mathrm{j}\omega}{2\beta}\right)^2}\mathrm{d}t.$$

如令 $t + \dfrac{\mathrm{j}\omega}{2\beta} = s$，上式为一复变函数的积分，即

$$\int_{-\infty}^{+\infty} \mathrm{e}^{-\beta(t + \frac{\mathrm{j}\omega}{2\beta})^2}\mathrm{d}t = \int_{-\infty + \frac{\mathrm{j}\omega}{2\beta}}^{+\infty + \frac{\mathrm{j}\omega}{2\beta}} \mathrm{e}^{-\beta s^2}\mathrm{d}s.$$

由于函数 $\mathrm{e}^{-\beta s^2}$ 为复平面 s 上的解析函数，如果取如图7-1所示的闭曲线 l：矩形 $ABCDA$，按柯西积分定理，有

$$\oint_l \mathrm{e}^{-\beta s^2}\mathrm{d}s = 0,$$

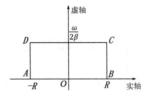

图 7-1 积分路径

即

$$\left(\int_{l_{AB}} + \int_{l_{BC}} + \int_{l_{CD}} + \int_{l_{DA}} \right) \mathrm{e}^{-\beta s^2}\mathrm{d}s = 0,$$

其中，当 $R \to +\infty$ 时，有

$$\int_{l_{AB}} \mathrm{e}^{-\beta s^2}\mathrm{d}s = \int_{-R}^{+R} \mathrm{e}^{-\beta t^2}\mathrm{d}t \to \int_{-\infty}^{\infty} \mathrm{e}^{-\beta t^2}\mathrm{d}t = \sqrt{\frac{\pi}{\beta}},$$

$$\left| \int_{l_{BC}} e^{-\beta s^2} ds \right| = \left| \int_R^{R+\frac{j\omega}{2\beta}} e^{-\beta s^2} ds \right|$$

$$= \left| \int_0^{\frac{\omega}{2\beta}} e^{-\beta(R+ju)^2} d(R+ju) \right|$$

$$\leqslant e^{-\beta R^2} \int_0^{\frac{\omega}{2\beta}} \left| e^{\beta u^2 - 2R\beta uj} \right| du$$

$$= e^{-\beta R^2} \int_0^{\frac{\omega}{2\beta}} e^{\beta u^2} du \to 0.$$

同理，当 $R \to +\infty$ 时，$\left| \int_{l_{DA}} e^{-\beta s^2} ds \right| \to 0$. 从而，当 $R \to +\infty$ 时，有

$$\int_{l_{BC}} e^{-\beta s^2} ds \to 0, \quad \int_{l_{DA}} e^{-\beta s^2} ds \to 0.$$

由此可知

$$\lim_{R \to +\infty} \int_{l_{CD}} e^{-\beta s^2} ds + \sqrt{\frac{\pi}{\beta}} = \lim_{R \to +\infty} \left(-\int_{l_{DC}} e^{-\beta s^2} ds \right) + \sqrt{\frac{\pi}{\beta}} = 0,$$

即

$$\int_{-\infty+\frac{j\omega}{2\beta}}^{+\infty+\frac{j\omega}{2\beta}} e^{-\beta s^2} ds = \sqrt{\frac{\pi}{\beta}}.$$

因此，钟形脉冲函数的Fourier变换为

$$F(\omega) = \sqrt{\frac{\pi}{\beta}} A e^{-\frac{\omega^2}{4\beta}}.$$

下面来求钟形脉冲函数的积分表达式. 根据式(7-10)，并利用奇偶函数的积分性质，可得

$$f(t) = \mathcal{F}^{-1}[F(\omega)]$$

$$= \frac{1}{2\pi} \int_{-\infty}^{+\infty} F(\omega) e^{j\omega t} d\omega$$

$$= \frac{1}{2\pi} \sqrt{\frac{\pi}{\beta}} A \int_{-\infty}^{+\infty} e^{-\frac{\omega^2}{4\beta}} (\cos \omega t + j \sin \omega t) d\omega$$

$$= \frac{A}{\sqrt{\pi\beta}} \int_0^{+\infty} e^{-\frac{\omega^2}{4\beta}} \cos \omega t d\omega.$$

由此还可得到一个含参量反常积分的结果：

$$\int_0^{+\infty} e^{-\frac{\omega^2}{4\beta}} \cos \omega t d\omega = \frac{\sqrt{\pi\beta}}{A} f(t) = \sqrt{\pi\beta} e^{-\beta t^2}.$$

例7.5 求函数 $f(t) = \begin{cases} \sin t, & 0 < t \leqslant \pi, \\ 0, & t > \pi. \end{cases}$ 的正弦变换和余弦变换.

解 根据式(7-11)，$f(t)$ 的正弦变换为

$$F_s(\omega) = \mathcal{F}_s[f(t)]$$

$$= \int_0^{+\infty} f(t) \sin \omega t \mathrm{d}t = \frac{\sin \omega\pi}{1 - \omega^2}$$

根据式(7-13)，$f(t)$ 的余弦变换为

$$F_c(\omega) = \mathscr{F}_c[f(t)]$$
$$= \int_0^{+\infty} f(t) \cos \omega t \mathrm{d}t = \frac{1 + \cos \omega\pi}{1 - \omega^2},$$

可以发现，在半无限区间的同一函数$f(t)$，其正弦变换和余弦变换的结果是不同的.这一结论对7.1节中的例7.2也同样成立，函数$f(t) = \begin{cases} 1, & 0 < t \leqslant 1, \\ 0, & t > 1. \end{cases}$ 的

正弦变换和余弦变换分别为$F_s(\omega) = \dfrac{1 - \cos \omega}{\omega}$和$F_c(\omega) = \dfrac{\sin \omega}{\omega}$.

7.2.2 非周期函数的频谱

Fourier变换和频谱概念有着非常密切的关系.随着无线电技术、声学、振动学的蓬勃发展，频谱理论也相应地得到了发展，它的应用也越来越广泛.这里只能简单地介绍一下频谱的基本概念，至于它的进一步理论和应用，留待有关专业课程再作详细的讨论.

在Fourier级数的理论中，已知，对于以T为周期的非正弦函数$f_T(t)$，它的第n次谐波$\omega_n = n\omega = \dfrac{2n\pi}{T}$，

$$a_n \cos \omega_n t + b_n \sin \omega_n t = A_n = \sqrt{a_n^2 + b_n^2}.$$

而在复值数形式中，第n次谐波为

$$c_n \mathrm{e}^{\mathrm{j}\omega_n t} + c_{-n} \mathrm{e}^{-\mathrm{j}\omega_n t},$$

其中

$$c_n = \frac{a_n - \mathrm{j}b_n}{2}, \quad c_{-n} = \frac{a_n + \mathrm{j}b_n}{2},$$

并且

$$|c_n| = |c_{-n}| = \frac{1}{2}\sqrt{a_n^2 + b_n^2}.$$

所以，以T为周期的非正弦函数$f_T(t)$的第n次谐波的振幅为

$$A_n = 2|c_n|, \quad n = 0, 1, 2, \cdots,$$

它描述了各次谐波的振幅随频率变化的分布情况.所谓频谱图，通常是指频率和振幅的关系图，所以A_n称为$f_T(t)$的振幅频谱(简称为频谱).由于$n = 0, 1, 2, \cdots$，因此频谱A_n的图形是不连续的，称之为离散频谱.它清楚地表明了一个非正弦周期函数包含了哪些频率分量及各分量所占的比例(如振幅的大小).因此频谱图在工程技术中应用比较广泛.

对于非周期函数 $f(t)$，当它满足 Fourier 积分定理中的条件时，则在 $f(t)$ 的连续点处可表示为

$$f(t) = \frac{1}{2\pi} \int_{-\infty}^{+\infty} F(\omega) e^{j\omega t} d\omega,$$

其中

$$F(\omega) = \int_{-\infty}^{+\infty} f(t) e^{-j\omega t} dt$$

为它的 Fourier 变换. 在频谱分析中，Fourier 变换 $F(\omega)$ 又称为频谱函数，而频谱函数的模 $|F(\omega)|$ 称为 $f(t)$ 的振幅频率(亦简称为频谱). 由于 ω 是连续变化的，故称之为连续频谱. 对一个时间函数作 Fourier 变换，就是求这个时间函数的频谱函数.

7.3 单位脉冲函数

在物理和工程技术中，除了指数衰减函数以外，还常常会碰到单位脉冲函数. 有许多物理现象具有脉冲性质，如在电学中，线性电路受具有脉冲性质的电势作用后所产生的电流；在力学中，机械系统受冲击力作用后的运动情况等. 研究此类问题就会产生我们要介绍的单位脉冲函数.

在原来电流为零的电路中，某一瞬时（设为 t=0）进入一单位电量的脉冲，现在要确定电路上的电流 $i(t)$. 以 $q(t)$ 表示上述电路中到时刻 t 为止通过导体截面的电荷函数（即累积电量），则

$$q(t) = \begin{cases} 0, & t \leqslant 0, \\ 1, & t > 0. \end{cases}$$

由于电荷量是电荷函数对时间的变化率，即

$$i(t) = \frac{dq(t)}{dt} = \lim_{\Delta t \to 0} \frac{q(t + \Delta t) - q(t)}{\Delta t}.$$

因此，当 $t \neq 0$ 时，$i(t) = 0$；当 $t = 0$ 时，由于 $q(t)$ 是不连续的，从而在普遍导数的意义下，$q(t)$ 在这一处的导数是不存在的，如果形式地计算这个导数，则得

$$i(0) = \lim_{\Delta t \to 0} \frac{q(0 + \Delta t) - q(0)}{\Delta t} = \lim_{\Delta t \to 0} \frac{1}{\Delta t} = \infty.$$

这就表明，在通常意义下的函数类中找不到一个函数能够用来表示上述电路的电流，为了确定这种电路上的电流，必须引进一个新的函数，这个函数称为单位脉冲函数或称为狄拉克(Dirac)函数，简单地记成 δ 函数. 它是英国物理学家 Dirac 在研究量子力学时首先引入的. 随着 δ 函数在应用上所起的作用逐渐被人们所认识，人们逐渐从数学上去研究它，并建立起称之为广义函数的严格数学理论. 有了这种函数，对于许多集中于一点或一瞬间的量，例如点电荷、点热源、集中于一点的质量以及脉冲技术中的非常窄的脉冲等，就像处理连续分布的量那样，以统一的方式加以解决.

δ 函数是一个广义函数，它没有普通意义下的"函数值"，因此，它不能用通常意义下"值的对应关系"来定义. 在广义函数论中，δ 函数定义为某基本函数空间上的线性连续泛函，但要讲清楚这个定义，需要应用一些超出工科院校工程数学教学大纲范围的知识. 为了方便起见，仅把 δ 函数看作是弱收敛序列的弱极限.

定义 对于任何一个无穷次可微的函数 $f(t)$，如果满足

$$\int_{-\infty}^{+\infty} \delta(t)f(t)\mathrm{d}t = \lim_{\varepsilon \to 0} \int_{-\infty}^{+\infty} \delta_{\varepsilon}(t)f(t)\mathrm{d}t, \tag{7-15}$$

其中，$\delta_{\varepsilon}(t) = \begin{cases} 0, & t < 0, \\ \dfrac{1}{\varepsilon}, & 0 \leqslant t \leqslant \varepsilon, \\ 0, & t > \varepsilon. \end{cases}$ 则称 $\delta_{\varepsilon}(t)$ 的弱极限为 δ 函数.记为 $\delta(t)$，即

$$\delta_{\varepsilon}(t) \xrightarrow[\varepsilon \to 0]{\text{弱}} \delta(t),$$

或简记为 $\lim_{\varepsilon \to 0} \delta_{\varepsilon}(t) = \delta(t)$.

这就表明，δ 函数可以看成一个普通函数序列的弱极限.

$\delta_{\varepsilon}(t)$ 的图形如图7-2所示.对任何 $\varepsilon > 0$，显然有

$$\int_{-\infty}^{+\infty} \delta_{\varepsilon}(t)\mathrm{d}t = \int_{0}^{\varepsilon} \frac{1}{\varepsilon}\mathrm{d}t = 1.$$

按式(7-15)给出的 δ 函数定义，取 $f(t) = 1$ 有

$$\int_{-\infty}^{+\infty} \delta(t)\mathrm{d}t = 1.$$

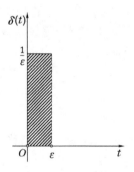

图 7-2 单位脉冲函数

工程上，常将 δ 函数称为单位脉冲函数. 有一些工程书中，将 δ 函数用一个长度等于1的有向线段来表示. 这个线段的长度表示 δ 函数的积分值，称为 δ 函数的强度.

由式(7-15)给出的δ函数的定义，可以推出δ函数的一个重要结果，称为δ函数的筛选性质：

若$f(t)$为无穷次可微的函数，则有

$$\int_{-\infty}^{+\infty} \delta(t)f(t)\mathrm{d}t = f(0). \tag{7-16}$$

事实上，

$$\int_{-\infty}^{+\infty} \delta(t)f(t)\mathrm{d}t = \lim_{\varepsilon \to 0} \int_{-\infty}^{+\infty} \delta_{\varepsilon}(t)f(t)\mathrm{d}t$$

$$= \lim_{\varepsilon \to 0} \int_{0}^{\varepsilon} \frac{1}{\varepsilon}f(t)\mathrm{d}t = \lim_{\varepsilon \to 0} \frac{1}{\varepsilon} \int_{0}^{\varepsilon} f(t)\mathrm{d}t,$$

由于$f(t)$是无穷次可微函数，显然$f(t)$是连续函数，按积分中值定理，有

$$\int_{-\infty}^{+\infty} \delta(t)f(t)\mathrm{d}t = \lim_{\varepsilon \to 0} \frac{1}{\varepsilon} \int_{0}^{\varepsilon} f(t)\mathrm{d}t = \lim_{\varepsilon \to 0} f(\theta\varepsilon),\ 0 < \theta < 1,$$

所以

$$\int_{-\infty}^{+\infty} \delta(t)f(t)\mathrm{d}t = f(0).$$

更一般地，有

$$\int_{-\infty}^{+\infty} \delta(t - t_0)f(t)\mathrm{d}t = f(t_0). \tag{7-17}$$

显然，当$f(t)$为连续函数时，式(7-16)和式(7-17)也都成立. 由δ函数的筛选性质可知，尽管δ函数本身没有普通意义下的函数值，但它与任何一个无穷次可微函数$f(t)$的乘积在$(-\infty,\ +\infty)$上的积分都对应着一个确定的数$f(0)$或$f(t_0)$.因此，在广义函数论中也用式(7-16)或式(7-17)来定义δ函数，即若某一函数与任何一个无穷次可微函数$f(t)$的乘积在$(-\infty,\ +\infty)$上的积分值为$f(0)$或$f(t_0)$，则该函数就称为δ函数. 类似地，还可以定义多维δ 函数.下面给出二维δ函数的定义.
对于任何一个无穷次可微的二次函数$f(x,\ y)$，如果满足

$$\int_{-\infty}^{+\infty} \int_{-\infty}^{+\infty} \delta(x,\ y)f(x,\ y)\mathrm{d}x\mathrm{d}y = \lim_{\varepsilon \to 0} \int_{-\infty}^{+\infty} \int_{-\infty}^{+\infty} \delta_{\varepsilon}(x,\ y)f(x,\ y)\mathrm{d}x\mathrm{d}y,$$

其中，$\delta_{\varepsilon}(x,\ y) = \begin{cases} 0, & x,\ y < 0, \\ \dfrac{1}{\varepsilon^2}, & 0 \leqslant x,\ y \leqslant \varepsilon, \\ 0, & x,\ y > \varepsilon. \end{cases}$　则称$\delta_{\varepsilon}(x,\ y)$的弱极限为二维$\delta$函数.记为$\delta(x,\ y)$.即

$$\delta_{\varepsilon}(x,\ y) \xrightarrow[\varepsilon \to 0]{\text{弱}} \delta(x,\ y),$$

或者简记为

$$\lim_{\varepsilon \to 0} \delta_{\varepsilon}(x,\ y) = \delta(x,\ y).$$

由此定义，可推出二维 δ 函数的一个重要结果，也可称为二维 δ 函数的筛选性质：

若 $f(x, y))$ 为无穷次可微的二元函数，则有

$$\int_{-\infty}^{+\infty}\int_{-\infty}^{+\infty}\delta(x, y)f(x, y)\mathrm{d}x\mathrm{d}y = f(0, 0).$$

一般地，有

$$\int_{-\infty}^{+\infty}\int_{-\infty}^{+\infty}\delta(x - x_0, y - y_0)f(x, y)\mathrm{d}x\mathrm{d}y = f(x_0, y_0).$$

据此，还可以得到一个重要结果，即二维 δ 函数可以看成两个一维 δ 函数的乘积：

$$\delta(x, y) = \delta(x)\delta(y).$$

一般地，有

$$\delta(x - x_0, y - y_0) = \delta(x - x_0)\delta(y - y_0).$$

对于更高维的 δ 函数，上述的概念和相关性质也能类似地推出.

δ 函数除了重要的筛选性质外，还具有下面的性质：

(1) δ 函数是偶函数，即 $\delta(t) = \delta(-t)$.

(2) δ 函数是单位阶跃函数的导数，即

$$\int_{-\infty}^{t}\delta(\tau)\mathrm{d}\tau = u(t), \quad \frac{\mathrm{d}u(t)}{\mathrm{d}t} = \delta(t),$$

其中，$u(t) = \begin{cases} 0, & t < 0, \\ 1, & t > 0. \end{cases}$ 称为单位阶跃函数.

(3) 若 a 为非零实常数，则 $\delta(at) = \dfrac{1}{|a|}\delta(t)$.

(4) 若 $f(t)$ 为无穷次可微的函数，则有

$$\int_{-\infty}^{+\infty}\delta'(t)f(t)\mathrm{d}t = -f'(0),$$

一般地，有

$$\int_{-\infty}^{+\infty}\delta^{(n)}(t)f(t)\mathrm{d}t = (-1)^n f^n(0),$$

更一般地，有

$$\int_{-\infty}^{+\infty}\delta^{(n)}(t - t_0)f(t)\mathrm{d}t = (-1)^n f^n(t_0).$$

它们的证明放在习题中，请读者自己完成.

这里的性质 (4) 可以作为 δ 函数的导数定义，例如若某一函数与任何一个无穷次可微函数 $f(t)$ 的乘积在 $(-\infty, +\infty)$ 上的积分值为 $-f'(0)$，则称该函数

为 δ 函数的导数，即 $\delta'(t)$. 事实上，δ 函数是无穷次可微的广义函数，它的各阶导数 $\delta^{(n)}(t)$，$(n=1,\ 2,\ \cdots)$ 也都是广义函数，利用 δ 型序列的弱极限可以推得 δ 函数的各阶导数.

根据式(7-16)，可以很方便地求出 δ 函数的Fourier变换：

$$F(\omega) = \mathcal{F}\left[\delta(t)\right] = \int_{-\infty}^{+\infty} \delta(t)\mathrm{e}^{-\mathrm{j}\omega t}\mathrm{d}t = \mathrm{e}^{-\mathrm{j}\omega t}\big|_{t=0} = 1.$$

可见，单位脉冲函数 $\delta(t)$ 与常数1构成了一个Fourier变换对. 同理，$\delta(t-t_0)$ 和 $\mathrm{e}^{-\mathrm{j}wt_0}$ 亦构成了一个Fourier变换对.

需要指出的是，为了方便起见，将 δ 的Fourier变换仍旧写成古典定义的形式，所不同的是，此处反常积分是按式(7-15)来定义的，而不是普通意义下的积分值. 所以，$\delta(t)$ 的Fourier变换是一种广义的Fourier 变换. 因此，有关 δ 函数与普通函数乘积的积分运算可以形式地进行分部积分或变量代换，而获得的结论与广义函数论的结论是一致的，例如 δ 函数的 n 阶导数的结果也可以利用分部积分和筛选性质，再通过数学归纳法而获得. 这一点对后面的例子亦是如此.

在物理学和工程技术中，有许多重要函数不满足Fourier积分定理中的绝对可积条件，即不满足条件

$$\int_{-\infty}^{+\infty} |f(t)|\mathrm{d}t < \infty.$$

例如常数、符号函数、单位阶跃函数以及正、余弦函数等，然而它们的广义Fourier变换也是存在的，利用单位脉冲函数及其Fourier变换就可以求出它们的Fourier 变换. 所谓广义是相对古典意义而言的，在广义的意义下，同样可以说，象函数 $F(\omega)$ 和象原函数 $f(t)$ 亦构成一个Fourier变换对. 为了不涉及 δ 函数的较深入的理论，可以通过Fourier 逆变换来推证单位阶跃函数的Fourier变换.

例7.6 证明单位阶跃函数 $u(t) = \begin{cases} 0, & t < 0, \\ 1, & t > 0. \end{cases}$ 的Fourier变换为 $\dfrac{1}{\mathrm{j}\omega} + \pi\delta(\omega)$.

证明 事实上，若 $F(\omega) = \dfrac{1}{\mathrm{j}\omega} + \pi\delta(\omega)$，则按Fourier逆变换可得

$$
\begin{aligned}
f(t) = \mathcal{F}^{-1}\left[F(\omega)\right] &= \frac{1}{2\pi}\int_{-\infty}^{+\infty}\left[\frac{1}{\mathrm{j}\omega} + \pi\delta(\omega)\right]\mathrm{e}^{\mathrm{j}\omega t}\mathrm{d}\omega \\
&= \frac{1}{2\pi}\int_{-\infty}^{+\infty}\pi\delta(\omega)\mathrm{e}^{\mathrm{j}\omega t}\mathrm{d}\omega + \frac{1}{2\pi}\int_{-\infty}^{+\infty}\frac{\mathrm{e}^{\mathrm{j}\omega t}}{\mathrm{j}\omega}\mathrm{d}\omega \\
&= \frac{1}{2}\int_{-\infty}^{+\infty}\delta(\omega)\mathrm{e}^{\mathrm{j}\omega t}\mathrm{d}\omega + \frac{1}{2\pi}\int_{-\infty}^{+\infty}\frac{\sin\omega t}{\omega}\mathrm{d}\omega \\
&= \frac{1}{2} + \frac{1}{\pi}\int_{0}^{+\infty}\frac{\sin\omega t}{\omega}\mathrm{d}\omega.
\end{aligned}
$$

为 了 说 明 $f(t) = u(t)$，就 必 须 计 算 积 分 $\int_0^{+\infty} \dfrac{\sin \omega t}{\omega} \mathrm{d}\omega$. 已 知Dirichlet积 分 $\int_0^{+\infty} \dfrac{\sin \omega t}{\omega}\mathrm{d}\omega = \dfrac{\pi}{2}$，因 此，有

$$\int_0^{+\infty} \frac{\sin \omega t}{\omega}\mathrm{d}\omega = \begin{cases} -\dfrac{\pi}{2}, & t < 0, \\ 0, & t = 0, \\ \dfrac{\pi}{2}, & t > 0. \end{cases}$$

其中，当$t = 0$时，结果是显然的；当$t < 0$时，可令$u = -t\omega$，则
$$\int_0^{+\infty} \frac{\sin \omega t}{\omega}\mathrm{d}\omega = \int_0^{+\infty} \frac{\sin(-u)}{u}\mathrm{d}u = \int_0^{+\infty} \frac{\sin(-u)}{u}\mathrm{d}u = -\frac{\pi}{2}.$$
将此结果代入$f(t)$的表达式中，当$t \neq 0$时，可得

$$f(t) = \frac{1}{2} + \frac{1}{\pi}\int_0^{+\infty} \frac{\sin \omega t}{\omega}\mathrm{d}\omega = \begin{cases} \dfrac{1}{2} + \dfrac{1}{\pi}\cdot\dfrac{-\pi}{2} = 0, & t < 0, \\ \dfrac{1}{2} + \dfrac{1}{\pi}\cdot\dfrac{\pi}{2} = 1, & t > 0. \end{cases}$$

这就表明$\dfrac{1}{\mathrm{j}\omega}+\pi\delta(\omega)$的逆变换为$f(t) = u(t)$.因此，$u(t)$和$\dfrac{1}{\mathrm{j}\omega}+\pi\delta(\omega)$ 构成了一 个Fourier 变换对，所以，单位阶跃函数$u(t)$的积分表达式在$t \neq 0$ 时，可写为
$$u(t) = \frac{1}{2} + \frac{1}{\pi}\int_0^{+\infty} \frac{\sin \omega t}{\omega}\mathrm{d}\omega.$$

同样，若$F(\omega) = 2\pi\delta(\omega)$，则由Fourier逆变换可得
$$f(t) = \frac{1}{2\pi}\int_{-\infty}^{+\infty} F(\omega)\mathrm{e}^{\mathrm{j}\omega t}\mathrm{d}\omega = \frac{1}{2\pi}\int_{-\infty}^{+\infty} 2\pi\delta(\omega)\mathrm{e}^{\mathrm{j}\omega t}\mathrm{d}\omega = 1.$$
所以，1和$2\pi\delta(\omega)$ 也构成了一个Fourier变换对.由此可得
$$\int_{-\infty}^{+\infty} \mathrm{e}^{-\mathrm{j}\omega t}\mathrm{d}\omega = 2\pi\delta(\omega) \qquad \int_{-\infty}^{+\infty} \mathrm{e}^{-\mathrm{j}(\omega-\omega_0)t}\mathrm{d}t = 2\pi\delta(\omega - \omega_0).$$
显然，这两个积分在普通意义下都是不存在的，这里的积分仍是按式(7-15)来定 义的.

例7.7 求正弦函数$f(t) = \sin \omega_0 t$的Fourier变换.

解 根据Fourier变换公式，有
$$\begin{aligned} F(\omega) = \mathscr{F}[f(t)] &= \int_{-\infty}^{+\infty} \mathrm{e}^{-\mathrm{j}\omega t}\sin \omega_0 t\mathrm{d}t \\ &= \int_{-\infty}^{+\infty} \frac{\mathrm{e}^{\mathrm{j}\omega_0 t} - \mathrm{e}^{-\mathrm{j}\omega_0 t}}{2\mathrm{j}}\mathrm{e}^{-\mathrm{j}\omega t}\mathrm{d}t \\ &= \frac{1}{2\mathrm{j}}\int_{-\infty}^{+\infty} [\mathrm{e}^{-\mathrm{j}(\omega-\omega_0)t} - \mathrm{e}^{-\mathrm{j}(\omega+\omega_0)t}]\mathrm{d}t \\ &= \frac{1}{2\mathrm{j}}[2\pi\delta(\omega - \omega_0) - 2\pi\delta(\omega + \omega_0)] \end{aligned}$$

$$= \mathrm{j}\pi[\delta(\omega + \omega_0) - \delta(\omega - \omega_0)].$$

例7.8 求 $\delta'(t-1)$ 的 Fourier 变换.

解 利用分部积分法和 δ 函数的性质，有

$$\mathcal{F}[\delta'(t-1)] = \int_{-\infty}^{+\infty} \delta'(t-1)\mathrm{e}^{-\mathrm{j}\omega t}\mathrm{d}t$$

$$= \delta(t-1)\mathrm{e}^{-\mathrm{j}\omega t}\Big|_{-\infty}^{+\infty} + \mathrm{j}\omega \int_{-\infty}^{+\infty} \delta(t-1)\mathrm{e}^{-\mathrm{j}\omega t}\mathrm{d}t$$

$$= \mathrm{j}\omega \int_{-\infty}^{+\infty} \delta(t-1)\mathrm{e}^{-\mathrm{j}\omega t}\mathrm{d}t$$

$$= \mathrm{j}\omega \mathrm{e}^{-\mathrm{j}\omega t}\Big|_{-\infty}^{+\infty} = \mathrm{j}\omega \mathrm{e}^{-\mathrm{j}\omega t}.$$

实际上，也可以利用 δ 函数的性质(4)求得结果，即

$$\mathcal{F}[\delta'(t-1)] = \int_{-\infty}^{+\infty} \delta'(t-1)\mathrm{e}^{-\mathrm{j}\omega t}\mathrm{d}t$$

$$= -\left(\frac{\mathrm{d}}{\mathrm{d}t}\mathrm{e}^{-\mathrm{j}\omega t}\right)\Big|_{t=1}$$

$$= -\left(-\mathrm{j}\omega \mathrm{e}^{-\mathrm{j}\omega t}\right)\Big|_{t=1} = \mathrm{j}\omega \mathrm{e}^{-\mathrm{j}\omega}.$$

例7.9 若 $g(t)$ 为一连续函数，证明 $g(t)\delta(t-t_0) = g(t_0)\delta(t-t_0)$.

证明 设 $f(t)$ 为具有无穷次可微的函数，只要能证明

$$\int_{-\infty}^{+\infty} g(t)\delta(t-t_0)f(t)\mathrm{d}t = \int_{-\infty}^{+\infty} g(t_0)\delta(t-t_0)f(t)\mathrm{d}t$$

即可.利用 δ 函数的性质，有

$$\int_{-\infty}^{+\infty} g(t)\delta(t-t_0)f(t)\mathrm{d}t = \int_{-\infty}^{+\infty} \delta(t-t_0)[g(t)f(t)]\mathrm{d}t = g(t_0)f(t_0),$$

而

$$\int_{-\infty}^{+\infty} g(t_0)\delta(t-t_0)f(t)\mathrm{d}t = g(t_0)\int_{-\infty}^{+\infty} \delta(t-t_0)f(t)\mathrm{d}t = g(t_0)f(t_0),$$

故

$$g(t)\delta(t-t_0) = g(t_0)\delta(t-t_0).$$

显然，这一结论对于不同的连续函数 $g(t)$，会有不同的结果.

通过上述的讨论，可以看出引进 δ 函数的重要性.它使得在普通意义下的一些不存在的积分，有了确定的数值，利用 δ 函数及其 Fourier 变化可以很方便地得到工程技术上许多重要函数的 Fourier 变换，并且使得许多变换的推导过程大大地简化.因此，本书介绍 δ 函数主要是为了提供一个有用的数学工具，而不去追求它在数学上的严谨叙述或证明.对 δ 函数理论的详尽内容有兴趣的读者可阅读有关参考书.

7.4 Fourier变换的性质

这一节将介绍Fourier变换的几个重要性质.为了叙述方便起见，假定在这些性质中，凡是需要求Fourier变换的函数都满足Fourier积分定理中的条件.在证明这些性质时，不再重述这些条件，希望读者注意.

7.4.1 线性性质

设$F_1(\omega) = \mathcal{F}[f_1(t)]$，$F_2(\omega) = \mathcal{F}[f_2(t)]$，$\alpha$，$\beta$是常数，则

$$\mathcal{F}[\alpha f_1(t) + \beta f_2(t)] = \alpha F_1(\omega) + \beta F_2(\omega).$$

这个性质的作用是很显然的，它表明了函数线性组合的Fourier变换等于各函数Fourier变换的线性组合.它的证明只需根据定义就可推出. 同样，Fourier逆变换亦具有类似的线性性质，即

$$\mathcal{F}^{-1}[\alpha F_1(t) + \beta F_2(t)] = \alpha f_1(\omega) + \beta f_2(\omega).$$

7.4.2 位移性质

设$F(\omega) = \mathcal{F}[f(t)]$，$t_0$为任意实数，则

$$\mathcal{F}[f(t \pm t_0)] = e^{\pm j\omega t_0} \mathcal{F}[f(t)].$$

它表明时间函数$f(t)$沿t轴向左或向右位移t_0的Fourier变换等于$f(t)$ 的Fourier变换乘以因子$e^{j\omega t_0}$或$e^{-j\omega t_0}$.该性质也称为时域上的位移性质.

证明 由Fourier变换的定义，可知

$$\mathcal{F}[f(t \pm t_0)] = \int_{-\infty}^{+\infty} f(t \pm t_0)e^{-j\omega t}dt$$

$$\underline{\underline{t \pm t_0 = u}} \int_{-\infty}^{+\infty} f(u)e^{-jw(u \mp t_0)}du$$

$$= e^{\pm j\omega t_0} \int_{-\infty}^{+\infty} f(u)e^{-j\omega u}du$$

$$= e^{\pm j\omega t_0} \mathcal{F}[f(t)],$$

同样，Fourier逆变换亦具有类似的位移性质，即

$$\mathcal{F}^{-1}[F(\omega \mp \omega_0)] = f(t)e^{\pm j\omega_0 t}.$$

它表明频谱函数$F(\omega)$沿ω 轴向左或向右平移ω_0的Fourier逆变换等于原来的函数$f(t)$乘以因子$e^{j\omega_0 t}$ 或$e^{-j\omega_0 t}$.该性质也称为频域上的位移性质.

例7.10 求矩形单脉冲$f(t) = \begin{cases} E, & 0 < t < \tau, \\ 0, & \text{其他}. \end{cases}$ 的频谱函数.

解　由Fourier变换的定义，有

$$F(\omega) = \int_{-\infty}^{+\infty} f(t)\mathrm{e}^{-\mathrm{j}\omega t}\mathrm{d}t = \int_{0}^{\tau} E\mathrm{e}^{-\mathrm{j}\omega t}\mathrm{d}t$$

$$= -\frac{E}{\mathrm{j}\omega}\mathrm{e}^{-\mathrm{j}\omega t}\Big|_{0}^{\tau} = \frac{E}{\mathrm{j}\omega}\mathrm{e}^{-\mathrm{j}\frac{\omega\tau}{2}}\left(\mathrm{e}^{\mathrm{j}\frac{\omega\tau}{2}} - \mathrm{e}^{-\mathrm{j}\frac{\omega\tau}{2}}\right)$$

$$= \frac{2E}{\omega}\mathrm{e}^{-\mathrm{j}\frac{\omega\tau}{2}}\sin\frac{\omega\tau}{2}.$$

如果已知矩形单脉冲

$$f_1(t) = \begin{cases} E, & -\dfrac{\tau}{2} < t < \dfrac{\tau}{2}, \\ 0, & \text{其他}. \end{cases}$$

的频谱函数

$$F_1(\omega) = \frac{2E}{\omega}\sin\frac{\omega\tau}{2},$$

利用位移性质，就可以很方便地得到上述$F(\omega)$.因为$f(t)$可以由$f_1(t)$在时间轴上向右平移$\dfrac{\tau}{2}$得到，所以

$$F(\omega) = \mathcal{F}[f(t)] = \mathcal{F}\left[f_1\left(t - \frac{\tau}{2}\right)\right] = \mathrm{e}^{-\mathrm{j}w\frac{\tau}{2}}F_1(\omega)$$

$$= \frac{2E}{\omega}\mathrm{e}^{-\mathrm{j}\omega\frac{\tau}{2}}\sin\frac{\omega\tau}{2},$$

且

$$|F(\omega)| = |F_1(\omega)| = \frac{2E}{\omega}\left|\sin\frac{\omega\tau}{2}\right|.$$

两种解法的结果一致.

例7.11　求$\mathcal{F}[\mathrm{e}^{-\beta(t-t_0)^2}]$及$\mathcal{F}[\mathrm{e}^{-\beta(t)^2}\cos at]$.

解　根据例7.4，即钟形脉冲函数的Fourier变换，有

$$\mathcal{F}[\mathrm{e}^{-\beta t^2}] = \sqrt{\frac{\pi}{\beta}}\mathrm{e}^{-\frac{\omega^2}{4\beta}}.$$

利用位移性质，可得

$$\mathcal{F}[\mathrm{e}^{-\beta(t-t_0)^2}] = \sqrt{\frac{\pi}{\beta}}\mathrm{e}^{-\left(\mathrm{j}\omega t_0 + \frac{\omega^2}{4\beta}\right)}.$$

利用位移性质，可得

$$\mathcal{F}\left[\mathrm{e}^{-\beta t^2}\cos at\right] = \mathcal{F}\left[\mathrm{e}^{-\beta t^2}\frac{\mathrm{e}^{\mathrm{j}at} + \mathrm{e}^{-\mathrm{j}at}}{2}\right]$$

$$= \frac{1}{2}\mathcal{F}\left[\mathrm{e}^{-\beta t^2}\cdot\mathrm{e}^{\mathrm{j}at} + \mathrm{e}^{-\beta t^2}\cdot\mathrm{e}^{-\mathrm{j}at}\right]$$

$$= \frac{1}{2}\sqrt{\frac{\pi}{\beta}}\left[\mathrm{e}^{-\frac{(\omega-a)^2}{4\beta}} + \mathrm{e}^{-\frac{(\omega+a)^2}{4\beta}}\right].$$

7.4.3 微分性质

如果 $f(t)$ 在 $(-\infty, +\infty)$ 上连续或只有有限个可去间断点，且当 $|t| \to +\infty$ 时，$f(t) \to 0$，则

$$\mathcal{F}[f'(t)] = j\omega\mathcal{F}[f(t)].$$

证明　由 Fourier 变换的定义，并利用分部积分可得

$$\mathcal{F}[f'(t)] = \int_{-\infty}^{+\infty} f'(t)e^{-j\omega t}dt$$

$$= f(t)e^{-j\omega t}\Big|_{-\infty}^{+\infty} + j\omega \int_{-\infty}^{+\infty} f(t)e^{-j\omega t}dt$$

$$= j\omega\mathcal{F}[f(t)].$$

它表明一个函数导数的 Fourier 变换等于这个函数的 Fourier 变换乘以 $j\omega$.

推论　若 $f^{(k)}(t)$ 在 $(-\infty, +\infty)$ 上连续或只有有限个可去间断点，且

$$\lim_{|t|\to+\infty} f^{(k)}(t) = 0, \quad k = 0, 1, 2, \cdots, n-1,$$

则有

$$\mathcal{F}[f^{(n)}(t)] = (j\omega)^n\mathcal{F}[f(t)]. \tag{7-18}$$

该性质表明，可以利用 Fourier 变换将微分运算转化为代数运算，从而使得 Fourier 变换在微分方程求解中起着重要的作用.

同样，还能得到象函数的导数公式. 设 $\mathcal{F}[f(t)] = F(\omega)$，则

$$\frac{\mathrm{d}}{\mathrm{d}\omega}F(\omega) = \mathcal{F}[-jtf(t)].$$

它表明一个函数 Fourier 变换的导数等于 $-jt$ 与这个函数乘积的 Fourier 变换.

一般地，有

$$\frac{\mathrm{d}^n}{\mathrm{d}\omega^n}F(\omega) = (-j)^n\mathcal{F}[t^nf(t)].$$

在实际中，常常用象函数的导数公式来计算 $\mathcal{F}[t^nf(t)]$.

例7.12　已知函数 $f(t) = \begin{cases} 0, & t < 0, \\ e^{-\beta t}, & t \geqslant 0. \end{cases}$ $(\beta > 0)$ 试求 $\mathcal{F}[tf(t)]$ 及 $\mathcal{F}[t^2f(t)]$.

解　根据例7.3知

$$F(\omega) = \mathcal{F}[f(t)] = \frac{1}{\beta + j\omega}.$$

利用象函数的导数公式，有

$$\mathcal{F}[tf(t)] = j\frac{\mathrm{d}}{\mathrm{d}\omega}F(\omega) = \frac{1}{(\beta + j\omega)^2},$$

$$\mathcal{F}[t^2 f(t)] = \mathrm{j}^2 \frac{\mathrm{d}^2}{\mathrm{d}\omega^2} F(\omega) = \frac{2}{(\beta + \mathrm{j}\omega)^3}.$$

7.4.4 积分性质

如果当 $T \to +\infty$ 时，$g(t) = \displaystyle\int_{-\infty}^{t} f(t)\mathrm{d}t \to 0$，则

$$\mathcal{F}\left[\int_{-\infty}^{t} f(t)\mathrm{d}t\right] = \frac{1}{\mathrm{j}\omega}\mathcal{F}[f(t)]. \tag{7-19}$$

证明 因为

$$\frac{\mathrm{d}}{\mathrm{d}t}\int_{-\infty}^{t} f(t)\mathrm{d}t = f(t),$$

所以

$$\mathcal{F}\left[\frac{\mathrm{d}}{\mathrm{d}t}\int_{-\infty}^{t} f(t)\mathrm{d}t\right] = \mathcal{F}[f(t)],$$

又根据上述微分性质

$$\mathcal{F}\left[\frac{\mathrm{d}}{\mathrm{d}t}\int_{-\infty}^{t} f(t)\mathrm{d}t\right] = \mathrm{j}\omega\mathcal{F}\left[\int_{-\infty}^{t} f(t)\mathrm{d}t\right],$$

故

$$\mathcal{F}\left[\int_{-\infty}^{t} f(t)\mathrm{d}t\right] = \frac{1}{\mathrm{j}\omega}\mathcal{F}[f(t)].$$

它表明一个函数积分后的Fourier变换等于这个函数的Fourier变换除以因子$\mathrm{j}\omega$.

例7.13 求微分积分方程$x'(t) - \displaystyle\int_{-\infty}^{t} x(t)\mathrm{d}t = 2\delta(t)$ 的解$x(t)$，其中$-\infty < t < +\infty$.

解 设$\mathcal{F}[x(t)] = X(\omega)$，对方程两边同时取Fourier变换，利用Fourier变换的线性性质、微分性质和积分性质，可得

$$\mathrm{j}\omega X(\omega) - \frac{1}{\mathrm{j}\omega}X(\omega) = 2,$$

$$X(\omega) = \frac{-2\mathrm{j}\omega}{1 + \omega^2} = \frac{1}{1 + \mathrm{j}\omega} - \frac{1}{1 - \mathrm{j}\omega},$$

所以

$$x(t) = \begin{cases} 0 - \mathrm{e}^t = -\mathrm{e}^t, & t < 0, \\ \dfrac{1}{2} - \dfrac{1}{2} = 0, & t = 0, \\ \mathrm{e}^{-t} - 0 = \mathrm{e}^{-t}, & t > 0. \end{cases}$$

运用Fourier变换的线性性质、微分性质和积分性质，可以将线性常系数微分方程（包括积分方程和微分方程）转化为代数方程，通过解代数方程与求Fourier逆变换，就可以得到相应的原方程的解.另外，Fourier变换还是求解

偏微分方程的方法之一，其计算过程与上述步骤大体相似，由于本书篇幅所限，这部分内容从略.

7.5 Fourier变换的卷积

7.4节介绍了关于Fourier变换的一些重要性质，本节介绍Fourier变换的另一类重要性质，它们都是分析线性系统的极为有用的工具.

7.5.1 卷积的概念与性质

若已知函数$f_1(t)$，$f_2(t)$，则积分

$$\int_{-\infty}^{+\infty} f_1(\tau)f_2(t-\tau)\mathrm{d}\tau$$

称为函数$f_1(t)$与$f_2(t)$的卷积，记为$f_1(t) * f_2(t)$，即

$$\int_{-\infty}^{+\infty} f_1(\tau)f_2(t-\tau)\mathrm{d}\tau = f_1(t) * f_2(t). \tag{7-20}$$

容易验证卷积运算满足：

(1)交换律$f_1(t) * f_2(t) = f_2(t) * f_1(t)$；

(2)结合律$f_1(t) * [f_2(t) * f_3(t)] = [f_1(t) * f_2(t)] * f_3(t)$；

(3)对加法的分配律

$$f_1(t) * [f_2(t) + f_3(t)] = f_1(t) * f_2(t) + f_1(t) * f_3(t).$$

卷积还具有下列基本性质：

(1)卷积的数乘(a为常数)

$$a[f_1(t) * f_2(t)] = [af_1(t)] * f_2(t) = f_1(t) * [af_2(t)];$$

(2)卷积的微分

$$\frac{\mathrm{d}}{\mathrm{d}t}[f_1(t) * f_2(t)] = \frac{\mathrm{d}}{\mathrm{d}t}f_1(t) * f_2(t) = f_1(t) * \frac{\mathrm{d}}{\mathrm{d}t}f_2(t);$$

(3)卷积的积分

$$\int_{-\infty}^{t} [f_1(\xi) * f_2(\xi)]\mathrm{d}\xi = f_1(t) * \int_{-\infty}^{t} f_2(\xi)\mathrm{d}\xi = \int_{-\infty}^{t} f_1(\xi)\mathrm{d}\xi * f_2(t).$$

对卷积，还有如下不等式：

$$|f_1(t) * f_2(t)| \leqslant |f_1(t)| * |f_2(t)|$$

成立，即函数卷积的绝对值小于等于函数绝对值的卷积.

仅给出对加法分配律的证明，其余结论的证明留给读者自行证明.

根据卷积的定义，有

$$f_1(t) * [f_2(t) + f_3(t)] = \int_{-\infty}^{+\infty} f_1(\tau)[f_2(t-\tau) + f_3(t-\tau)]\mathrm{d}\tau$$

$$= \int_{-\infty}^{+\infty} f_1(\tau)f_2(t-\tau)\mathrm{d}\tau + \int_{-\infty}^{+\infty} f_1(\tau)f_3(t-\tau)\mathrm{d}\tau$$

$$= f_1(t) * f_2(t) + f_1(t) * f_3(t),$$

即卷积满足对加法的分配律.

例7.14 证明 $f(t) * \delta(t) = f(t)$.

证明 根据卷积定义，利用 δ 函数为偶函数及筛选性质，有

$$f(t) * \delta(t) = \int_{-\infty}^{+\infty} f(t)\delta(t-\tau)\mathrm{d}\tau$$

$$= \int_{-\infty}^{+\infty} f(t)\delta(\tau-t)\mathrm{d}\tau = f(t),$$

若利用卷积的交换律会更方便，这是因为

$$\delta(t) * f(t) = \int_{-\infty}^{+\infty} \delta(\tau)f(t-\tau)\mathrm{d}\tau = f(t).$$

例7.15 若

$$f_1(t) = \begin{cases} 0, & t < 0 \\ 1, & t \geqslant 0 \end{cases}, \qquad f_2(t) = \begin{cases} 0, & t < 0 \\ \mathrm{e}^{-t}, & t \geqslant 0 \end{cases}.$$

求 $f_1(t)$ 与 $f_2(t)$ 的卷积.

解 按卷积的定义，有

$$f_1(t) * f_2(t) = \int_{-\infty}^{+\infty} f_1(\tau)f_2(t-\tau)\mathrm{d}\tau,$$

当 $t < 0$ 时，$f_1(\tau)f_2(t-\tau) = 0$；$f_1(\tau)f_2(t-\tau) \neq 0$ 的区间在 $t \geqslant 0$ 时，为 $[0, t]$.所以

$$f_1(t) * f_2(t) = \int_{-\infty}^{+\infty} f_1(\tau)f_2(t-\tau)\mathrm{d}\tau$$

$$= \begin{cases} 0, & t < 0 \\ \int_0^t 1 \cdot \mathrm{e}^{-(t-\tau)}\mathrm{d}\tau, & t \geqslant 0 \end{cases}.$$

$$= \begin{cases} 0, & t < 0 \\ 1 - \mathrm{e}^{-t}, & t \geqslant 0. \end{cases}$$

同样，$f_2(t) * f_1(t)$ 亦得到上述的结果，读者可自己演算.

为确定 $f_1(\tau)f_2(t-\tau) \neq 0$ 的区间，还可以用解不等式组的方法加以解决. 仍以本例来说，要 $f_1(\tau)f_2(t-\tau) \neq 0$，即要求

$$\begin{cases} \tau \geqslant 0 \\ t - \tau \geqslant 0. \end{cases} \quad \text{或} \quad \begin{cases} \tau \geqslant 0 \\ \tau \leqslant t. \end{cases}$$

成立.可见，当$t \geqslant 0$时，$f_1(\tau)f_2(t-\tau) \neq 0$的区间为$[0, t]$，故

$$f_1(t) * f_2(t) = \int_{-\infty}^{+\infty} f_1(\tau)f_2(t-\tau)\mathrm{d}\tau = \int_0^t 1 \cdot \mathrm{e}^{-(t-\tau)}\mathrm{d}\tau$$

$$= \begin{cases} 0, & t < 0 , \\ 1 - \mathrm{e}^{-t}, & t \geqslant 0. \end{cases}$$

卷积在Fourier分析的应用中，有着十分重要的作用，这是由下面的卷积定理决定的.

7.5.2 卷积定理

假定$f_1(t)$，$f_2(t)$都满足Fourier积分定理中的条件，且$\mathcal{F}[f_1(t)] = F_1(\omega)$，$\mathcal{F}[f_2(t)] = F_2(\omega)$，则

$$\begin{cases} \mathcal{F}[f_1(t) * f_2(t)] = F_1(\omega) \cdot F_2(\omega), \\ \mathcal{F}^{-1}[F_1(\omega) \cdot F_2(\omega)] = f_1(t) * f_2(t).t \geqslant 0. \end{cases} \tag{7-21}$$

证明 按Fourier变换的定义，有

$$\mathcal{F}[f_1(t) * f_2(t)] = \int_{-\infty}^{+\infty} [f_1(t) * f_2(t)]\mathrm{e}^{-\mathrm{j}\omega t}\mathrm{d}t$$

$$= \int_{-\infty}^{+\infty} \left[\int_{-\infty}^{+\infty} f_1(\tau)f_2(t-\tau)\mathrm{d}\tau \right] \mathrm{e}^{-\mathrm{j}\omega t}\mathrm{d}t$$

$$= \int_{-\infty}^{+\infty} \int_{-\infty}^{+\infty} f_1(\tau)\mathrm{e}^{-\mathrm{j}\omega\tau}f_2(t-\tau)\mathrm{e}^{-\mathrm{j}\omega(t-\tau)}\mathrm{d}\tau\mathrm{d}t$$

$$= \int_{-\infty}^{+\infty} f_1(\tau)\mathrm{e}^{-\mathrm{j}\omega\tau} \left[\int_{-\infty}^{+\infty} f_2(t-\tau)\mathrm{e}^{-\mathrm{j}\omega(t-\tau)}\mathrm{d}t \right] \mathrm{d}\tau$$

$$= F_1(\omega) \cdot F_2(\omega).$$

这个性质表明，两个函数卷积的Fourier 变换等于这两个函数Fourier变换的乘积.

同理可得

$$\mathcal{F}[f_1(t) \cdot f_2(t)] = \frac{1}{2\pi}F_1(\omega) * F_2(\omega), \tag{7-22}$$

即两个函数乘积的Fourier变换等于这两个函数Fourier变换的卷积除以2π.

不难推证，若满足Fourier积分定理中的条件，且

$$\mathcal{F}[f_k(t)] = F_k(\omega), \quad k = 0, 1, 2, \cdots, n,$$

则有

$$\mathcal{F}[f_1(t) * f_2(t) * \cdots * f_n(t)] = F_1(\omega) \cdot F_2(\omega) \cdots F_n(\omega),$$

$$\mathcal{F}[f_1(t) \cdot f_2(t) \cdots f_n(t)] = \frac{1}{(2\pi)^{n-1}} F_1(\omega) * F_2(\omega) * \cdots * F_n(\omega).$$

可以看出，卷积并不总是很容易计算的，但卷积定理提供了卷积计算的简便方法，即化卷积运算为乘积运算.这就使得卷积在线性系统分析中成为特别有用的方法.

7.6　Fourier变换的应用

Fourier变换可用来求解线性微分或积分方程，这些方程通常出现在振动力学、电工学、无线电技术、自动控制理论等相关学科和工程技术领域中，因此占有非常重要的地位.下面通过几个例子介绍Fourier变换在求解微分或积分方程中的应用.

例7.16 求解积分方程 $\dfrac{2}{\pi}\displaystyle\int_0^{+\infty} g(\omega)\sin\omega t\mathrm{d}\omega = f(t)$，其中

$$f(t) = \begin{cases} \cos t, & 0 < t \leqslant \pi, \\ 0, & t > \pi. \end{cases}$$

解 由式(7-12)可知，$g(\omega)$的Fourier正弦逆变换是$f(t)$，因此由式(7-11)可以得到，$g(\omega)$是$f(t)$的Fourier正弦变换，即

$$
\begin{aligned}
g(\omega) &= \int_0^{+\infty} f(t)\sin\omega t\mathrm{d}t \\
&= \int_0^{\pi} \cos t \sin\omega t\mathrm{d}t \\
&= \frac{1}{2}\int_0^{\pi} [\sin(1+\omega)t - \sin(1-\omega)t]\,\mathrm{d}t \\
&= \frac{\omega(1-\cos\omega\pi)}{\omega^2 - 1}.
\end{aligned}
$$

例7.17 求解微分方程$y''(t) - y(t) = \sin t$.

解 两边取Fourier变换，得

$$(\mathrm{j}\omega)^2 Y(\omega) - Y(\omega) = \mathrm{j}\pi\left[\delta(\omega+1) - \delta(\omega-1)\right],$$

解得

$$Y(\omega) = \frac{-\mathrm{j}\pi}{1+\omega^2}\left[\delta(\omega+1) - \delta(\omega-1)\right],$$

求Fourier逆变换，得

$$
\begin{aligned}
y(t) &= \frac{1}{2\pi}\int_{-\infty}^{+\infty} Y(\omega)\mathrm{e}^{\mathrm{j}\omega t}\mathrm{d}\omega \\
&= \frac{1}{2\pi}\int_{-\infty}^{+\infty} \frac{-\mathrm{j}\pi}{1+\omega^2}\left[\delta(\omega+1) - \delta(\omega-1)\right]\mathrm{e}^{\mathrm{j}\omega t}\mathrm{d}\omega \\
&= -\frac{\mathrm{j}}{2}\left[\int_{-\infty}^{+\infty} \frac{1}{1+\omega^2}\delta(\omega+1)\mathrm{e}^{\mathrm{j}\omega t}\mathrm{d}\omega - \int_{-\infty}^{+\infty} \frac{1}{1+\omega^2}\delta(\omega-1)\mathrm{e}^{\mathrm{j}\omega t}\mathrm{d}\omega\right]
\end{aligned}
$$

$$= -\frac{\mathrm{j}}{2}\left(\frac{1}{2}\mathrm{e}^{-\mathrm{j}t} - \frac{1}{2}\mathrm{e}^{\mathrm{j}t}\right)$$

$$= -\frac{1}{2}\frac{\mathrm{e}^{\mathrm{j}t} - \mathrm{e}^{-\mathrm{j}t}}{2\mathrm{j}}$$

$$= -\frac{1}{2}\sin t.$$

Fourier变换还可用来求一些反常积分.

例7.18 利用矩形脉冲函数$f(t)$的Fourier变换求反常积分$\displaystyle\int_0^{+\infty}\frac{\sin t}{t}\mathrm{d}t$的值, 其中

$$f(t) = \begin{cases} 1, & |t| \leqslant 1, \\ 0, & |t| > 1. \end{cases}$$

解 求$f(t)$的Fourier变换, 得

$$F(\omega) = \int_{-\infty}^{+\infty} f(t)\mathrm{e}^{-\mathrm{j}\omega t}\mathrm{d}t$$

$$= \int_{-1}^{1} \mathrm{e}^{-\mathrm{j}\omega t}\mathrm{d}t$$

$$= \frac{\mathrm{e}^{-\mathrm{j}\omega} - \mathrm{e}^{\mathrm{j}\omega}}{-\mathrm{j}\omega}$$

$$= \frac{2\sin\omega}{\omega}.$$

求$\dfrac{2\sin\omega}{\omega}$的Fourier逆变换, 得

$$f(t) = \frac{1}{2\pi}\int_{-\infty}^{+\infty} F(\omega)\mathrm{e}^{\mathrm{j}\omega t}\mathrm{d}\omega$$

$$= \frac{1}{2\pi}\int_{-\infty}^{+\infty} \frac{2\sin\omega}{\omega}\mathrm{e}^{\mathrm{j}\omega t}\mathrm{d}\omega$$

$$= \frac{2}{\pi}\int_{0}^{+\infty} \frac{\sin\omega}{\omega}\mathrm{e}^{\mathrm{j}\omega t}\mathrm{d}\omega$$

$$= \frac{2}{\pi}\int_{0}^{+\infty} \frac{\sin\omega\cos\omega t}{\omega}\mathrm{d}\omega.$$

所以可得

$$\int_{0}^{+\infty} \frac{\sin\omega\cos\omega t}{\omega}\mathrm{d}\omega = \begin{cases} \dfrac{\pi}{2}, & |t| < 1, \\[2mm] \dfrac{\pi}{4}, & |t| = 1, \\[2mm] 0, & |t| > 1. \end{cases}$$

令$t = 0$, 可得

$$\frac{2\sin\omega}{\omega} = \frac{\pi}{2}.$$

小结

1.Fourier级数的概念

Fourier级数所考虑的对象是以T为周期的实值函数$f_T(t)$，分别有三角形式和指数形式.

(1)Fourier级数的三角形式

$$f_T(t) = \frac{a_0}{2} + \sum_{n=1}^{+\infty} (a_n \cos n\omega_0 t + b_n \sin n\omega_0 t),$$

其中，$\omega_0 = \dfrac{2\pi}{T}$称为基频，

$$a_n = \frac{2}{T} \int_{-\frac{T}{2}}^{\frac{T}{2}} f_T(t) \cos n\omega_0 t \mathrm{d}t, \quad n = 0, \ 1, \ 2, \ \cdots,$$

$$b_n = \frac{2}{T} \int_{-\frac{T}{2}}^{\frac{T}{2}} f_T(t) \sin n\omega_0 t \mathrm{d}t, \quad n = 1, \ 2, \ \cdots.$$

(2)Fourier级数的指数形式

$$f_T(t) = \sum_{n=-\infty}^{+\infty} c_n \mathrm{e}^{\mathrm{j}n\omega_0 t},$$

其中，$\mathrm{j} = \sqrt{-1}$为虚数单位，

$$c_n = \frac{1}{T} \int_{-\frac{T}{2}}^{\frac{T}{2}} f_T(t) \mathrm{e}^{-\mathrm{j}n\omega_0 t} \mathrm{d}t, \quad n = 0, \ 1, \ 2, \ \cdots.$$

一般地，上述公式成立要求函数$f_T(t)$在$\left[-\dfrac{T}{2}, \ \dfrac{T}{2}\right]$上满足Dirichlet条件——连续或只有有限个第一类间断点，且只有有限个极值点.而函数在间断点处的取值为$\dfrac{1}{2}[f_T(t+0) + f_T(t-0)]$. Fourier级数的三角形式与指数形式之间可由欧拉公式$\mathrm{e}^{\mathrm{j}n\omega_0 t} = \cos n\omega_0 t + \mathrm{j} \sin n\omega_0 t$联系，它们的系数之间有关系如下：

$$c_0 = \frac{a_0}{2}, \quad c_n = \frac{a_n - \mathrm{j}b_n}{2}, \quad c_{-n} = \frac{a_n + \mathrm{j}b_n}{2}.$$

2.Fourier变换的概念

Fourier变换所考虑的对象通常是定义在$(-\infty, \ +\infty)$上的非周期函数$f(t)$.

(1)Fourier积分公式

$$f(t) = \frac{1}{2\pi} \int_{-\infty}^{+\infty} \left[\int_{-\infty}^{+\infty} f(\tau) \mathrm{e}^{-\mathrm{j}\omega\tau} \mathrm{d}\tau \right] \mathrm{e}^{\mathrm{j}\omega t} \mathrm{d}\omega.$$

(2)Fourier变换的定义. Fourier变换：$F(\omega) = \mathscr{F}[f(t)] = \displaystyle\int_{-\infty}^{+\infty} f(t) \mathrm{e}^{-\mathrm{j}\omega t} \mathrm{d}t$；

Fourier逆变换：$f(t) = \mathscr{F}^{-1}[F(\omega)] = \dfrac{1}{2\pi} \displaystyle\int_{-\infty}^{+\infty} F(\omega) \mathrm{e}^{\mathrm{j}\omega t} \mathrm{d}\omega$，其中，$F(\omega)$称

为 $f(t)$ 的象函数，$f(t)$ 称为 $F(\omega)$ 的象原函数. 而 $F(\omega)$ 与 $f(t)$ 构成一个Fourier变换对.

一般地，Fourier积分公式成立或Fourier变换存在要求函数 $f(t)$ 在 $(-\infty, +\infty)$ 上的任一有限区间上满足Dirichlet条件，且在 $(-\infty, +\infty)$ 上绝对可积. 在 $f(t)$ 的间断点处，Fourier积分公式的左端应为 $\frac{1}{2}[f(t+0) + f(t-0)]$.

3.单位脉冲函数 $\delta(t)$

通过引入单位脉冲函数，可以扩大Fourier变换的使用范围，且能将Fourier变换与Fourier级数统一起来，也就是说，借助单位脉冲函数，使得一些非绝对可积的函数(包括周期函数等)也能进行Fourier变换.

(1)单位脉冲函数的概念. 单位脉冲函数 $\delta(t)$ 满足以下两个条件：

1)当 $t \neq 0$ 时，$\delta(t) = 0$；

2) $\int_{-\infty}^{+\infty} \delta(t)\mathrm{d}t = 1$.

(2)基本性质和重要公式

筛选性质：

$$\int_{-\infty}^{+\infty} \delta(t)f(t)\mathrm{d}t = f(0);$$

$$\int_{-\infty}^{+\infty} \delta(t-t_0)f(t)\mathrm{d}t = f(t_0).$$

对称性质：

$$\delta(t) = \delta(-t).$$

Fourier变换：

$$\mathcal{F}[\delta(t)] = \int_{-\infty}^{+\infty} \delta(t)\mathrm{e}^{-\mathrm{j}\omega t}\mathrm{d}t = 1;$$

$$\mathcal{F}^{-1}[1] = \frac{1}{2\pi}\int_{-\infty}^{+\infty} \mathrm{e}^{-\mathrm{j}\omega t}\mathrm{d}\omega = \delta(t).$$

4.Fourier变换的性质

设 $F(\omega) = \mathcal{F}[f(t)]$，$G(\omega) = \mathcal{F}[g(t)]$.

线性性质：

$$\mathcal{F}[af(t) + bg(t)] = aF(\omega) + bG(\omega);$$

$$\mathcal{F}^{-1}[aF(\omega) + bG(\omega)] = af(t) + bg(t).$$

位移性质：

$$\mathcal{F}[f(t-t_0)] = \mathrm{e}^{-\mathrm{j}\omega t_0}F(\omega);$$

$$\mathscr{F}^{-1}[F(\omega - \omega_0)] = e^{j\omega_0 t} f(t).$$

相似性质：

$$\mathscr{F}[f(at)] = \frac{1}{|a|} F\left(\frac{\omega}{a}\right).$$

微分性质：

$$\mathscr{F}[f'(t)] = (j\omega) F(\omega);$$

$$\mathscr{F}[f^{(n)}(t)] = (j\omega)^n F(\omega);$$

$$\mathscr{F}^{-1}[F(\omega)] = -jt f(t);$$

$$\mathscr{F}^{-1}[F^{(n)}(\omega)] = (-j)^n t^n f(t).$$

积分性质：

$$\mathscr{F}\left[\int_{-\infty}^{1} f(t)\mathrm{d}t\right] = \frac{1}{j\omega} F(\omega).$$

5.卷积与卷积定理

卷积定义：

$$f_1(t) * f_2(t) = \int_{-\infty}^{+\infty} f_1(\tau) f_2(t - \tau)\mathrm{d}\tau.$$

运算法则：

$$f_1(t) * f_2(t) = f_2(t) * f_1(t);$$

$$f_1(t) * [f_2(t) * f_3(t)] = [f_1(t) * [f_2(t)] * f_3(t);$$

$$f_1(t) * [f_2(t) + f_3(t)] = f_1(t) * f_2(t) + f_1(t) * f_3(t).$$

卷积定理：

$$\mathscr{F}[f_1(t) * f_2(t)] = F_1(\omega) F_2(\omega);$$

$$\mathscr{F}[f_1(t) f_2(t)] = \frac{1}{2\pi} F_1(\omega) * F_2(\omega).$$

6.一些基本函数的Fourier变换

矩形脉冲函数：

$$f(t) = \begin{cases} 1, & |t| \leqslant a, \\ 0, & |t| > a. \end{cases}$$

$$\mathscr{F}[f(t)] = F(\omega) = 2a \frac{\sin a\omega}{a\omega}.$$

单边衰减指数函数：

$$f(t) = \begin{cases} e^{-at}, & t \geqslant 0, \ a > 0, \\ 0, & t < 0. \end{cases}$$

$$\mathcal{F}[f(t)] = F(\omega) = \frac{1}{a + \mathrm{j}\omega}.$$

单位阶跃函数：

$$u(t) = \begin{cases} 1, & t \geqslant 0, \\ 0, & t < 0. \end{cases}$$

$$\mathcal{F}[u(t)] = U(\omega) = \frac{1}{\mathrm{j}\omega} + \pi\delta(\omega).$$

其他常用函数：

$$\mathcal{F}[\delta(t)] = 1;$$

$$\mathcal{F}[1] = 2\pi\delta(\omega);$$

$$\mathcal{F}[t^n] = 2\pi\mathrm{j}^n\delta^{(n)}(\omega);$$

$$\mathcal{F}[\mathrm{e}^{\mathrm{j}\omega_0 t}] = 2\pi\delta(\omega - \omega_0);$$

$$\mathcal{F}[\cos\omega_0 t] = \pi[\delta(\omega + \omega_0) + \delta(\omega - \omega_0)];$$

$$\mathcal{F}[\sin\omega_0 t] = \mathrm{j}\pi[\delta(\omega + \omega_0) - \delta(\omega - \omega_0)].$$

习题

1. 设 $f(t) = \begin{cases} 1, & |t| \leqslant 1, \\ 0, & |t| > 1. \end{cases}$ 试求函数 $f(t)$ 的Fourier变换，并推证：

$$\int_0^{+\infty} \frac{\sin\omega\cos t}{\omega}\mathrm{d}\omega = \begin{cases} \dfrac{\pi}{2}, & |t| < 1, \\[2mm] \dfrac{\pi}{4}, & |t| = 1, \\[2mm] 0, & t| > 1. \end{cases}$$

2. (1) 设 $f(t) = \begin{cases} \mathrm{e}^{-at}, & t > 0, \\ \mathrm{e}^{at}, & t < 0. \end{cases}$ 其中 $a > 0$，试求函数 $f(t)$ 的Fourier变换；

(2) 计算函数 $f(t) = \begin{cases} \sin t, & |t| \leqslant 6\pi, \\ 0, & |t| \geqslant 6\pi. \end{cases}$ 的Fourier变换.

3. 设 $f(t) = \cos t \sin t$，试求函数 $f(t)$ 的Fourier变换.

4. 求 $f(t) = \mathrm{e}^{\mathrm{j}\omega_0 t} t u(t)$ 的Fourier变换.

5. (1) 求 $f(t) = u(t)\sin\omega_0 t$ 的Fourier变换;

(2) 求 $F(\omega) = \dfrac{\mathrm{i}\omega}{\beta + \mathrm{i}\omega}$ 的Fourier逆变换.

6. 用Fourier变换,求积分方程 $\displaystyle\int_0^{+\infty} g(t)\cos(\omega t)\mathrm{d}t = f(\omega)$ 的解 $g(t)$,其中,

$$f(\omega) = \begin{cases} 1 - \omega, & 0 \leqslant \omega \leqslant 1, \\ 0, & \omega > 1. \end{cases}$$

7. (1) 求函数 $f(t) = tu(t)\mathrm{e}^{-\beta t}\sin\omega_0 t$ 的Fourier变换,其中 $\beta > 0$;

(2) 已知某函数 $f(t)$ 的Fourier变换为 $F(t) = \omega\sin\omega t_0$,求函数 $f(t)$;

(3) 求函数 $f(t) = \mathrm{e}^{-at}\sin\omega_0 t \cdot u(t)$ 的Fourier变换.

第8章 Laplace 变换

Laplace变换主要应用于求解线性微分方程，它可把微分方程化为容易求解的代数方程来处理，从而简化计算.它是为简化计算而建立的实变量函数与复变量函数之间的一种函数变换关系.在经典控制理论中，对控制系统的分析和综合，都是建立在Laplace变换的基础上的.下面举一个电路中的几个微分方程的例子引出本章的主题.

引例：RLC串联电路

RLC电路指包含电阻R、电感L、电容C及电源的电路，这是电子电路的基础.根据电学知识，电流I经过R，L，C的电压降分别为RI，$L\dfrac{\mathrm{d}I}{\mathrm{d}t}$和$\dfrac{Q}{C}$，其中$Q$为电量，它与电流的关系为$I = \dfrac{\mathrm{d}Q}{\mathrm{d}t}$，根据基尔霍夫（Kirchhoff）第二定律，在闭合回路中，所有支路上的电压的代数和为0.

由图8-1所示的RL电路，设R，L及电源电压E为常数，在开关S合上后，存在关系式

$$E - L\frac{\mathrm{d}I}{\mathrm{d}t} - RI = 0,$$

$$\frac{\mathrm{d}I}{\mathrm{d}t} + \frac{R}{L}I = \frac{E}{I},$$

这就是RL电路常见的微分方程.其中电流I是自变量t的函数$I = I(t)$，在开关S刚合上即$t = 0$时有$I = 0$，即

$$I(0) = 0,$$

这是初值条件.

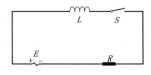

图 8-1 RL电路

如果当$t = t_0$时有$I = I_0$，而电源突然短路，即$E = 0$且保持不变，此时方程变为

$$\frac{\mathrm{d}I}{\mathrm{d}t} + \frac{R}{L}I = 0,$$

初值条件为

$$I(t_0) = I_0.$$

若电路变为如图8-2所示的RLC电路，假设R，L，C为常数，电源电压$e(t)$是时间t的已知函数.当开关S合上时有关系式

$$L\frac{\mathrm{d}I}{\mathrm{d}t} + RI + \frac{Q}{C} = e(t),$$

微分之后，代入$I = \dfrac{\mathrm{d}Q}{\mathrm{d}t}$，便得到以时间$t$为自变量、电流$I$为未知函数的微分方程

$$\frac{\mathrm{d}^2 I}{\mathrm{d}t^2} + \frac{R}{L}\frac{\mathrm{d}I}{\mathrm{d}t} + \frac{1}{LC} = \frac{\mathrm{d}e(t)}{\mathrm{d}t}.$$

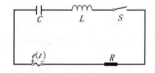

图 8-2 RLC电路

当电源电压是常数时，该微分方程变为

$$\frac{\mathrm{d}^2 I}{\mathrm{d}t^2} + \frac{R}{L}\frac{\mathrm{d}I}{\mathrm{d}t} + \frac{1}{LC} = 0.$$

如果还有$R = 0$，则微分方程进一步简化为

$$\frac{\mathrm{d}^2 I}{\mathrm{d}t^2} + \frac{1}{LC} = 0.$$

对于上述方程，通过Laplace变换，就能转化为复变数的代数方程，从而利用简单的代数运算以及Laplace逆变换就能很快给出微分方程的解.这一方法十分简单方便，在工程技术领域被普遍采用.

本章主要介绍Laplace变换的定义、性质及其相关运算.首先，介绍Laplace变换的概念及存在定理，Laplace变换的性质，包括线性性质、微分性质、积分性质、位移性质和延迟性质.其次，介绍Laplace变换的一种特殊运算——卷积的定义及相关定理.再次，介绍Laplace逆变换的定义及性质.最后，介绍Laplace变换在求解微分方程及积分方程问题中的应用.本章内容对后续学习信号与系统、信号分析与处理、电路分析、自动控制原理等课程有重要理论应用支持.

8.1　Laplace变换的概念

8.1.1 对Fourier变换的改进

在第7章中已介绍，Fourier变换不但要求函数满足Dirichlet条件，还要求其在（$-\infty$，$+\infty$）内绝对可积，这对函数的要求是很高的.一方面，因为绝对可积的条件是比较苛刻的，许多函数，包括很多人们熟知的简单函数，比如单位阶跃函数、正弦函数、余弦函数以及线性函数等都不满足这个条件；另一方面，Fourier变换是对函数在整个数轴上作变换，因此函数必须在（$-\infty$，$+\infty$）有定义，但很多实际应用中如信号处理、无线电技术等函数是以时间t作为自变量，往往在$t < 0$时是无意义的或者是不需要考虑的，这样的函数就无法作Fourier变换. 由此可以看出，Fourier 变换在实际应用时有一定的局限性. 如何避免这些局限呢？这将是本节需要探讨的问题.

指数衰减函数$\mathrm{e}^{-\beta t}(\beta > 0)$是一个绝对可积函数，并且适当选取常数，可使其与一般函数相乘也满足绝对可积，突破了第一个限制；另外，单位阶跃函数只在$t > 0$ 时有定义，且定义为1，在$t < 0$ 时为0，可使其和一般函数相乘即可，不需要函数在$t < 0$的定义了，改进了第二个限制.因此对于任意一个函数$\varphi(t)$，可以给它乘以指数衰减函数$\mathrm{e}^{-\beta t}(\beta > 0)$和单位阶跃函数$u(t)$，使得$\varphi(t)$ 既可以满足Fourier变换的绝对可积条件，也可以满足实际意义，只在$[0$，$+\infty)$有定义.只要β 选得适当，函数

$$\varphi(t)u(t)\mathrm{e}^{-\beta t}(\beta > 0).$$

的Fourier变换总是存在的.这种对函数$\varphi(t)$先乘以$u(t)\mathrm{e}^{-\beta t}(\beta > 0)$，再取Fourier变换的运算，实际上就是函数的Laplace变换.

事实上，对函数$\varphi(t)u(t)\mathrm{e}^{-\beta t}(\beta > 0)$取Fourier变换，可得

$$\begin{aligned}G_{\beta}(\omega) &= \int_{-\infty}^{\infty} \varphi(t)u(t)\mathrm{e}^{-\beta t}\mathrm{e}^{-\mathrm{j}\omega t}\mathrm{d}t \\ &= \int_{0}^{+\infty} f(t)\mathrm{e}^{-(\beta+\mathrm{j}\omega)t}\mathrm{d}t = \int_{0}^{\infty} f(t)\mathrm{e}^{-st}\mathrm{d}t,\end{aligned}$$

其中

$$s = \beta + \mathrm{j}\omega, \ f(t) = \varphi(t)u(t).$$

记

$$F(s) = G_{\beta}\left(\frac{s-\beta}{\mathrm{j}}\right),$$

则得

$$F(s) = \int_{0}^{\infty} f(t)\mathrm{e}^{-st}\mathrm{d}t.$$

由此式所确定的函数$F(s)$, 实际上是由$f(t)(t \geqslant 0)$通过一种新的变换得来的, 这种变换称之为Laplace变换.

定义 设函数$f(t)$当$t \geqslant 0$时有定义, 而且积分

$$\int_0^\infty f(t)e^{-st}dt \ (s是一个复参量)$$

在复平面s的某一区域内收敛, 由此积分所确定的函数记为

$$F(s) = \int_0^\infty f(t)e^{-st}dt$$

称为函数$f(t)$的Laplace变换式, 简称拉氏变换. 记为

$$F(S) = \mathcal{L}[F(t)].$$

$F(s)$称为$f(t)$的Laplace变换或称为象函数.

若$F(s)$是$f(t)$的Laplace变换, 则称$f(t)$为$F(s)$的Laplace逆变换(或象原函数), 简称拉氏逆变换. 记为

$$f(t) = \mathcal{L}^{-1}[F(s)].$$

由此可得, $f(t)(t \geqslant 0)$的Laplace变换, 实际上是$f(t)u(t)e^{-\beta t}$的Fourier变换. 因此Laplace变换对函数$f(t)$的要求更低了, 只要求它在$t \geqslant 0$有定义即可.

8.1.2 Laplace变换的存在定理

即使Laplace变换对函数的要求较低, 也是有一定要求的. 一个函数究竟满足什么条件时, 它的Laplace变换才一定存在呢? 下面的定理将给出问题的解答.

定理8.1(Laplace变换的存在定理) 若函数$f(t)$满足下列条件:

(1)在$t \geqslant 0$的任一有限区间上连续或分段连续;

(2)当$t \to +\infty$时, $f(t)$的增长速度不超过某一指数函数, 亦即存在常数$M > 0$及$c \geqslant 0$, 使得

$$|f(t)| \leqslant Me^{ct}, \ 0 \leqslant t < +\infty$$

成立(满足此条件的函数, 称它的增大量是不超过指数级的, c为它的增长指数), 则$f(t)$的Laplace变换$F(s) = \int_0^\infty f(t)e^{-st}$ 在半平面$\mathrm{Re}(s) > c$上一定存在, 右端的积分在$\mathrm{Re}(s) \geqslant c_1 > c$上绝对收敛而且一致收敛, 并且在$\mathrm{Re}(s) > c$的半平面内, $F(s)$为解析函数.

注

(1) Laplace变换存在的条件要比Fourier变换存在的条件弱得多, 大多数常见函数都不满足Fourier积分定理中绝对可积的条件, 但它们都能满

足Laplace变换存在定理的条件.由此可见,对于某些问题,特别是在线性系统分析中,Laplace变换的应用更为广泛.

(2) Laplace变换存在定理的条件是充分的,而不是必要的,即若不满足定理条件的函数,它的Laplace变换仍有可能存在. 例如$f(t) = t^{-\frac{1}{2}} = \dfrac{1}{\sqrt{t}}$在$t = 0$处不满足存在定理的条件(1),但它的Laplace变换是存在的.

下面通过几个例子介绍一些常用函数的Laplace变换,读者应牢记这些常用函数的Laplace变换.

例8.1 求单位阶跃函数

$$u(t) = \begin{cases} 0, & t < 0, \\ 1, & t > 0. \end{cases}$$

的Laplace变换.

解 根据Laplace变换的定义,有

$$\mathcal{L}[u(t)] = \int_0^\infty f(t)\mathrm{e}^{-st}\mathrm{d}t,$$

这个积分在$\mathrm{Re}(s) > 0$时收敛,而且有

$$\int_0^\infty f(t)\mathrm{e}^{-st}\mathrm{d}t = -\frac{1}{s}\mathrm{e}^{-st}\big|_0^\infty = \frac{1}{s},$$

所以

$$\mathcal{L}[u(t)] = \frac{1}{s}, \ \ \mathrm{Re}(s) > 0.$$

例8.2 求函数$f(t) = \mathrm{e}^{kt}$的Laplace变换(k为实数).

解 根据Laplace变换的定义,有

$$\mathcal{L}[f(t)] = \int_0^\infty \mathrm{e}^{kt}\mathrm{e}^{-st}\mathrm{d}t = \int_0^\infty \mathrm{e}^{-(s-k)t}\mathrm{d}t,$$

这个积分在$\mathrm{Re}(s) > k$ 时收敛,而且有

$$\int_0^\infty \mathrm{e}^{-(s-k)t}\mathrm{d}t = \frac{1}{s-k}.$$

所以

$$\mathcal{L}[\mathrm{e}^{kt}] = \frac{1}{s-k}, \ \ \mathrm{Re}(s) > 0.$$

例8.3 求正弦函数$f(t) = \sin kt$(k为实数)的Laplace变换.

解 根据Laplace变换的定义,有

$$\begin{aligned} \mathcal{L}[\sin kt] &= \int_0^\infty \sin kt\mathrm{e}^{-st}\mathrm{d}t \\ &= \frac{\mathrm{e}^{-st}}{s^2 + k^2}(-s\sin kt - k\cos kt)\big|_0^{+\infty} \\ &= \frac{k}{s^2 + k^2}, \ \ \mathrm{Re}(s) > 0. \end{aligned}$$

同理可得余弦函数 $f(t) = \cos kt$（k为实数）的Laplace变换

$$\mathcal{L}[\cos kt] = \frac{s}{s^2 + k^2}, \ \text{Re}(s) > 0.$$

例8.4 证明：以T为周期的函数$f(t)$，即$f(t + T) = f(t)(t > 0)$的Laplace变换为

$$\mathcal{L}[f(t)] = \frac{1}{1 - \mathrm{e}^{-sT}} \int_0^T f(t)\mathrm{e}^{-st}\mathrm{d}t, \ \text{Re}(s) > 0,$$

其中，$f(t)$在一个周期上是连续或分段连续的.

证明 由$f(t)$是周期函数，对其进行Laplace变换，得

$$
\begin{aligned}
\mathcal{L}[f(t)] &= \int_0^\infty f(t)\mathrm{e}^{-st}\mathrm{d}t \\
&= \int_0^T f(t)\mathrm{e}^{-st}\mathrm{d}t + \int_T^{2T} f(t)\mathrm{e}^{-st}\mathrm{d}t + \cdots + \int_{kT}^{(k+1)T} f(t)\mathrm{e}^{-st}\mathrm{d}t + \cdots \\
&= \int_0^T f(t)\mathrm{e}^{-st}\mathrm{d}t + \mathrm{e}^{-sT}\int_0^T f(t)\mathrm{e}^{-st}\mathrm{d}t + \cdots + \mathrm{e}^{-ksT}\int_0^T f(t)\mathrm{e}^{-st}\mathrm{d}t + \cdots \\
&= \left(1 + \mathrm{e}^{-sT} + \mathrm{e}^{-2sT} + \cdots\right)\int_0^T f(t)\mathrm{e}^{-st}\mathrm{d}t \\
&= \frac{1}{1 - \mathrm{e}^{-sT}} \int_0^T f(t)\mathrm{e}^{-st}\mathrm{d}t.
\end{aligned}
$$

这就是周期函数的Laplace变换公式.

例8.5 求单位脉冲函数$\delta(t)$的Laplace变换.

解 首先，需要指出，满足Laplace变换存在定理的函数$f(t)$在$t = 0$处为有界时，积分

$$\mathcal{L}[f(t)] = \int_0^\infty f(t)\mathrm{e}^{-st}\mathrm{d}t$$

中的下限取0^+或0^-不会影响结果.但当$f(t)$在0处包含了脉冲函数时，Laplace变换的积分下限必须明确指出是0^+还是0^-，这是因为

$$\mathcal{L}_+[f(t)] = \int_{0^+}^{+\infty} f(t)\mathrm{e}^{-st}\mathrm{d}t,$$

$$\mathcal{L}_-[f(t)] = \int_{0^-}^{+\infty} f(t)\mathrm{e}^{-st}\mathrm{d}t = \int_{0^-}^{0^+} f(t)\mathrm{e}^{-st}\mathrm{d}t + \mathcal{L}_+[f(t)].$$

当$f(t)$在$t = 0$处包含了脉冲函数时，$\int_{0^-}^{0^+} f(t)\mathrm{e}^{-st}\mathrm{d}t \neq 0$，即

$$\mathcal{L}_-[f(t)] \neq \mathcal{L}_+[f(t)].$$

所以此时$f(t)$的Laplace变换的定义为

$$\mathcal{L}_-[f(t)] = \int_{0^-}^{+\infty} f(t)\mathrm{e}^{-st}\mathrm{d}t.$$

下面求单位脉冲函数$\delta(t)$的Laplace变换，即上式中当$f(t) = \delta(t)$时，根据上一章得到的单位脉冲函数的性质：$\int_{-\infty}^{+\infty} f(t)\delta(t)\mathrm{d}t = f(0)$，有

$$\mathcal{L}[\delta(t)] = \int_{0^-}^{+\infty} \delta(t)\mathrm{e}^{-st}\mathrm{d}t$$
$$= \int_{-\infty}^{+\infty} \delta(t)\mathrm{e}^{-st}\mathrm{d}t = \mathrm{e}^{-st}|_{t=0} = 1.$$

例8.6 求函数$f(t) = \cos t\mathrm{e}^{-\beta t}\delta(t) - \beta\mathrm{e}^{-\beta t}u(t)(\beta > 0)$的Laplace变换.

解 根据Laplace变换的定义，有

$$\mathcal{L}[f(t)] = \int_0^{+\infty} f(t)\mathrm{e}^{-st}\mathrm{d}t = \int_0^{+\infty} [\cos t\mathrm{e}^{-\beta t}\delta(t) - \beta\mathrm{e}^{-\beta t}u(t)]\mathrm{e}^{-st}\mathrm{d}t$$
$$= \int_0^{+\infty} \delta(t)\cos t\mathrm{e}^{-(s+\beta)t}\mathrm{d}t - \beta\int_0^{+\infty} \mathrm{e}^{-(s+\beta)t}\mathrm{d}t$$
$$= \cos t\mathrm{e}^{-(s+\beta)t}|_{t=0} + \frac{\beta\mathrm{e}^{-(s+\beta)t}}{s+\beta}\bigg|_0^{+\infty} = 1 - \frac{\beta}{s+\beta} = \frac{s}{s+\beta}.$$

在工程实际中，并不需要用Laplace变换的定义来求函数的Laplace变换，通过现成的Laplace变换表查表即可，这就如同使用三角函数表、对数表及积分表一样. 这里就不赘述了.

8.2　Laplace变换的性质

本节将介绍Laplace变换的6个基本性质，包括线性性质、微分性质、积分性质、位移性质、延迟性质和相似性质，它们在Laplace变换的实际应用中都是非常有用的. 为了叙述方便，假定在这些性质中，凡是要求Laplace 变换的函数都满足Laplace 变换存在定理中的条件，并且把这些函数的增长指数都统一地取为c. 在证明这些性质时，不再重述这些条件，希望读者注意.

8.2.1 线性性质

若α，β是常数，

$$\mathcal{L}[f_1(t)] = F_1(s), \ \mathcal{L}[f_2(t)] = F_2(s),$$

则有

$$\mathcal{L}[\alpha f_1(t) + \beta f_2(t)] = \alpha\mathcal{L}[f_1(t)] + \beta\mathcal{L}[f_2(t)],$$
$$\mathcal{L}^{-1}[\alpha f_1(t) + \beta f_2(t)] = \alpha\mathcal{L}^{-1}[f_1(t)] + \beta\mathcal{L}^{-1}[f_2(t)].$$

这个性质表明函数线性组合的Laplace变换等于各函数Laplace变换的线性组合.只需要根据定义，利用积分性质就可以证明该性质.

8.2.2 微分性质

若$\mathcal{L}[f(t)] = F(s)$，则

$$\mathcal{L}[f'(t)] = sF(s) - f(0).$$

证明 根据Laplace变换的定义，有

$$\mathcal{L}[f'(t)] = \int_0^\infty f'(t)e^{-st}dt.$$

对等号右端利用分部积分法积分，可得

$$\int_0^\infty f'(t)e^{-st}dt = f(t)e^{-st}\big|_0^\infty + s\int_0^\infty f(t)e^{-st}dt$$

$$= s\mathcal{L}[f(t)] - f(0), \quad \text{Re}(s) > c,$$

所以

$$\mathcal{L}[f'(t)] = sF(s) - f(0).$$

这个性质表明了一个函数求导后取Laplace变换等于这个函数的Laplace变换乘参变数s，再减去函数的初值.

推论 若$\mathcal{L}[f(t)] = F(s)$，则有

$$\mathcal{L}[f''(t)] = s^2F(s) - sf(0) - f'(0).$$

一般地，

$$\mathcal{L}[f^{(n)}(t)] = s^nF(s) - s^{n-1}f(0) - s^{n-2}f'(0) - \cdots - f^{(n-1)}(0)$$

$$= s^nF(s) - \sum_{i=0}^{n-1} s^{n-1-i}f^{(i)}(0), \quad \text{Re}(s) > c.$$

特别地，当初值$f(0) = f'(0) = \cdots = f^{(n-1)}(0)$时，有

$$\mathcal{L}[f'(t)] = sF(s),$$

$$\mathcal{L}[f''(t)] = s^2F(s),$$

$$\cdots\cdots$$

$$\mathcal{L}[f^{(n)}(t)] = s^nF(s).$$

此性质是解微分方程的理论依据.它将关于$f(t)$的微分方程转化为$F(s)$的代数方程，因此它对分析线性系统有着重要的作用，现在利用它推算一些函数的Laplace变换.

此外，由Laplace变换存在定理，还可以得到象函数的微分性质：

若$\mathcal{L}[f(t)] = F(s)$，则

$$F'(s) = -\mathcal{L}[tf(t)], \quad \text{Re}(s) > c.$$

一般地，有

$$F^{(n)}(s) = (-1)^n\mathcal{L}[t^nf(t)], \quad \text{Re}(s) > c.$$

证明留给读者.

例8.7 利用Laplace变换的微分性质求函数$f(t) = \cos kt$的Laplace变换.

解　由于$f(0) = 1$，$f'(0) = 0$，$f''(t) = -k^2 \cos kt$，则由Laplace变换的微分性质有

$$\mathcal{L}[-k^2 \cos kt] = \mathcal{L}[f''(t)] - sf(0) - f'(0),$$

即

$$-k^2 \mathcal{L}[\cos kt] = s^2 \mathcal{L}[\cos kt] - s,$$

移项化简得

$$\mathcal{L}[\cos kt] = \frac{s}{s^2 + k^2}, \ \ \mathrm{Re}(s) > 0.$$

例8.8 利用Laplace变换的微分性质求函数$f(t) = t^m$的Laplace变换，其中m是正整数.

解　由于$f(0) = f'(0) = \cdots = f^{(m-1)}(0) = 0$，而$f^{(m)}(t) = m!$. 所以

$$\mathcal{L}[m!] = \mathcal{L}[f^{(m)}(t)]$$
$$= s^m \mathcal{L}[f(t)] - s^{m-1} f(0) - s^{m-2} f'(0) - \cdots - f^{(m-1)}(0),$$

即

$$\mathcal{L}[m!] = s^m \mathcal{L}[t^m],$$

而

$$\mathcal{L}[m!] = m! \mathcal{L}[1] = \frac{m!}{s},$$

所以

$$\mathcal{L}[t^m] = \frac{m!}{s^{m+1}}, \ \ \mathrm{Re}(s) > 0.$$

例8.9 求函数$f(t) = t^2 \sin kt$的Laplace变换.

解　因为$\mathcal{L}[\sin kt] = \dfrac{k}{s^2 + k^2}$，所以根据上述象函数的微分性质可知

$$\mathcal{L}[t^2 \sin kt] = \mathcal{L}[(-t)^2 \sin kt] = \frac{\mathrm{d}^2}{\mathrm{d}s^2}\left(\frac{k}{s^2 + k^2}\right) = \frac{2k^3 - 6ks^2}{(s^2 + k^2)^3}, \ \ \mathrm{Re}(s) > 0;$$

同理可得

$$\mathcal{L}[t^2 \cos kt] = \frac{\mathrm{d}^2}{\mathrm{d}s^2}\left(\frac{s}{s^2 + k^2}\right) = \frac{2s^3 - 6k^2 s}{(s^2 + k^2)^3}, \ \ \mathrm{Re}(s) > 0.$$

8.2.3 积分性质

若$\mathcal{L}[f(t)] = F(s)$，则

$$\mathcal{L}\left[\int_0^t f(t)\mathrm{d}t\right] = \frac{1}{s}F(s).$$

证明 设 $h(t) = \int_0^t f(t)\mathrm{d}t$，则有

$$h'(t) = f(t), \quad h(0) = 0.$$

由上述微分性质，有

$$\mathcal{L}[h'(t)] = s\mathcal{L}[h(t)] - h(0) = s\mathcal{L}[h(t)],$$

即

$$\mathcal{L}\left[\int_0^t f(t)\mathrm{d}t\right] = \frac{1}{s}\mathcal{L}[f(t)] = \frac{1}{s}F(s).$$

这个性质表明了一个函数积分后再取Laplace变换等于这个函数的Laplace变换除以复参数 s.

重复应用积分性质，可得

$$\mathcal{L}\left[\underbrace{\int_0^t \mathrm{d}t \int_0^t \mathrm{d}t \cdots \int_0^t}_{n次} f(t)\mathrm{d}t\right] = \frac{1}{s^n}F(s).$$

此外，由Laplace变换存在定理，还可以得到象函数的积分性质：

若 $\mathcal{L}[f(t)] = F(s)$，则

$$\mathcal{L}\left[\frac{f(t)}{t}\right] = \int_s^\infty F(s)\mathrm{d}s.$$

一般地，有

$$\mathcal{L}\left[\frac{f(t)}{t^n}\right] = \underbrace{\int_s^\infty \mathrm{d}s \int_s^\infty \mathrm{d}s \cdots \int_s^\infty}_{n次} F(s)\mathrm{d}s.$$

请读者自行证明.

例8.10 求函数 $f(t) = \int_0^t \sin t \mathrm{d}t$ 的Laplace变换.

解 因为 $\mathcal{L}[\sin t] = \dfrac{1}{s^2+1}$，所以根据上述象函数的积分性质可知

$$\mathcal{L}\left[\int_0^t \sin t\mathrm{d}t\right] = \frac{1}{s}\mathcal{L}[\sin t] = \frac{1}{s}\frac{1}{s^2+1} = \frac{1}{s(s^2+1)}.$$

例8.11 求函数 $f(t) = \dfrac{\sinh t}{t}$ 的Laplace变换.

解 首先，利用Laplace变换的线性性质以及指数函数的Laplace变换，得

$$\mathcal{L}[\sinh t] = \mathcal{L}\left[\frac{\mathrm{e}^t - \mathrm{e}^{-t}}{2}\right]$$

$$= \frac{1}{2}\left(\mathcal{L}[\mathrm{e}^t] - \mathcal{L}[\mathrm{e}^{-t}]\right)$$

$$= \frac{1}{2}\left(\frac{1}{s-1} - \frac{1}{s+1}\right)$$

$$= \frac{1}{s^2-1}.$$

再根据象函数的积分性质，得

$$\mathcal{L}\left[\frac{\sinh t}{t}\right] = \int_s^\infty \mathcal{L}[\sinh t]\mathrm{d}s = \int_s^\infty \frac{1}{s^2-1}\mathrm{d}s$$

$$= \frac{1}{2}\ln\frac{s-1}{s+1}\Big|_s^\infty = \frac{1}{2}\ln\frac{s+1}{s-1}.$$

如果积分$\int_0^{+\infty}\dfrac{f(t)}{t}\mathrm{d}t$存在，当$s=0$时，则有

$$\mathcal{L}\left[\frac{f(t)}{t}\right] = \int_0^{+\infty}\frac{f(t)}{t}\mathrm{e}^{-0t}\mathrm{d}t = \int_0^\infty F(s)\mathrm{d}s,$$

其中，$F(s) = \mathcal{L}[f(t)]$. 即

$$\int_0^{+\infty}\frac{f(t)}{t}\mathrm{d}t = \int_0^\infty F(s)\mathrm{d}s.$$

这个公式常用来计算某些积分，例如，$\mathcal{L}[\sin t] = \dfrac{1}{s^2+1}$，则有

$$\int_0^{+\infty}\frac{\sin t}{t}\mathrm{d}t = \int_0^\infty \frac{1}{s^2+1}\mathrm{d}s = \arctan s|_0^\infty = \frac{\pi}{2}.$$

这与Dirichlet积分的结果完全一致.

8.2.4 位移性质

若$\mathcal{L}[f(t)] = F(s)$，则有

$$\mathcal{L}[\mathrm{e}^{at}f(t)] = F(s-a), \ \mathrm{Re}(s-a) > c.$$

证明 根据Laplace变换的定义，有

$$\mathcal{L}[\mathrm{e}^{at}f(t)] = \int_0^{+\infty}\mathrm{e}^{at}f(t)\mathrm{e}^{-st}\mathrm{d}t = \int_0^{+\infty}f(t)\mathrm{e}^{-(s-a)t}\mathrm{d}t,$$

由此看出，上式只是在$F(s)$中把s换成$s-a$，所以

$$\mathcal{L}[\mathrm{e}^{at}f(t)] = F(s-a), \ \mathrm{Re}(s-a) > c.$$

这个性质表明：一个象函数乘函数e^{at}的Laplace变换等于其象函数作位移a.

例8.12 $\mathcal{L}[\mathrm{e}^{at}\sin kt]$

解 已知$\mathcal{L}[\sin kt] = \dfrac{k}{s^2+k^2}$，由位移性质可得

$$\mathcal{L}[\mathrm{e}^{at}\sin kt] = \frac{k}{(s-a)^2 + k^2}.$$

8.2.5 延迟性质

若$\mathcal{L}[f(t)] = F(s)$，又$t < 0$时$f(t) = 0$，则对于任一非负实数τ，有

$$\mathcal{L}[f(t-\tau)] = \mathrm{e}^{-s\tau}F(s),$$

或

$$\mathcal{L}^{-1}[\mathrm{e}^{-s\tau}F(s)] = f(t-\tau).$$

证明 根据Laplace变换的定义，有

$$\mathcal{L}[f(t-\tau)] = \int_0^{+\infty} f(t-\tau)\mathrm{e}^{-s\tau}\mathrm{d}t$$

$$= \int_0^{\tau} f(t-\tau)\mathrm{e}^{-s\tau}\mathrm{d}t + \int_{\tau}^{+\infty} f(t-\tau)\mathrm{e}^{-s\tau}\mathrm{d}t,$$

由已知，当$t < \tau$时，$f(t-\tau) = 0$，所以上式右端第一个积分为零.对于第二个积分，作变量代换$t - \tau = u$，则

$$\mathcal{L}[f(t-\tau)] = \int_0^{+\infty} f(u)\mathrm{e}^{-s(u+\tau)}\mathrm{d}u$$

$$= \mathrm{e}^{-s\tau} \int_0^{+\infty} f(u)\mathrm{e}^{-su}\mathrm{d}u$$

$$= \mathrm{e}^{-s\tau}F(s), \quad \mathrm{Re}(s) > c.$$

比较函数$f(t)$与函数$f(t-\tau)$可知，$f(t)$从$f(t)$开始有非零数值，而$f(t-\tau)$是从$t = \tau$开始才有的非零数值，即延迟了一个时间τ.从图像上来看，$f(t-\tau)$的图像是由$f(t)$的图像沿t轴向右平移距离τ而得到的，因此时间函数延迟τ的Laplace变换等于它的象函数乘指数因子$\mathrm{e}^{-s\tau}$.

注意，这里当$t < 0$时，$f(t) = 0$是不可缺少的，它表明了$f(t)u(t)$与$f(t)$是两个不同的函数. 因此，该性质也可表述如下：

若$\mathcal{L}[f(t)u(t)] = F(s)$，则对任意的正数$\tau$，有

$$\mathcal{L}[f(t-\tau)u(t-\tau)] = \mathrm{e}^{-s\tau}F(s),$$

或

$$\mathcal{L}^{-1}[\mathrm{e}^{-s\tau}F(s)] = f(t-\tau)u(t-\tau).$$

例8.13 求函数

$$u(t-\tau) = \begin{cases} 0, & t < \tau, \\ 1, & t > \tau. \end{cases}$$

的Laplace变换.

解 已知$\mathcal{L}[u(t)] = \dfrac{1}{s}$，根据延迟性质，有

$$\mathcal{L}[u(t-\tau)] = \frac{1}{s}\mathrm{e}^{-s\tau}.$$

例8.14 求函数$f_1(t) = \cos(t-\tau)u(t-\tau)$和$f_2(t) = \cos(t-\tau)$的Laplace变换.

解 根据延迟性质，有

$$\mathcal{L}[f_1(t)] = \mathcal{L}[\cos(t-\tau)u(t-\tau)]$$

$$= \mathrm{e}^{-s\tau}\mathcal{L}[\cos(t)]$$

$$= \frac{s}{s^2+1}\mathrm{e}^{-s\tau}.$$

由于$\cos(t-\tau) = \cos t\cos\tau + \sin t\sin\tau$，根据线性性质，有

$$\mathcal{L}[f_2(t)] = \mathcal{L}[\cos(t-\tau)]$$

$$= \cos\tau\mathcal{L}[\cos t] + \sin\tau\mathcal{L}[\sin t]$$

$$= \cos\tau\frac{s}{s^2+1} + \sin\tau\frac{1}{s^2+1}$$

$$= \frac{1}{s^2+1}(s\cos\tau + \sin\tau).$$

如果这样求解则是错误的：

$$\mathcal{L}[f_2(t)] = \mathcal{L}[\cos(t-\tau)]$$

$$= \mathrm{e}^{-s\tau}\mathcal{L}[\cos t] = \frac{s}{s^2+1}\mathrm{e}^{-s\tau}.$$

这是因为当$t < \tau$时$f_2(t) \neq 0$.即不满足延迟性质的条件.

8.2.6 相似性质

若$a > 0$，$\mathcal{L}[f(t)] = F(s)$，则

$$\mathcal{L}[f(at)] = \frac{1}{a}F\left(\frac{s}{a}\right).$$

证明 根据Laplace变换的定义，作变量代换$u = at$，则

$$\mathcal{L}[f(at)] = \int_0^{+\infty} f(at)\mathrm{e}^{-st}\mathrm{d}t$$

$$= \frac{1}{a}\int_0^{+\infty} f(u)\mathrm{e}^{-s\frac{u}{a}}\mathrm{d}u$$

$$= \frac{1}{a}\int_0^{+\infty} f(u)\mathrm{e}^{-\frac{s}{a}u}\mathrm{d}u$$

$$= \frac{1}{a}F\left(\frac{s}{a}\right).$$

例8.15 求函数$\sin at(a > 0)$的Laplace变换.

解 已经$\mathcal{L}[\sin t] = \dfrac{1}{s^2+1}$，根据相似性质，有

$$\mathcal{L}[\sin at] = \frac{1}{a}\cdot\frac{1}{\left(\frac{s}{a}\right)^2+1} = \frac{a}{s^2+a^2}.$$

8.3　Laplace变换的卷积

前面介绍了Laplace变换的几个基本性质.本节介绍Laplace变换的卷积性质.卷积性质不仅被用来求某些函数的逆变换及一些积分值，而且在线性系统分析中起着重要的作用.

8.3.1 Laplace变换的卷积定义

回顾第7章Fourier变换的卷积定义.两个函数$f_1(t)$，$f_2(t)$的卷积是指

$$f_1(t) * f_2(t) = \int_{-\infty}^{+\infty} f_1(\tau) f_2(t - \tau) d\tau.$$

在Laplace变换时，要求函数在$t < 0$时为0，即$f_1(t) = f_2(t) = 0$，$t < 0$，如果$f_1(t)$和$f_2(t)$都满足该条件，则上式可以写成

$$f_1(t) * f_2(t)$$
$$= \int_{-\infty}^{0} f_1(\tau) f_2(t - \tau) d\tau + \int_{0}^{t} f_1(\tau) f_2(t - \tau) d\tau + \int_{t}^{+\infty} f_1(\tau) f_2(t - \tau) d\tau$$
$$= \int_{0}^{t} f_1(\tau) f_2(t - \tau) d\tau.$$

可见Laplace变换的卷积定义可从Fourier变换的卷积定义中获得，即

$$f_1(t) * f_2(t) = \int_{0}^{t} f_1(\tau) f_2(t - \tau) d\tau.$$

今后如不特别声明，都假定这些函数在$t < 0$时恒为零.它们的卷积都按上式计算. 因此，由上式定义的卷积除了满足交换律、结合律和对加法的分配律以外，仍然具有下列基本性质：

(1) 卷积的数乘

$$a[f_1(t) * f_2(t)] = [af_1(t)] * f_2(t) = f_1(t) * [af_2(t)] \ (a为常数);$$

(2)卷积的微分

$$\frac{d}{dt}[f_1(t) * f_2(t)] = f_1(t) * \frac{d}{dt} f_2(t) + f_1(t) f_2(0)$$
$$= \frac{d}{dt} f_1(t) * f_2(t) + f_1(0) f_2(t);$$

(3)卷积的积分

$$\int_{-\infty}^{+\infty} [f_1(\xi) * f_2(\xi)] d\xi = f_1(t) * \int_{0}^{t} f_2(\xi) d\xi = \int_{0}^{t} f_1(\xi) d\xi * f_2(t);$$

且有函数卷积的绝对值小于函数绝对值的卷积，即如下不等式成立：

$$|f_1(\xi) * f_2(\xi)| \leqslant |f_1(\xi)| * |f_2(\xi)|.$$

例8.16 求函数$f_1(t) = t$和函数$f_2(t) = \sin t$的卷积

解 根据定义，

$$t * \sin t = \int_{0}^{1} \tau \sin(t - \tau) d(\tau)$$

分部积分一次，可得

$$t * \sin t = \int_0^1 \tau \sin(t - \tau) \mathrm{d}(\tau) = t - \sin t,$$

由卷积的交换律可知

$$\sin t * t = t - \sin t.$$

8.3.2 Laplace变换的卷积性质

如同Fourier变换的卷积满足卷积定理一样，Laplace变换的卷积也满足卷积定理.

定理8.2(卷积定理) 假设$f_1(t)$，$f_2(t)$满足拉普拉斯变换存在定理中的条件，且

$$\mathcal{L}[f_1(t)] = F_1(s), \ \mathcal{L}[f_2(t)] = F_2(s),$$

则$f_1(\xi) * f_2(\xi)$的拉普拉斯变换一定存在，且

$$\mathcal{L}[f_1(\xi) * f_2(\xi)] = F_1(s) * F_2(s)$$

这个性质表明两个卷积的拉普拉斯变换等于这两个函数拉普拉斯变换的乘积. 不难推证，若$f_k(t)$，$k = 1, 2, \cdots, n$，满足拉普拉斯变换存在定理中的条件，且$\mathcal{L}[f_k(t)] = F_k(s)$，$k = 1, 2, \cdots, n$，则有

$$\mathcal{L}[f_1(\xi) * f_2(\xi) * \cdots * f_n(\xi)] = F_1(s) * F_2(s) * \cdots * F_2(s).$$

在拉普拉斯变换的应用中，卷积定理起着十分重要的作用.下面利用它来求一些函数的逆变换.

例8.17 若$F(s) = \dfrac{1}{(s^2 + 1)s^2}$，求$f(t)$.

解 因为

$$F(s) = \frac{1}{(s^2 + 1)s^2} = \frac{1}{s^2 + 1} \cdot \frac{1}{s^2},$$

所以

$$F_1(s) = \frac{1}{s^2 + 1}, \ F_2(s) = \frac{1}{s^2},$$

于是

$$f_1(t) = \mathcal{L}^{-1}[F_1(s)] = \sin t, \ f_2(t) = \mathcal{L}^{-1}[F_2(s)] = t.$$

根据卷积定理和例8.16，得

$$f(t) = f_1(t) * f_2(t) = \sin t * t = t - \sin t.$$

例8.18 若$\mathcal{L}[f(t)] = \dfrac{1}{(s^2 + 2s + 5)^2}$，求$f(t)$.

解 因为

$$\mathcal{L}[f(t)] = \frac{1}{(s^2 + 2s + 5)^2} = \frac{1}{[(s+1)^2 + 2^2]^2}$$

$$= \frac{1}{4} \cdot \frac{2}{(s+1)^2 + 2^2} \cdot \frac{2}{(s+1)^2 + 2^2},$$

根据位移性质，得

$$\mathcal{L}^{-1}\left[\frac{2}{(s+1)^2 + 2^2}\right] = \mathrm{e}^{-t}\sin 2t,$$

于是

$$\begin{aligned}
f(t) &= \frac{1}{4}(\mathrm{e}^{-t}\sin 2t) * (\mathrm{e}^{-t}\sin 2t)\\
&= \frac{1}{4}\int_0^t (\mathrm{e}^{-\tau}\sin 2\tau)\left[\mathrm{e}^{-(t-\tau)}\sin 2(t-\tau)\right]\mathrm{d}\tau\\
&= \frac{1}{4}\mathrm{e}^{-t}\int_0^t \sin 2\tau \sin 2(t-\tau)\mathrm{d}\tau\\
&= \frac{1}{8}\mathrm{e}^{-t}\int_0^t [\cos(4\tau - 2t) - \cos 2t]\mathrm{d}\tau\\
&= \frac{1}{8}\mathrm{e}^{-t}\left[\frac{\sin(4\tau - 2t)}{4} - \tau\cos 3t\right]\Bigg|_0^t\\
&= \frac{1}{16}\mathrm{e}^{-t}(\sin 2t - 2t\cos 2t).
\end{aligned}$$

例8.19 若 $\mathcal{L}[f(t)] = \dfrac{s^2}{(s^2 + 1)^2}\mathrm{e}^{-as}(a > 0)$ ，求 $f(t)$.

解 首先利用卷积定理，得

$$\begin{aligned}
\mathcal{L}^{-1}\left[\frac{s^2}{(s^2+1)^2}\right] &= \mathcal{L}^{-1}\left[\frac{s}{s^2+1} \cdot \frac{s}{s^2+1}\right]\\
&= \mathcal{L}^{-1}\left[\frac{s}{s^2+1}\right] * \mathcal{L}^{-1}\left[\frac{s}{s^2+1}\right]\\
&= \cos t * \cos t\\
&= \int_0^t \cos\tau\cos(t-\tau)\mathrm{d}\tau\\
&= \frac{1}{2}\int_0^t [\cos t + \cos(2\tau - t)]\mathrm{d}\tau = \frac{1}{2}(t\cos t + \sin t).
\end{aligned}$$

其次利用延迟性质，有

$$\begin{aligned}
f(t) &= \mathcal{L}^{-1}[F(s)] = \mathcal{L}^{-1}\left[\frac{s^2}{(s^2+1)^2}\mathrm{e}^{-as}\right]\\
&= \frac{1}{2}\left[(t-a)\sin(t-a)u(t-a) + \sin(t-a)u(t-a)\right].
\end{aligned}$$

这里，单位阶跃函数 $u(t-a)$ 是不可缺少的.

不难看出，以上的函数也可以利用其他方法来求其逆变换，读者不妨自己试一试.

8.4　Laplace逆变换及Laplace反演积分

前面讨论了Laplace变换的定义及性质，Laplace变换是已知函数$f(t)$求它的象函数$F(s)$的运算.而很多时候，当已知象函数$F(s)$求象原函数$f(t)$时，这就是Laplace逆变换.根据前面介绍的一些函数的Laplace变换的公式以及性质，可以求一些简单函数的Laplace逆变换，当函数较复杂时，也可以利用上一节讨论的函数的卷积运算，当Laplace逆变换不能直接用公式求得时，可以利用卷积定理求函数的Laplace逆变换.本节将从定义出发，介绍另一种求Laplace逆变换的方法，从而较系统地给出Laplace逆变换的解决方法.

由Laplace变换的定义知，$f(t)$的Laplace变换实际是$f(t)u(t)\mathrm{e}^{-\beta t}$的Fourier变换.于是，当$f(t)u(t)\mathrm{e}^{-\beta t}$满足Fourier积分定理的条件时，按Fourier积分公式，在$f(t)$连续点处有

$$
\begin{aligned}
f(t)u(t)\mathrm{e}^{-\beta t} &= \frac{1}{2\pi}\int_{-\infty}^{+\infty}\left[\int_{-\infty}^{+\infty}f(\tau)u(\tau)\mathrm{e}^{-\beta\tau}\mathrm{e}^{-\mathrm{j}\omega\tau}\mathrm{d}\tau\right]\mathrm{e}^{\mathrm{j}\omega t}\mathrm{d}\omega \\
&= \frac{1}{2\pi}\int_{-\infty}^{+\infty}\mathrm{e}^{-\mathrm{j}\omega t}\mathrm{d}\omega\left[\int_{0}^{+\infty}f(\tau)\mathrm{e}^{-(\beta+\mathrm{j}\omega)\tau}\mathrm{d}\tau\right] \\
&= \frac{1}{2\pi}\int_{-\infty}^{+\infty}F(\beta+\mathrm{j}\omega)\mathrm{e}^{\mathrm{j}\omega t}\mathrm{d}\omega,\ t>0,
\end{aligned}
$$

等式两边同乘$\mathrm{e}^{\beta t}$，它与积分变量ω无关，可放到积分号里，则

$$
f(t) = \frac{1}{2\pi}\int_{-\infty}^{+\infty}F(\beta+\mathrm{j}\omega)\mathrm{e}^{(\beta+\mathrm{j}\omega)t}\mathrm{d}\omega,\ t>0,
$$

令$\beta+\mathrm{j}\omega = s$，有

$$
f(t) = \frac{1}{2\pi j}\int_{\beta-\mathrm{j}\infty}^{\beta+\mathrm{j}\infty}F(s)\mathrm{e}^{st}\mathrm{d}s,\ t>0,
$$

这就是从象函数$F(s)$求它的象原函数$f(t)$的一般公式.公式右端的积分称为Laplace反演积分.由于上式是一个复变函数的积分，计算复变函数的积分通常比较困难，但当$F(s)$满足一定条件时，可以用留数定理来计算这个反演积分.特别地，当$F(s)$为有理函数时更为简单.下面的定理给出这种反演积分的计算方法.

定理8.3　　若s_1，s_2，$\cdots$，s_n是函数$F(s)$的所有有限个奇点（适当选取β使这些奇点全在$\mathrm{Re}(s)<\beta$的范围内），且当$s\to\infty$时，$F(s)\to0$，则有

$$
f(t) = \frac{1}{2\pi\mathrm{j}}\int_{\beta-\mathrm{j}\infty}^{\beta+\mathrm{j}\infty}F(s)\mathrm{e}^{st}\mathrm{d}s = \sum_{k=1}^{n}\mathrm{Res}[F(s)\mathrm{e}^{st},\ s_k],
$$

即
$$f(t) = \sum_{k=1}^{n} \text{Res}[F(s)\mathrm{e}^{st}, \ s_k], \ t > 0.$$

证明 作闭曲线$C = L + C_R$，C_R在$\text{Re}(s) < \beta$的区域内是半径为R的圆弧，在R充分大后，可以使$F(s)$的所有奇点包含在闭曲线C围成的区域内.同时e^{st}在全平面上解析，所以$F(s)\mathrm{e}^{st}$的奇点就是$F(s)$的奇点.根据留数定理可得

$$\oint_C F(s)\mathrm{e}^{st}\mathrm{d}s = 2\pi\mathrm{j} \sum_{k=1}^{n} \text{Res}[F(s)\mathrm{e}^{st}, \ s_k],$$

即

$$\frac{1}{2\pi j} \int_{\beta-\mathrm{j}\infty}^{\beta+\mathrm{j}\infty} F(s)\mathrm{e}^{st}\mathrm{d}s = \sum_{k=1}^{n} \text{Res}[F(s)\mathrm{e}^{st}, \ s_k], \ t > 0.$$

这就证明了定理.

很多时候，碰到的是有理函数.根据第5章的留数的计算规则，可以得到具体的计算公式. 若函数$F(s)$是有理函数，即$F(s) = \dfrac{A(s)}{B(s)}$，其中$A(s)$，$B(s)$是不可约多项式，$B(s)$的次数是$n$，而且$A(s)$的次数小于$B(s)$的次数，且满足定理对$F(s)$所有要求，因此有以下计算规则：

规则1 若$B(s)$有n个单零点s_1，s_2，$\cdots$，s_n，即这些点都是$\dfrac{A(s)}{B(s)}$的单极点，根据留数的计算方法，有
$$\text{Res}\left[\frac{A(s)}{B(s)}\mathrm{e}^{st}, \ s_k\right] = \frac{A(s_k)}{B'(s_k)}\mathrm{e}^{s_k t},$$

从而有
$$f(t) = \sum_{k=1}^{n} \frac{A(s_k)}{B'(s_k)}\mathrm{e}^{s_k t}, \ t > 0.$$

规则2 若s_1，s_2，$\cdots$，s_k分别是$B(s)$的m_1，m_2，$\cdots$，$m_k(m_i \geqslant 1$，$i = 1, 2, \cdots, k)$级零点，且满足$m_1 + m_2 + \cdots + m_k = n$，由此得$s_1$，$s_2$，$\cdots$，$s_k$分别是$\dfrac{A(s)}{B(s)}$的$m_1$，$m_2$，$\cdots$，$m_k$级极点，根据留数的计算方法，有
$$\text{Res}\left[\frac{A(s)}{B(s)}\mathrm{e}^{st}, \ s_i\right] = \frac{1}{(m_i-1)!} \lim_{s \to s_i} \frac{\mathrm{d}^{m_i-1}}{\mathrm{d}s^{m_i-1}}\left[(s-s_i)^m \frac{A(s)}{B(s)}\mathrm{e}^{st}\right], \ i = 1, 2, \cdots, k.$$

所以有
$$f(t) = \sum_{i=1}^{k} \frac{1}{(m_i-1)!} \lim_{s \to s_i} \frac{\mathrm{d}^{m_i-1}}{\mathrm{d}s^{m_i-1}}\left[(s-s_i)^m \frac{A(s)}{B(s)}\mathrm{e}^{st}\right], \ i = 1, 2, \cdots, k.$$

这两个公式都称为Heaviside展开式，在用Laplace变换解常微分方程时经常碰到.

例8.20 利用留数方法求$F(s) = \dfrac{1}{s^2+1}$的逆变换.

解 这里$B(s) = s^2 + 1$，它有两个单零点$s_1 = \mathrm{j}$，$s_2 = -\mathrm{j}$，由规则1得

$$f(t) = \mathcal{L}^{-1}\left[\frac{1}{s^2+1}\right] = \frac{1}{2s}\mathrm{e}^{st}\Big|_{s=\mathrm{j}} + \frac{s}{2s}\mathrm{e}^{st}\Big|_{s=-\mathrm{j}}$$

$$= \frac{1}{2}(\mathrm{e}^{\mathrm{j}t} + \mathrm{e}^{-\mathrm{j}t}) = \sin t, \quad t > 0.$$

这和人们熟知的结果是一致的.

例8.21 利用留数方法求$F(s) = \dfrac{1}{s(s+1)^2}$的逆变换.

解 这里$B(s) = s(s+1)^2$，$s = 0$为单零点，$s = -1$为二级零点，由规则2可得

$$f(t) = \mathcal{L}^{-1}\left[\frac{1}{s(s+1)^2}\right]$$

$$= \mathrm{Res}\left[\frac{\mathrm{e}^{st}}{s(s+1)^2}, \ 0\right] + \mathrm{Res}\left[\frac{\mathrm{e}^{st}}{s(s+1)^2}, \ -1\right]$$

$$= \frac{\mathrm{e}^{st}}{(s+1)^2}\Big|_{s=0} + \lim_{s\to-1}\frac{\mathrm{d}}{\mathrm{d}s}\left(\frac{\mathrm{e}^{st}}{s}\right)$$

$$= 1 + \lim_{s\to-1}\frac{st\mathrm{e}^{st} - \mathrm{e}^{st}}{s^2}$$

$$= 1 - t\mathrm{e}^{-t} - \mathrm{e}^{-t}, \quad t > 0.$$

例8.22 用两种方法求$F(s) = \dfrac{1}{s^2(s+1)}$的逆变换.

解 方法1：利用留数方法求解函数逆变换.这里$B(s) = s^2(s+1)$，$s = 0$为二级零点，$s = -1$为单零点，由规则2可得

$$f(t) = \mathcal{L}^{-1}\left[\frac{1}{s^2(s+1)}\right]$$

$$= \mathrm{Res}\left[\frac{\mathrm{e}^{st}}{s^2(s+1)}, \ 0\right] + \mathrm{Res}\left[\frac{\mathrm{e}^{st}}{s^2(s+1)}, \ -1\right]$$

$$= \lim_{s\to0}\frac{\mathrm{d}}{\mathrm{d}s}\left(\frac{\mathrm{e}^{st}}{s+1}\right) + \frac{\mathrm{e}^{st}}{s^2}\Big|_{s=-1}$$

$$= \lim_{s\to0}\frac{(s+1)t\mathrm{e}^{st} - \mathrm{e}^{st}}{(s+1)^2} + \mathrm{e}^{-t}$$

$$= t - 1 + \mathrm{e}^{-t}, \quad t > 0.$$

方法2：利用Laplace变换的性质求解函数逆变换.对$F(s)$进行部分分式，得

$$F(s) = \frac{1}{s^2(s+1)} = \frac{1}{s^2} - \frac{1}{s} + \frac{1}{s+1},$$

所以

$$f(t) = \mathcal{L}^{-1}\left[\frac{1}{s^2(s+1)}\right] = t - 1 + e^{-t}.$$

在计算Laplace逆变换的时候，可以采用留数的方法，也可以采用Laplace变换的性质，当函数很复杂时，还可以采用卷积定理来计算Laplace逆变换.因此具体问题应具体分析，这需要通过不断做题中熟练掌握.

8.5 Laplace变换的应用

像Fourier变换一样，Laplace变换也在许多工程技术和科学研究领域中有着广泛的应用，特别是在力学系统、电学系统、自动控制系统、可靠性系统以及随机服务系统等系统科学中起着重要作用.这些系统通常对应着一个或多个微分或积分方程，在许多场合下，这些方程是线性的.因此可以用Laplace变换求解这类方程，这在实际问题中是十分有效的.下面举例介绍.

例8.23 求方程$y'' + 2y' - 3y = e^{-t}$满足初值条件

$$y|_{t=0} = 0, \quad y'|_{t=0} = 1.$$

的解.

解 设方程的解$y = y(t)$，$t \geqslant 0$且设$\mathcal{L}[y(t)] = Y(s)$.对方程的两边取Laplace变换，并考虑到初值条件，则得

$$s^2 Y(s) - 1 + 2sY(s) - 3Y(s) = \frac{1}{s+1},$$

这是含未知量$Y(s)$的代数方程，整理后解出$Y(s)$，得

$$Y(s) = \frac{s+2}{(s+1)(s-1)(s+3)}.$$

这便是所求函数的Laplace变换，取它的逆变换便可以得到所求函数$y(t)$.

为了求$Y(s)$的逆变换，将它化为部分分式的形式，即

$$Y(s) = \frac{s+2}{(s+1)(s-1)(s+3)} = \frac{-\frac{1}{4}}{s+1} + \frac{\frac{3}{8}}{s-1} + \frac{-\frac{1}{8}}{s+3}.$$

取其逆变换，最后得

$$y(t) = -\frac{1}{4}e^{-t} + \frac{3}{8}e^{t} - \frac{1}{8}e^{-3t}.$$

这便是所求微分方程满足所给的初值条件的解.

本例是一个常系数非齐次线性常微分方程满足的初值条件的求解问题.下面将给出一个积分方程求解的例子.

例8.24 求积分方程

$$y(t) = at + \int_0^t y(\tau) \sin(t - \tau) \mathrm{d}\tau$$

的解.

解 设 $\mathcal{L}[y(t)] = Y(s)$. 对方程两边取Laplace变换, 由卷积定理可得

$$Y(s) = \frac{a}{s^2} + Y(s)\frac{1}{s^2 + 1},$$

所以

$$Y(s) = \frac{s^2 + 1}{s^2}\frac{a}{s^2} = \frac{a}{s^2} + \frac{a}{s^4} = \frac{a}{s^2} + \frac{a}{3!}\frac{3!}{s^4}.$$

由Laplace变换的公式, 有

$$y(t) = \mathcal{L}^{-1}\left[\frac{a}{s^2}\right] + \frac{a}{3!}\mathcal{L}^{-1}\left[\frac{3!}{s^4}\right] = at + \frac{a}{3!}t^3.$$

可以看出这一积分方程实际上是一个卷积型的积分方程, 它有着许多实际应用, 例如在更新过程中有许多重要的量 (如更新函数、更新密度等) 均满足这一方程, 因此, 在更新过程中特别称此积分方程为更新方程, 下面举一些实际例子.

例8.25 求方程组

$$\begin{cases} y'' - x'' + x' - y = \mathrm{e}^t - 2, \\ 2y'' - x'' - 2y' + x = -t. \end{cases}$$

满足初值条件

$$\begin{cases} y(0) = y'(0) = 0, \\ x(0) = x'(0) = 0. \end{cases}$$

的解.

解 这是一个常系数微分方程组的初值问题, 对微分方程组的两个方程分别取Laplace变换, 设

$$\mathcal{L}[y(t)] = Y(s), \quad \mathcal{L}[x(t)] = X(s).$$

并考虑到初值条件, 则得

$$\begin{cases} s^2 Y(s) - s^2 X(s) + sX(s) - Y(s) = \dfrac{1}{s-1} - \dfrac{2}{s}, \\ 2s^2 Y(s) - s^2 X(s) + X(s) - 2sY(s) = \dfrac{1}{-s^2}. \end{cases}$$

整理化简后为

$$\begin{cases} (s+1)Y(s) - sX(s) = \dfrac{-s+2}{s(s-1)^2}, \\ 2sY(s) - (s+1)X(s) = -\dfrac{1}{s^2(s-1)}. \end{cases}$$

解这个代数方程, 即得

$$
\begin{cases}
Y(s) = \dfrac{1}{s^2(s-1)}, \\[3mm]
X(s) = \dfrac{2s-1}{s^2(s-1)^2}.
\end{cases}
$$

先根据Heaviside展开式来求它们的逆变换. 对于 $Y(s) = \dfrac{1}{s^2(s-1)}$, 可得

$$
y(t) = 1 + te^t - e^t.
$$

而 $X(s) = \dfrac{2s-1}{s^2(s-1)^2}$ 具有两个二级极点: $s=0$, $s=1$. 所以

$$
x(t) = \lim_{s \to 0} \frac{\mathrm{d}}{\mathrm{d}s}\left[\frac{2s-1}{(s-1)^2} e^{st}\right] + \lim_{s \to 0} \frac{\mathrm{d}}{\mathrm{d}s}\left[\frac{2s-1}{s^2} e^{st}\right] = -t + te^t.
$$

故

$$
\begin{cases}
y(t) = 1 + te^t - e^t, \\
x(t) = -t + te^t.
\end{cases}
$$

这便是所求方程的解.

例8.26 在RLC电路中串联直流电源 E, 回路中电流 $i(t)$, 分析其数学模型.

解 根据基尔霍夫定律, 有

$$
u_R + u_C + u_L = E,
$$

其中

$$
u_R = Ri(t), \ \ i(t) = C\frac{\mathrm{d}u_C}{\mathrm{d}t},
$$

即

$$
u_C = \frac{1}{C}\int_0^t i(t)\mathrm{d}(t).
$$

而 $u_L = L\dfrac{\mathrm{d}}{\mathrm{d}t}i(t)$, 代入上式, 可得

$$
\frac{1}{C}\int_0^t i(t)\mathrm{d}t + Ri(t) + L\frac{\mathrm{d}}{\mathrm{d}t}i(t) = E, \ \ i(0) = 0.
$$

这是RLC串联电路中电流 $i(t)$ 所满足的表达式, 它是一个微分方程. 对该方程两边取Laplace变换, 且设 $\mathcal{L}[i(t)] = I(s)$, 则有

$$
\frac{1}{Cs}I(s) + RI(s) + LsI(s) = \mathcal{L}[E] = \frac{E}{s}.
$$

所以

$$
I(s) = \frac{\dfrac{E}{s}}{Ls + R + \dfrac{1}{Cs}}.
$$

若用r_1，r_2表示方程$s^2 + \dfrac{R}{L}s + \dfrac{1}{LC} = 0$的根，则有

$$r_1 = -\frac{R}{2L} + \sqrt{\frac{R^2}{4L^2} - \frac{1}{LC}}, \quad r_2 = -\frac{R}{2L} - \sqrt{\frac{R^2}{4L^2} - \frac{1}{LC}}.$$

记

$$\alpha = \frac{R}{2L}, \quad \beta = \sqrt{\alpha^2 - \frac{1}{LC}},$$

则两根可写为

$$r_1 = -\alpha + \beta, \quad r_2 = -\alpha - \beta,$$

所以

$$s^2 + \frac{R}{L}s + \frac{1}{LC} = (s - r_1)(s - r_2),$$

故

$$I(s) = \frac{E}{L(s - r_1)(s - r_2)}.$$

根据Heaviside展开式，得

$$i(t) = \frac{E}{L}\left(\frac{\mathrm{e}^{r_1 t}}{r_1 - r_2} + \frac{\mathrm{e}^{r_2 t}}{r_2 - r_1}\right),$$

将r_1，r_2的数值代入，得

$$i(t) = \frac{E\mathrm{e}^{-\alpha t}(\mathrm{e}^{\beta t} - \mathrm{e}^{-\beta t})}{2\beta L} = \frac{E}{\beta L}\mathrm{e}^{-\alpha t}\sinh \beta t.$$

当$\alpha > \dfrac{1}{LC}$，即$R > 2\sqrt{\dfrac{L}{C}}$时，β为一实数，此时可直接由上式计算$i(t)$.

当$\alpha < \dfrac{1}{LC}$，即$R < 2\sqrt{\dfrac{L}{C}}$时，β为一虚数，上式可做如下变换，令

$$\omega = \sqrt{\frac{1}{LC} - \alpha^2},$$

此时

$$\beta = \sqrt{\alpha^2 - \frac{1}{LC}} = \mathrm{j}\omega,$$

考虑到

$$\sinh \mathrm{j}z = \mathrm{j}\sin z,$$

此时，$i(t)$可写成

$$i(t) = \frac{E}{\omega L}\mathrm{e}^{-\alpha t}\sin \omega t,$$

该式表明在回路中出现了角频率为ω的衰减正弦振荡.

当$\alpha = \dfrac{1}{LC}$，即$R = 2\sqrt{\dfrac{L}{C}}$时，此时$\beta = 0$，$r_1 = r_2 = -\alpha$，有

$$I(s) = \frac{E}{L(s - r_1)(s - r_2)} = \frac{E}{L(s + \alpha)^2}.$$

根据Heaviside展开式，$s = -\alpha$ 为二级极点.容易求得

$$i(t) = \frac{E}{L} t e^{-\alpha t}.$$

注意本例中的微分积分方程的初值问题，实际上可以转化为一个二阶线性常系数齐次微分方程的初值问题，有兴趣的读者可以一试.

从以上的例题可以看出，用Laplace变换求线性微分积分方程及其方程组的解时，有以下优点：

(1)在求解的过程中，初值条件也同时用上了，求出的结果就是需要的特解.这样就避免了在微分方程的一般解法中，先求通解再根据初值条件确定任意常数求出特解的复杂运算.

(2)零初值条件在工程技术中是十分常见的，由(1)可知，用Laplace变换求解就显得更加简单，而在微分方程的一般解法中不会因此有任何简化.

(3)对于一个非齐次的线性微分方程来说，当非齐次项不是连续函数，而是包含δ函数或有第一类间断点的函数时，用Laplace 变换求解没有任何困难，而用微分方程的一般解法就会困难得多.

(4)用Laplace变换求解线性微分、积分方程组时，不仅比微分方程组的一般解法要简便得多，而且可以单独求出某个未知函数，而不需要知道其余的未知函数，这在微分方程组的一般解法中通常是不可能的.

此外，用Laplace变换方法求解的步骤明确、规范，便于在工程技术中应用，而且有现成的Laplace变换表，可直接获得象原函数(即方程的解).正是由于这些优点，Laplace变换在许多工程技术领域中有着广泛的应用.

利用Laplace变换的延迟性质，还可以求微分、差分方程的解.限于篇幅，这里不再介绍.

小结

1. Laplace变换的概念

Laplace变换所考虑的对象通常是定义在$[0,\ +\infty)$上的实值函数$f(t)$.

Laplace变换：

$$F(s) = \mathcal{L}[f(t)] = \int_0^{+\infty} f(t)\mathrm{e}^{-st}\mathrm{d}t,$$

其中，$s = \beta + \mathrm{j}\omega$为复参数；

Laplace逆变换（又称反演积分公式）：

$$f(t) = \mathcal{L}^{-1}[F(s)] = \frac{1}{2\pi\mathrm{j}} \int_{\beta-\mathrm{j}\omega}^{\beta+\mathrm{j}\omega} F(s)\mathrm{e}^{st}\mathrm{d}s,$$

其中，$F(s)$称为函数$f(t)$的象函数，$f(t)$称为$F(s)$的象原函数.

函数$f(t)$的Laplace变换就是函数$f(t)u(t)\mathrm{e}^{-\beta t}$的Fourier变换；Laplace变换中所提到的函数一般都约定在$t < 0$时为0，即$f(t)$的Laplace 变换等价于函数$f(t)u(t)$的Laplace变换. 象函数$F(s)$通常仅在复平面s上的某个区域存在，称此区域为存在域，它一般是一个右半平面.若函数$f(t)$ 不比某个指数函数增长得快，则它的Laplace变换一定存在，因此人们所接触到的绝大多数函数的Laplace变换都是存在的. 在进行Laplace 变换时，常常略去存在域.

2. Laplace变换的性质

设$F(s) = \mathcal{L}[f(t)]$，$G(s) = \mathcal{L}[g(t)]$.

线性性质：

$$\mathcal{L}[af(t) + bg(t)] = aF(s) + bG(s);$$

$$\mathcal{F}^{-1}[aF(\omega) + bG(\omega)] = af(t) + bg(t).$$

微分性质：

$$\mathcal{L}[f^{(n)}(t)] = s^n F(s) - s^{n-1}f(0) - s^{n-2}f'(0) - \cdots - f^{n-1}(0);$$

$$\mathcal{L}^{-1}[F^{(n)}(s)] = (-1)^n t^n f(t).$$

积分性质：

$$\mathcal{L}\left[\int_0^t f(t)\mathrm{d}t\right] = \frac{1}{s}F(s);$$

$$\mathcal{L}^{-1}\left[\int_s^\infty F(s)\mathrm{d}s\right] = \frac{f(t)}{t}.$$

延迟性质：

$$\mathcal{L}[f(t-\tau)u(t-\tau)] = \mathrm{e}^{-s\tau}F(s).$$

位移性质：

$$\mathcal{L}[f(t)\mathrm{e}^{at}] = F(s-a).$$

相似性质：

$$\mathcal{L}[f(at)] = \frac{1}{|a|}F\left(\frac{s}{a}\right).$$

周期函数的象函数性质：设$f(t)$是$[0, +\infty)$内以T为周期的函数，且$f(t)$在一个周期内逐段光滑，则

$$\mathcal{L}[f(t)] = \frac{1}{1 - \mathrm{e}^{-sT}} \int_0^T f(t)\mathrm{e}^{-st}\mathrm{d}t.$$

3. 卷积与卷积定理

卷积定义：

$$f_1(t) * f_2(t) = \int_0^t f_1(\tau) f_2(t - \tau)\mathrm{d}\tau.$$

卷积定理：

$$\mathcal{L}[f_1(t) * f_2(t)] = F_1(s)F_2(s).$$

4.几个常用函数的Laplace变换

$$\mathcal{L}[\delta(t)] = 1,$$
$$\mathcal{L}[u(t)] = \frac{1}{s},$$
$$\mathcal{L}[1] = \frac{1}{s},$$
$$\mathcal{L}[t^m] = \frac{m!}{s^{m+1}},$$
$$\mathcal{L}[\mathrm{e}^{at}] = \frac{1}{s - a},$$
$$\mathcal{L}[\sin kt] = \frac{b}{s^2 + k^2},$$
$$\mathcal{L}[\cos kt] = \frac{s}{s^2 + k^2}.$$

5.Laplace逆变换

(1)几个常用的Laplace逆变换方法：

留数法：设$F(s)$除在有限个孤立奇点s_1, s_2, $\cdots$, s_n外是解析的，且

$$\lim_{s \to \infty} F(s) = 0,$$

则有

$$f(t) = \frac{1}{2\pi\mathrm{j}} \int_{\beta - \mathrm{j}\omega}^{\beta + \mathrm{j}\omega} F(s)\mathrm{e}^{st}\mathrm{d}s = \sum_{k=1}^n \mathrm{Res}[F(s)\mathrm{e}^{st}, s_k].$$

部分分式分解法：在许多实际问题中，象函数常常为有理真分式，因此可以先分解为若干个简单的部分分式之和，再利用Laplace变换的性质以及已知的变换得到它的象原函数.

(2)几个常用函数的Laplace逆变换

$$\mathcal{L}^{-1}[1] = \delta(t),$$

$$\mathscr{L}^{-1}\left[\frac{1}{s}\right] = 1,$$

$$\mathscr{L}^{-1}\left[\frac{m!}{s^{m+1}}\right] = t^m,$$

$$\mathscr{L}^{-1}\left[\frac{1}{s-a}\right] = \mathrm{e}^{at},$$

$$\mathscr{L}^{-1}\left[\frac{b}{s^2+k^2}\right] = \sin kt,$$

$$\mathscr{L}^{-1}\left[\frac{s}{s^2+k^2}\right] = \cos kt,$$

$$\mathscr{L}^{-1}\left[\frac{m!}{(s-a)^{m+1}}\right] = t^m \mathrm{e}^{at},$$

$$\mathscr{L}^{-1}\left[\frac{b}{(s-a)^2+k^2}\right] = \mathrm{e}^{at}\sin kt,$$

$$\mathscr{L}^{-1}\left[\frac{s-a}{(s-a)^2+k^2}\right] = \mathrm{e}^{at}\cos kt.$$

(3)几个常用的Laplace逆变换的性质

$$\mathscr{L}^{-1}\left[F(s-a)\right] = \mathrm{e}^{at}f(t),$$

$$\mathscr{L}^{-1}\left[\frac{F(s)}{s}\right] = \int_0^t f(t)\mathrm{d}t,$$

$$\mathscr{L}^{-1}\left[\mathrm{e}^{-s\tau}F(s)\right] = f(t-\tau)u(t-\tau),$$

$$\mathscr{L}^{-1}\left[F_1(s)F_2(s)\right] = f_1(t)*f_2(t).$$

6.求解常微分方程(组)

利用Laplace变换求解常微分方程(组)的方法分为以下三步：

第一步：通过Laplace变换将微分方程(组)化为象函数的代数方程(组)；

第二步：根据代数方程(组)求出象函数；

第三步：求Laplace逆变换得到微分方程(组)的解.

习题

1. (1) 利用Laplace变换性质求 $f(t) = t\mathrm{e}^{2t}\cos 3t$ 的Laplace变换；

(2) 求 $F(s) = \dfrac{1}{s^2+s}$ 的Laplace逆变换.

2. (1) 利用Laplace变换性质求 $f(t) = t\cdot u(t) + \mathrm{e}^{-3t}\sin 2t$ 的Laplace变换；

(2) 求 $F(s) = \dfrac{2s+1}{s^2+s-2}$ 的Laplace逆变换.

3. (1) 利用Laplace变换性质求 $f(t) = t \cdot \cos t + \mathrm{e}^{-3t}\sin 2t$ 的Laplace变换；

(2) 求 $F(s) = \dfrac{4}{s^2+2s-3}$ 的Laplace逆变换.

4. (1) 求 $f(t) = t\mathrm{e}^{-3t}\sin 2t$ 的Laplace变换；

(2) 求 $F(s) = \dfrac{2s+5}{s^2+4s+13}$ 的Laplace逆变换；

(3) 求 $F(s) = \dfrac{1}{s^2+4s+13}$ 的Laplace逆变换.

5. (1) 解方程 $f(t) = at + \displaystyle\int_0^t \sin(t-\tau)f(\tau)\mathrm{d}\tau$；

(2) 用Laplace变换求解方程 $f'(t) + 2\displaystyle\int_0^t f(\tau)\mathrm{d}\tau = u(t-1),\ \ f(0) = 1$；

(3) 用Laplace变换求解微分方程 $y'' - 2y' + 2y = 2\mathrm{e}^t\cos t,\ \ y(0) = y'(0) = 0$；

(4) 用Laplace变换求解方程 $f'(t) + 2\displaystyle\int_0^t \cos(t-\tau)f(\tau)\mathrm{d}\tau = \cos t,\ \ f(0) = 0$；

(5) 用Laplace变换和Laplace逆变换等，求方程组：
$$\begin{cases} x'(t) + 2x(t) + 2y(t) = 10\mathrm{e}^{2t}, \\ -2x(t) + y'(t) + y(t) = 7\mathrm{e}^{2t}, \end{cases}$$
满足初始条件 $x(0) = 1,\ y(0) = 3$ 的特解；

(6) 用Laplace变换法解如下常微分方程初值问题：
$$x''(t) + 4x(t) = 0,\ \ x(0) = 2,\ \ x'(0) = 1;$$

(7) 求微分方程 $y'' + 2y' - 3y = \mathrm{e}^{-t},\ y(0) = 0,\ y'(0) = 1$ 的解；

(8) 用Laplace变换求解微分方程 $y'' + 4y' + 3y = \mathrm{e}^{-t},\ y(0) = y'(0) = 1$ 的解.

课后习题解答

第1章

1.(1) $2\left[\cos\left(-\dfrac{\pi}{3}\right)+\mathrm{i}\sin\left(-\dfrac{\pi}{3}\right)\right]$ 或 $2\mathrm{e}^{-\frac{\pi}{3}\mathrm{i}}$;

(2) $2\left[\cos\left(-\dfrac{\pi}{6}\right)+\mathrm{i}\sin\left(-\dfrac{\pi}{6}\right)\right]$ 或 $2\mathrm{e}^{-\frac{\pi}{6}\mathrm{i}}$;

(3) $\sqrt{13}\cos\left(\arctan\dfrac{2}{3}-\pi\right)+\mathrm{i}\sin\left(\arctan\dfrac{2}{3}-\pi\right)$ 或 $\sqrt{13}\mathrm{e}^{\left(\arctan\frac{2}{3}-\pi\right)\mathrm{i}}$;

(4) $\cos\left(-2\theta\right)+\mathrm{i}\sin\left(-2\theta\right)$ 或 $\mathrm{e}^{-2\theta\mathrm{i}}$;

(5) $\cos\dfrac{2\pi}{3}+\mathrm{i}\sin\dfrac{2\pi}{3}$ 或 $\mathrm{e}^{\frac{2\pi}{3}\mathrm{i}}$;

(6) $\cos 19\varphi+\mathrm{i}\sin 19\varphi$ 或 $\mathrm{e}^{19\varphi\mathrm{i}}$;

(7) $\cos\dfrac{2\pi}{3}+\mathrm{i}\sin\dfrac{2\pi}{3}$ 或 $\mathrm{e}^{\frac{2\pi}{3}\mathrm{i}}$;

(8) $\cos 0+\mathrm{i}\sin 0$ 或 $\mathrm{e}^{0\mathrm{i}}$ 或 1;

(9) $2\cos\dfrac{\theta}{2}\left(\cos\dfrac{\theta}{2}+\mathrm{i}\sin\dfrac{\theta}{2}\right)$ 或 $2\cos\dfrac{\theta}{2}\mathrm{e}^{\frac{\theta}{2}\mathrm{i}}$;

(10) $2\cos\left(\dfrac{\pi}{4}-\dfrac{\varphi}{2}\right)\left[\cos\left(\dfrac{\pi}{4}-\dfrac{\varphi}{2}\right)+\mathrm{i}\sin\left(\dfrac{\pi}{4}-\dfrac{\varphi}{2}\right)\right]$ 或 $2\cos\left(\dfrac{\pi}{4}-\dfrac{\varphi}{2}\right)\mathrm{e}^{\left(\frac{\pi}{4}-\frac{\varphi}{2}\right)\mathrm{i}}$.

2.(1) $\mathrm{e}^{-(2k+1)\pi+\mathrm{i}\ln 3}=\mathrm{e}^{-2(k+1)\pi}[\cos(\ln 3)+\mathrm{i}\sin(\ln 3)](k=0,\pm1,\pm2,\cdots)$;

(2) $\sqrt[8]{\mathrm{e}^{-\mathrm{i}\frac{\frac{\pi}{4}+2k\pi}{4}}}\,(k=0,1,2,3)$;

(3) $\sqrt[8]{2}\mathrm{e}^{\mathrm{i}\frac{\frac{\pi}{4}+2k\pi}{4}}\,(k=0,1,2,3)$;

(4) $32\mathrm{e}^{-\frac{5}{6}\pi\mathrm{i}}$;

(5) $16-16\mathrm{i}$;

(6) $-2-2\mathrm{i}$;

(7) -1;

(8) $-\mathrm{i}$.

3. (1) $(u-1)^2+v^2=4$ 或 $|w-1|=4$;

(2) $v=8$;

(3) $u=\dfrac{1}{2}$;

(4) $\mathrm{Im}z>0$;

(5) $u=-v$;

(6) 椭圆面;

(7) $0<\arg w<\pi$ 或 $\mathrm{Im}w>0$;

(8) $x - y + 1 = 0(x > 0)$.

4. **证** 对等式

$$\frac{z_2 - z_1}{z_3 - z_1} = \frac{z_1 - z_3}{z_2 - z_3},$$ ①

两端同时取模得

$$|z_1 - z_3|^2 = |z_2 - z_3||z_2 - z_1|.$$ ②

式①两端同时减 1 得

$$\frac{z_2 - z_3}{z_3 - z_1} = \frac{z_1 - z_2}{z_2 - z_3}.$$ ③

式③两端同时取模得

$$|z_2 - z_3|^2 = |z_1 - z_2||z_3 - z_1|.$$ ④

式④代入式②中整理后得

$$|z_2 - z_3| = |z_1 - z_3|,$$ ⑤

式⑤代入式②整理后得

$$|z_1 - z_3| = |z_2 - z_1|,$$ ⑥

结合式⑤、式⑥得证，即

$$|z_2 - z_1| = |z_3 - z_1| = |z_2 - z_3|.$$

这些等式的几何意义是以 z_1，z_2，z_3 为顶点的正三角形三边.

5. **证**

$$\begin{aligned}
\overline{f(z)} &= \overline{a_0 z^n + a_1 z^{n-1} + a_2 z^{n-2} + \ldots + a_{n-1} z + a_n} \\
&= \overline{a_0 z^n} + \overline{a_1 z^{n-1}} + \overline{a_2 z^{n-2}} + \ldots + \overline{a_{n-1} z} + \overline{a_n} \\
&= a_0 \bar{z}^n + a_1 \bar{z}^{n-1} + a_2 \bar{z}^{n-2} + \ldots + a_{n-1} \bar{z} + a_n \\
&= f(\bar{z}).
\end{aligned}$$

6. **证** (1)

$$\begin{aligned}
\left| \frac{z - z_0}{1 - \overline{z_0} z} \right|^2 &= \frac{(z - z_0)(\bar{z} - \overline{z_0})}{(1 - z\overline{z_0})(1 - \bar{z} z_0)} = \frac{|z|^2 + |z_0|^2 - \bar{z} z_0 - z\overline{z_0}}{1 + |z z_0|^2 - \bar{z} z_0 - z\overline{z_0}} \\
&= \frac{1 + |z_0|^2 - \bar{z} z_0 - z\overline{z_0}}{1 + |z_0|^2 - \bar{z} z_0 - z\overline{z_0}} = 1.
\end{aligned}$$

(2) 因为

$$|cz+d|^2 - |\bar{d}z + \bar{c}|^2 = (cz+d)(\bar{c}\bar{z} + \bar{d}) - (\bar{d}z + \bar{c})(d\bar{z} + c)$$

$$= |c|^2|z|^2 + |d|^2 + \bar{c}d\bar{z} + cd\bar{z} - |c|^2 - |d|^2|z|^2 - \bar{c}d\bar{z} - cd\bar{z} = 0,$$

所以

$$\left| \frac{cz+d}{\bar{d}z + \bar{c}} \right| = 1.$$

7. 证   因为

$$|z_1 - z_2|^2 = (z_1 - z_2)(\overline{z_1} - \overline{z_2}) = |z_1|^2 - z_1\overline{z_2} - z_2\overline{z_1} + |z_2|^2,$$

$$|1 - z_1\overline{z_2}|^2 = (1 - z_1\overline{z_2})(1 - \overline{z_1}z_2) = 1 - z_1\overline{z_2} - z_2\overline{z_1} + |z_1|^2|z_2|^2,$$

所以

$$|1 - z_1\overline{z_2}|^2 - |z_1 - z_2|^2 = (1 - z_1\overline{z_2} - z_2\overline{z_1} + |z_1|^2|z_2|^2) - (|z_1|^2 - z_1\overline{z_2} - z_2\overline{z_1} + |z_2|^2)$$

$$= 1 + |z_1|^2|z_2|^2 - |z_1|^2 - |z_2|^2 = (1 - |z_1|^2)(1 - |z_2|^2) > 0.$$

从而

$$|z_1 - z_2| < |1 - z_1\bar{z}_2|.$$

8. 证 $\arg z$ 在 $z = 0$ 处无定义,从而在 $z = 0$ 不连续. 对 $x_0 < 0$, 由于

$$\lim_{\substack{z \to x_0 \\ \text{Im} z > 0}} \arg z = \pi, \quad \lim_{\substack{z \to x_0 \\ \text{Im} z < 0}} \arg z = -\pi,$$

故而 $\arg z$ 在 x_0 不连续.

第2章

1. (1) $e^{-2k\pi + i\ln 2}, k = 0, \pm 1, \pm 2, \cdots$;

(2) $\sqrt[8]{2}[\cos \frac{\frac{\pi}{4} + 2k\pi}{4} + i\sin \frac{\frac{\pi}{4} + 2k\pi}{4}], k = 0, 1, 2, 3$;

(3) $\sqrt[6]{2}(\cos \frac{2k\pi - \frac{\pi}{4}}{3} + i\sin \frac{2k\pi - \frac{\pi}{4}}{3}), (k = 0, 1, 2)$;

(4) $\ln \sqrt{2} + i(\frac{3}{4}\pi + 2k\pi), k = 0, \pm 1, \pm 2, \cdots$;

(5) $e^{-(\frac{\pi}{6} + 2k\pi) + i\ln 2}(k = 0, \pm 1, \pm 2, \cdots)$;

(6) $e^{\frac{1}{2}\ln 2 - (\frac{\pi}{4} + 2k\pi)}e^{i(\frac{1}{2}\ln 2 + \frac{\pi}{4} + 2k\pi)}$;

(7) $e^{-(\frac{\pi}{2} + 2k\pi)}(k \in \mathbf{Z})$;

(8) $e^{-2\pi k}(\cos \ln 3 + i\sin \ln 3), k \in \mathbf{Z}$;

(9) $\ln 5 + i(\pi - \arctan \frac{4}{3} + 2k\pi), k = 0, \pm 1, \pm 2, \cdots$;

(10) $3e^{-2k\pi}[\cos(\ln 3) + i\sin(\ln 3)](k \in \mathbf{Z})$.

2. (1) $k\pi i, k = 0, \pm 1, \pm 2, \cdots$;

(2) $(k + \frac{1}{2})\pi i$;

(3) $-e$;

(4) $\frac{e}{2}(1 + \sqrt{3}i)$;

(5) $i(2k\pi - \frac{\pi}{2})(k \in \mathbf{Z})$;

(6) $-2k\pi i$;

(7) $\ln 2 + i(\frac{2\pi}{3} + 2k\pi), k \in \mathbf{Z}$.

3. (1) 处处不解析;

(2) 除去 $z = 0$ 外都解析;

(3) 处处不解析.

4. (1) $2x + 1 + 2yi$;

(2) $\frac{y^2 - x^2}{(x^2 + y^2)^2} + i\frac{2xy}{(x^2 + y^2)^2}$ 或 $-\frac{1}{z^2}$;

(3) $2x + 1 + (2y + 1)i$;

(4) ie^{iz} 或 $-e^{-y}\sin x + ie^{-y}\cos x$;

(5) $3z^2$;

(6) $2y - 2(x - 1)i$ 或 $2i(1 - z)$.

5.(1) $-3, 1, -3$;

(2) 2;

(3) -2;

6.证

(1) 设 $f(z) = u(x, y) + iv(x, y)$, 因为在 D 内 $f'(z) = 0$, 故 $f(z)$ 在 D 处处解析, 所以

$$f'(z) = u_x + iv_x = 0 \text{ 且 } u_x = v_y, u_y = -v_x,$$

$$\text{故} u_x = v_x = 0, u_y = v_y = 0.$$

又 u, v 在 D 内可微, 故

$$du = u_x dx + u_y dy = 0, \ dv = v_x dx + v_y dy = 0,$$

所以 $u = c_1$ (常数), $v = c_2$ (常数), $f(z) = u + iv = c_1 + ic_2$ 在 D 内为常数.

(2) 由已知有

$$u^2 + v^2 = c, \qquad\qquad ①$$

$$u_x = v_y, \ u_y = -v_x. \qquad\qquad ②$$

218

对①式的两边分别关于 x, y 求导, 得

$$2uu_x + 2vv_x = 0, \tag{③}$$

$$2uu_y + 2vv_y = 0. \tag{④}$$

将②代入③、④得

$$uu_x - vu_y = 0, \tag{⑤}$$

$$uu_y + vu_x = 0, \tag{⑥}$$

应用⑤ $\times u +$ ⑥ $\times v$, ⑤ $\times (-v) +$ ⑥ $\times u$ 有

$$(u^2 + v^2)u_x = 0, \quad (u^2 + v^2)u_y = 0.$$

若 $u^2 + v^2 = 0$, 则 $u = v = 0$, 即 $f(z) = 0$.

若 $u^2 + v^2 \neq 0$, 则 $u_x = u_y = 0 = -v_x = v_y$, 即 $f'(z) = u_x + \mathrm{i}v_x = 0$, 从而 $f(z) = c$.

(3) 因为 $f(z) = u + \mathrm{i}v$ 是解析函数, 所以

$$|f(z)| = \sqrt{u^2 + v^2}, f'(z) = u_x + \mathrm{i}v_x, u_x = v_y, u_y = -v_x,$$

$$\left(\frac{\partial}{\partial x}|f(z)|\right)^2 + \left(\frac{\partial}{\partial y}|f(z)|\right)^2$$

$$= \left[\frac{1}{2}(u^2 + v^2)^{-\frac{1}{2}}(2uu_x + 2vv_x)\right]^2 + \left[\frac{1}{2}(u^2 + v^2)^{-\frac{1}{2}}(2uu_y + 2vv_y)\right]^2$$

$$= (u^2 + v^2)^{-1}(uu_x + vv_x)^2 + (u^2 + v^2)^{-1}(-uv_x + vu_x)^2$$

$$= (u^2 + v^2)^{-1}(u^2 + v^2)(u_x^2 + v_x^2) = (u_x^2 + v_x^2) = |f'(z)|^2.$$

(4) 方法1: 设 $f(z) = u(x, y) + \mathrm{i}v(x, y)$, 则 $\overline{f(\bar{z})} = u(x, -y) - \mathrm{i}v(x, -y)$. 设 $z = x + \mathrm{i}y$ 在下半平面, 则 $z = x - \mathrm{i}y$ 在上半平面.

$$\frac{\partial}{\partial x}u(x, -y) = u_x(x, -y), \frac{\partial}{\partial y}u(x, -y) = -u_y(x, -y),$$

$$\frac{\partial}{\partial x}(-v(x, -y)) = -v_x(x, -y), \frac{\partial}{\partial y}(-v(x, -y)) = v_y(x, -y),$$

由于 $f(z)$ 在上半平面解析, 所以

$$\frac{\partial}{\partial x}u(x, -y) = u_x(x, -y) = v_y(x, -y) = \frac{\partial}{\partial y}(-v(x, -y)),$$

$$\frac{\partial}{\partial y}u(x, -y) = -u_y(x, -y) = v_x(x, -y) = -\frac{\partial}{\partial x}(-v(x, -y)).$$

方法2: 设 z_0 为下半平面一点, 则 $\bar{z}_0$ 为上半平面的点, 则有

$$\lim_{z \to z_0} \frac{\overline{f(\bar{z}) - f(\bar{z}_0)}}{z - z_0} = \lim_{z \to z_0} \frac{\overline{f(\bar{z}) - f(\bar{z}_0)}}{\bar{z} - \bar{z}_0} = \overline{\lim_{\bar{z} \to \bar{z}_0} \frac{f(\bar{z}) - f(\bar{z}_0)}{\bar{z} - \bar{z}_0}} = \overline{f'(\bar{z}_0)}.$$

7. 证 (1)

$$\text{左} = \left(\frac{e^z + e^{-z}}{2}\right)^2 - \left(\frac{e^z - e^{-z}}{2}\right)^2 = \frac{e^{2z} + 2 + e^{-2z}}{4} - \frac{e^{2z} - 2 + e^{-2z}}{4} = 1 = \text{右}.$$

(2)

$$\text{左边} = \frac{e^{(z_1+z_2)} - e^{-(z_1+z_2)}}{2},$$

$$\text{右边} = \frac{e^{z_1} - e^{-z_1}}{2} \cdot \frac{e^{z_2} + e^{-z_2}}{2} + \frac{e^{z_1} + e^{-z_1}}{2} \cdot \frac{e^{z_2} - e^{-z_2}}{2}$$

$$= \frac{1}{4}\left[e^{z_1+z_2} - e^{-z_1+z_2} + e^{z_1-z_2} - e^{-(z_1+z_2)} + e^{z_1+z_2} + e^{-z_1+z_2} - e^{z_1-z_2} - e^{-(z_1+z_2)}\right]$$

$$= \frac{1}{2}\left[e^{z_1+z_2} - e^{-(z_1+z_2)}\right],$$

故原式成立.

(3) 方法1:

$$\sin z = \frac{e^{iz} - e^{-iz}}{2i} = \frac{e^{-y+ix} - e^{y-ix}}{2i} = \frac{e^{-y}(\cos x + i\sin x) - e^{y}(\cos x - i\sin x)}{2i}$$

$$= \sin x \frac{e^{-y} + e^{y}}{2} + \cos x \frac{e^{-y} - e^{y}}{2i} = \sin x \,\text{ch}y + i\cos x \,\text{sh}y.$$

方法2: 设 $z = x + iy$, 则

$$\text{左边} = \sin z = \sin(x+iy) = \sin x \cos(iy) + \cos x \sin(iy),$$

又因为

$$\cos(iy) = \frac{e^{-y} + e^{y}}{2} = \text{ch}y, \quad \sin(iy) = i\frac{e^{y} - e^{-y}}{2} = i\text{sh}y,$$

所以等式成立.

8. 证

$$\cos z = \cos(x+iy) = \frac{e^{i(x+iy)} + e^{-i(x+iy)}}{2}$$

$$= \frac{1}{2}[e^{-y}(\cos x + i\sin x) + e^{y}(\cos x - i\sin x)]$$

$$= \frac{e^{-y} + e^{y}}{2}\cos x + i\frac{e^{-y} - e^{y}}{2}\sin x = \cos x \,\text{ch}y - i\sin x \,\text{sh}y,$$

由于 $\cos iy = \frac{e^{-y}+e^{y}}{2} \to \infty \,(y \to \infty)$, 故而 $|\cos z| \leqslant 1$ 不再成立.

第3章

1. (1) 1;

(2) $2\pi i$;

(3) $\mathrm{ie}^{1+\mathrm{i}} = \mathrm{ie}(\cos 1 + \mathrm{i}\sin 1)$;

(4) 0;

(5) 0.

2. (1) $4\pi\mathrm{e}^2\mathrm{i}$;

(2) 0;

(3) 0;

(4) $\frac{1}{2}$;

(5) $2\pi\mathrm{ie}^z\cos z + c$;

(6) 0;

(7) $-\pi\mathrm{i}$;

(8) 0;

(9) $-1 + \frac{1}{2}\mathrm{i}$;

(10) $\pi\mathrm{i}$;

(11) $2\pi\mathrm{i}(13 + 6\mathrm{i})$;

(12) $-2\cos 2 + \sin 2$.

3. **解：** (1) 令 $z = \mathrm{e}^{\mathrm{i}\theta}, \theta : \pi \to 0$, 则

$$\int_C \bar{z}\mathrm{d}z = \int_\pi^0 \overline{\mathrm{e}^{\mathrm{i}\theta}} \cdot \mathrm{e}^{\mathrm{i}\theta} \cdot \mathrm{id}\theta = \int_\pi^0 \mathrm{e}^{-\mathrm{i}\theta+\mathrm{i}\theta} \cdot \mathrm{id}\theta = \int_\pi^0 \mathrm{id}\theta = -\pi\mathrm{i}.$$

(2) 方法1：因为 C 为圆的左半圆周，且起点为 $Z = -\mathrm{i}$，终点为 $Z = \mathrm{i}$, 故

$$\int_C |z|\mathrm{d}z = \int_C \mathrm{d}z = \int_{-\mathrm{i}}^{\mathrm{i}} \mathrm{d}z = z|_{-\mathrm{i}}^{\mathrm{i}} = 2\mathrm{i}.$$

方法2：设 $z = \mathrm{e}^{\mathrm{i}\theta}(-\frac{3}{2}\pi \leqslant \theta \leqslant -\frac{\pi}{2})$, 则

$$\int_C |z|\mathrm{d}z = \int_{-\frac{\pi}{2}}^{-\frac{3}{2}\pi} |\mathrm{e}^{\mathrm{i}\theta}|\mathrm{ie}^{\mathrm{i}\theta}\mathrm{d}\theta = \mathrm{i}\int_{-\frac{\pi}{2}}^{-\frac{3}{2}\pi} \mathrm{e}^{\mathrm{i}\theta}\mathrm{d}\theta = \mathrm{e}^{\mathrm{i}\theta}\big|_{-\frac{\pi}{2}}^{-\frac{3}{2}\pi} = 2\mathrm{i}.$$

4. **解：** (1) 方法1：因为 $f(z) = u + \mathrm{i}v$ 为解析函数，所以

$$u_x = v_y, u_y = -v_x.$$

因为

$$u_x = 3x^2 - 3y^2, u_y = -6xy,$$

所以

$$v_y = u_x = 3x^2 - 3y^2, v = \int (3x^2 - 3y^2)\mathrm{d}y = 3x^2y - y^3 + g(x),$$

$$v_x = 6xy + g'(x) = -u_y = 6xy,$$

所以

$$g'(x) = 0, g(x) = C,$$

所以

$$v(x,y) = 3x^2y - y^3 + C, f(z) = u + iv = x^3 - 3xy^2 + i(3x^2y - y^3 + C).$$

由 $f(0) = i$ 知 $C = 1.$ 所以

$$f(z) = x^3 - 3xy^2 + i(3x^2y - y^3 + 1) = z^3 + i, \text{ 其中 } z = x + yi,$$

$$v(x,y) = 3x^2y - y^3 + 1.$$

方法2: 因为 $f(z) = u + iv$ 为解析函数, 所以

$$u_x = v_y, u_y = -v_x.$$

又

$$f'(z) = u_x + iv_x = u_x - u_y i = 3x^2 - 3y^2 + 6xyi = 3(x + iy)^2 = 3z^2, \text{ 其中 } z = x + yi,$$

所以

$$f(z) = z^3 + C.$$

由 $f(0) = i$ 知 $C = 1.$ 所以

$$f(z) = z^3 + i = x^3 - 3xy^2 + i(3x^2y - y^3 + 1), v(x,y) = 3x^2y - y^3 + 1.$$

(2) 方法1: 因为 $f(z) = u + iv$ 为除 0 外的解析函数, 所以

$$u_x = v_y, \qquad\qquad\qquad ①$$

$$u_y = -v_x, \qquad\qquad\qquad ②$$

且

$$u_x = \frac{-2xy}{(x^2 + y^2)^2}, u_y = \frac{x^2 - y^2}{(x^2 + y^2)^2}. \qquad\qquad ③$$

对①式两端关于 y 求不定积分, 并利用③式得

$$v = \int u_x dy = \int \frac{-2xy}{(x^2 + y^2)} dy = \frac{x}{x^2 + y^2} + g(x), \qquad ④$$

④式两端关于 x 求导, 并利用②、③式得

$$\frac{y^2 - x^2}{(x^2 + y^2)^2} + g'(x) = \frac{y^2 - x^2}{(x^2 + y^2)^2},$$

因此

$$g'(x) = 0 \Rightarrow g(x) = C,$$

故

$$f(x) = \frac{y}{x^2+y^2} + \mathrm{i}(\frac{x}{x^2+y^2} + C).$$

由 $f(z) = 0$ 得 $C = -\frac{1}{2}$, 所以

$$f(x) = \frac{y}{x^2+y^2} + \mathrm{i}(\frac{x}{x^2+y^2} - \frac{1}{2}),$$

而

$$v(x,y) = \frac{x}{x^2+y^2} - \frac{1}{2}.$$

方法2: 因为 $f(z) = u + \mathrm{i}v$ 为除 0 外的解析函数, 所以 $f'(z) = u_x - \mathrm{i}u_y$. 又因为 $u = \dfrac{y}{x^2+y^2}$, 所以 $u_x = \dfrac{-2xy}{(x^2+y^2)^2}, u_y = \dfrac{x^2-y^2}{(x^2+y^2)^2}$, 故

$$f'(z) = \frac{-2xy}{(x^2+y^2)^2} - \mathrm{i}\frac{x^2-y^2}{(x^2+y^2)^2} = -\frac{1}{z^2}\mathrm{i}.$$

上式两端关于 z 求不定积分得:

$$f(z) = \frac{1}{z}\mathrm{i} + C.$$

由 $f(z) = 0$ 得 $C = -\dfrac{1}{2}$, 因此

$$f(z) = \left(\frac{1}{z} - \frac{1}{2}\right)\mathrm{i}.$$

令 $z = x + \mathrm{i}y$, 代入上式计算得

$$f(z) = \frac{y}{x^2+y^2} + \mathrm{i}\left(\frac{x}{x^2+y^2} - \frac{1}{2}\right),$$

所以

$$v(x,y) = \frac{x}{x^2+y^2} - \frac{1}{2}.$$

(3) 因为

$$f'(z) = v_y + \mathrm{i}v_x = \frac{x^2-y^2}{x^2+y^2} + \mathrm{i}\frac{-2xy}{x^2+y^2} = \frac{(x-\mathrm{i}y)^2}{x^2+y^2} = \frac{\bar{z}^2}{(z\bar{z})^2} = \frac{1}{z^2},$$

所以

$$f(z) = -\frac{1}{z} + c.$$

将 $f(3) = 0$ 代入, 得 $c = \dfrac{1}{3}$, 从而

$$f(z) = \frac{1}{3} - \frac{1}{z}.$$

(4) 因为

$$f'(z) = u_x + \mathrm{i}v_x = v_y + \mathrm{i}v_x = \frac{1}{1+\left(\frac{y}{x}\right)^2}\frac{1}{x} - \frac{1}{1+\left(\frac{y}{x}\right)^2}\frac{y}{x^2}\mathrm{i} = \frac{x-\mathrm{i}y}{x^2+y^2} = \frac{\bar{z}}{z\bar{z}} = \frac{1}{z},$$

所以

$$f(z) = \int\frac{1}{z}\mathrm{d}z = \ln z + C.$$

(5) 由已知有

$$u_x(x,y) = -\mathrm{e}^{-y}\sin x, u_y(x,y) = -\mathrm{e}^{-y}\cos x,$$

$$f'(z) = u_x + \mathrm{i}v_x = u_x - \mathrm{i}u_y = -\mathrm{e}^{-y}\sin x + \mathrm{i}\mathrm{e}^{-y}\cos x$$

$$= \mathrm{i}\mathrm{e}^{-y}(\cos x + \mathrm{i}\sin x) = \mathrm{i}\mathrm{e}^{-y+\mathrm{i}x} = \mathrm{i}\mathrm{e}^{\mathrm{i}z},$$

$f(z) = \mathrm{e}^{\mathrm{i}z} + c$, 将 $f(\frac{\pi}{2}) = \mathrm{i} + 1$ 代入, 得 $c = 1$. $f(z) = \mathrm{e}^{\mathrm{i}z} + 1$.

(6) 由 $f(z) = u + \mathrm{i}v$ 是区域 D 内的解析函数得,

$$\begin{cases} \dfrac{\partial u}{\partial x} = \dfrac{\partial v}{\partial y}, \\ \dfrac{\partial v}{\partial x} = -\dfrac{\partial u}{\partial y}, \end{cases}$$

且 u, v 为 D 内的调和函数, 因此,

$$\begin{cases} \dfrac{\partial v}{\partial x} = \dfrac{\partial(-u)}{\partial y}, \\ \dfrac{\partial v}{\partial y} = -\dfrac{\partial(-u)}{\partial y}, \end{cases}$$

所以 $f(z) = v + \mathrm{i}(-u)$ 为 D 内的解析函数, 故 $-u$ 是 v 在 D 内的共轭调和函数.

(7) 因为

$$f'(z) = u_x + \mathrm{i}v_x = u_x - \mathrm{i}u_y = -\frac{2xy}{(x^2+y^2)^2} - \mathrm{i}\frac{x^2-y^2}{(x^2+y^2)^2}$$

$$= -\mathrm{i}\frac{x^2-y^2-\mathrm{i}2xy}{(x^2+y^2)^2} = -\mathrm{i}\frac{\bar{z}^2}{z^2\bar{z}^2} = -\mathrm{i}\frac{1}{z^2},$$

所以 $f(z) = \dfrac{\mathrm{i}}{z} + c$, 由 $f(\mathrm{i}) = 1 + \mathrm{i}$, 得 $c = \mathrm{i}$, 即 $f(z) = \dfrac{\mathrm{i}}{z} + \mathrm{i}$.

(8) 因为 $\frac{\partial u}{\partial x} = \frac{\partial v}{\partial y} = 2x + 1$, 所以

$$u = \int (2x+1)\mathrm{d}x = x^2 + x + g(y).$$

又因为

$$\frac{\partial u}{\partial y} = g'(y) = -\frac{\partial v}{\partial x} = -2y,$$

故

$$g(y) = -y^2 + c, \ f(z) = x^2 + x - y^2 + c + \mathrm{i}(2xy + y).$$

由 $f(2) = 2$ 得 $c = -4$, 所以

$$f(z) = x^2 + x - y^2 - 4 + \mathrm{i}(2xy + y).$$

(9) 由于

$$f'(z) = u_x + \mathrm{i}v_x = v_y + \mathrm{i}v_x = -\frac{2xy}{(x^2+y^2)^2} + 1 + \mathrm{i}\left(\frac{y^2-x^2}{(x^2+y^2)^2}\right)$$

$$= \frac{-\mathrm{i}(x^2-y^2-\mathrm{i}2xy)}{(x^2+y^2)^2} + 1 = \frac{-\mathrm{i}(x-\mathrm{i}y)^2}{(x^2+y^2)^2} + 1 = \frac{-\mathrm{i}\bar{z}^2}{(z\bar{z})^2} + 1 = \frac{-\mathrm{i}}{(z)^2} + 1,$$

所以

$$f(z) = \int \left(\frac{-\mathrm{i}}{(z)^2} + 1 \right) \mathrm{d}z = \frac{\mathrm{i}}{z} + z + C.$$

由 $f(\mathrm{i}) = 1 + \mathrm{i}$ 知, $C = 0$, 故而 $f(z) = \frac{\mathrm{i}}{z} + z$.

(10)
$$v(x,y) = 2x^2 - 2y^2 + x,$$

$$v_x = 4x + 1,\ v_y = -4y,\ v_{xx} = 4,\ v_{xy} = 0\ v_{yx} = 0,\ v_{yy} = -4,$$

故 v_{xy} 在整个 z 平面上具有二阶连续偏导数, 又有 $v_{xx} + v_{yy} = 0$, 因此 v_{xy} 为整个 z 平面上的调和函数. 因 $f(z) = u(x,y) + \mathrm{i}v(x,y)$ 是整个 z 平面上的调和函数, 故有 $u_x = v_y,\ u_y = -v_x$,

$$f'(z) = u_x + \mathrm{i}v_x = v_y + \mathrm{i}v_x = -4y + \mathrm{i}(4x+1) = \mathrm{i}(4x + 4y\mathrm{i} + 1) = \mathrm{i}(4z+1) = 4\mathrm{i}z + \mathrm{i},$$

$$f(z) = 4\mathrm{i} \cdot \frac{1}{2}z^2 + \mathrm{i}z + C = 2\mathrm{i}z^2 + \mathrm{i}z + C = \mathrm{i}z(2z+1) + C.$$

又因为由 $f(\mathrm{i}) = -2\mathrm{i}$ 得 $\mathrm{i} \cdot \mathrm{i}(2\mathrm{i}+1) + C = -2\mathrm{i}$, 即 $C = 1$. 从而,

$$f(z) = 2\mathrm{i}z^2 + \mathrm{i}z + 1 = \mathrm{i}z(2z+1) + 1 = -4xy - y + 1 + \mathrm{i}\left(2x^2 - 2y^2 + x\right),$$

故 $u(x,y) = -4xy - y + 1$.

(11) $u = 2(x-1)y$, 由 $v_y = u_x = 2y$, 得 $v = \int v_y \mathrm{d}y = y^2 + \varphi(x)$, 又 $v_x = \varphi'(x) = -u_y = 2(1-x)$, 即 $\varphi'(x) = 2(1-x)$, 由此得 $\varphi(x) = 2x - x^2 + c$, 所以

$$v = y^2 + 2x - x^2 + c.$$

又 $f(2) = u(2,0) + \mathrm{i}v(2,0) = \mathrm{i}c = -\mathrm{i}$. 于是有

$$f(z) = 2(x-1)y + \mathrm{i}(y^2 + 2x - x^2 - 1).$$

(12) 因为

$$(u-v)_x = u_x - v_x = 2x - 2y,\ (u-v)_y = u_y - v_y = -2y - 2x,$$

由 CR 方程 $u_x = v_y, u_y = -v_x$ 得:

$$u_x + u_y = 2x - 2y,\ u_y - u_x = -2y - 2x,$$

解该方程组得:

$$u_x = 2x, u_y = -2y.$$

由 $u_y = -2y$ 得

$$u = \int -2y\mathrm{d}y + g(x) = -y^2 + g(x),$$

又由 $u_x = 2x$ 得 $g(x) = x^2 + c$, 所以 $u = -y^2 + x^2 + c$. 进而 $v = 2xy + c$. 所以

$$f(z) = x^2 - y^2 + c + \mathrm{i}(2xy + c).$$

由 $f(0) = 0$ 得 $c = 0$. 所以

$$f(z) = x^2 - y^2 + \mathrm{i}2xy = z^2.$$

(13) 设 $f(z)$ 的实部为 $u(x, y)$, 由于 $f(z)$ 为解析函数, 故 u, v 满足柯西-黎曼方程

$$\frac{\partial u}{\partial x} = \frac{\partial v}{\partial y}, \qquad\qquad ①$$

$$\frac{\partial u}{\partial y} = -\frac{\partial v}{\partial x}, \qquad\qquad ②$$

由于: $\dfrac{\partial v}{\partial y} = \dfrac{-2xy}{(x^2 + y^2)^2}$, 由①可知 $\dfrac{\partial u}{\partial x} = \dfrac{-2xy}{(x^2 + y^2)^2}$, 所以

$$u(x, y) = \int \frac{-2xy}{(x^2 + y^2)^2}\mathrm{d}x = \frac{y}{x^2 + y^2} + g(y),$$

于是 $\dfrac{\partial u}{\partial y} = \dfrac{x^2 - y^2}{(x^2 + y^2)^2} + g'(y)$, 而 $\dfrac{\partial v}{\partial x} = \dfrac{y^2 - x^2}{(x^2 + y^2)^2}$, 由②得: $g'(y) = 0$, 从而 $g(y) = C$, (其中 C 为实常数), 于是, $u(x, y) = \dfrac{y}{x^2 + y^2} + C$, 所以

$$f(z) = \frac{y}{x^2 + y^2} + C + \mathrm{i}\frac{x}{x^2 + y^2} = \frac{\mathrm{i}}{z} + C.$$

因为, $f(z)$ 在正实轴上的数值为纯虚数, 即当 $z = x$ (x为正实数)时, $f(z)$ 为纯虚数, 而此时 $f(z) = \dfrac{\mathrm{i}}{x} + C$, 所以, $C = 0$. 所以:

$$f(z) = \frac{y}{x^2 + y^2} + \mathrm{i}\frac{x}{x^2 + y^2} = \frac{\mathrm{i}}{z}.$$

5. 证 因为 $f(z)$ 与 $g(z)$ 在区域 D 内解析, 而 C 为 D 内的任何一条简单正向闭曲线, 且它的内部完全包含于 D 内, 所以若取 C 内任一点 a, 则根据柯西积分公式得

$$f(a) = \frac{1}{2\pi\mathrm{i}}\int_c \frac{f(z)}{z - a}\mathrm{d}z, \quad g(a) = \frac{1}{2\pi\mathrm{i}}\int_c \frac{g(z)}{z - a}\mathrm{d}z.$$

又因在 C 上所有点处 $f(z) = g(z)$, 故

$$f(a) - g(a) = \frac{1}{2\pi\mathrm{i}}\int_c \frac{f(z) - g(z)}{z - a}\mathrm{d}z = 0.$$

而 a 为 C 内任一点, 故命题得证.

6. 证 由于 f, F 具有二阶连续偏导, 且均为调和函数, 从而,

$$f_{xy} = f_{yx}, \quad F_{xy} = F_{yx}, \quad f_{xx} + f_{yy} = 0, \quad F_{xx} + F_{yy} = 0.$$

$$u_x = \frac{\partial}{\partial x}[f_y(x, y) - F_x(x, y)] = f_{yx} - F_{xx},$$

$$v_y = \frac{\partial}{\partial y}[f_x(x, y) + F_y(x, y)] = f_{xy} + F_{yy} = f_{yx} - F_{xx} = u_x,$$

$$u_y = \frac{\partial}{\partial y}[f_y(x, y) - F_x(x, y)] = f_{yy} - F_{xy},$$

$$v_x = \frac{\partial}{\partial x}\left[f_x(x,y) + F_y(x,y)\right] = f_{xx} + F_{yx} = -f_{yy} + F_{xy} = -u_y,$$

故而 $G(z) = u(x,y) + \mathrm{i}v(x,y)$ 为解析函数.

7. 因为 $(uv)_x = u_x v + v_x u$ 得

$$(uv)_{xx} = u_{xx}v + 2u_x v_x + uv_{xx}, \quad (uv)_{yy} = u_{yy}v + 2u_y v_y + uv_{yy},$$

进而

$$(uv)_{xx} + (uv)_{yy} = v(u_{xx} + u_{yy}) + 2(u_x v_x + u_y v_y) + u(v_{xx} + v_{yy}).$$

因为 $f(z) = u + \mathrm{i}v$ 在区域 D 内解析, 满足 C-R 方程: $u_x = v_y, u_y = -v_x$ 得 $u_x v_x + u_y v_y = 0$. 又 u, v 调和, 得 $u_{xx} + u_{yy} = 0, v_{xx} + v_{yy} = 0$, 结论得证.

8. 证   设 $C: z = (3 + 4\mathrm{i})\,t,\ 0 \leqslant t \leqslant 1$,

$$\left|\frac{1}{z - \mathrm{i}}\right| = \left|\frac{1}{3t + (4t - 1)\,\mathrm{i}}\right| = \frac{1}{\sqrt{25\left(t - \frac{4}{25}\right)^2 + \frac{9}{25}}} \leqslant \frac{5}{3},$$

$$\left|\int_C \frac{1}{z - \mathrm{i}}\,\mathrm{d}z\right| \leqslant \int_C \left|\frac{1}{z - \mathrm{i}}\right|\,\mathrm{d}s \leqslant \int_C \frac{5}{3}\,\mathrm{d}s = \frac{25}{3}.$$

第4章

1. (1) $\dfrac{1 + \mathrm{i}}{2}$;

(2) -1;

(3) 0.

2. (1) 收敛;

(2) 收敛;

(3) 收敛（绝对收敛）.

3.(1) 发散;

(2) 条件收敛;

(3) 绝对收敛.

4. $z = 0, \pm 1, \pm 2, \cdots$.

5. $1 < |z - 4| < 4$.

6. 1.

7. (1) $\dfrac{\sqrt{\pi^2 + 4}}{2}$;

(2) $\sqrt{2}$;

(3) $1 < |z - 5| < 5$;

(4) 1;

(5) $\dfrac{\sqrt[4]{8}}{2}$;

(6) $\dfrac{1}{e}$.

(7) 1;

(8) 3;

(9) 3;

(10) $\sqrt{2}$.

8. $f(z) = \displaystyle\sum_{n=0}^{\infty} (-1)^n (z-1)^n$.

9. 证　因为$0 < k < 1$, $k < |z| < +\infty$,所以

$$\frac{1}{z-k} = \frac{1}{z}\frac{1}{1-\frac{k}{z}} = \frac{1}{z}\sum_{n=0}^{\infty}\frac{k^n}{z^n} = \sum_{n=0}^{\infty}\frac{k^n}{z^{n+1}}, \qquad (*)$$

令 $z = e^{i\theta}$, 所以$k < |z| = |e^{i\theta}| = 1$, 满足 $(*)$ 式条件, 将 $z = e^{i\theta}$代入 $(*)$ 式得

$$\frac{1}{e^{i\theta}-k} = \sum_{n=0}^{\infty}\frac{k^n}{(e^{i\theta})^{n+1}},$$

所以

$$\frac{1}{\cos\theta + i\sin\theta - k} = \sum_{n=0}^{\infty}\frac{k^n}{\cos(n+1)\theta + i\sin(n+1)\theta}.$$

等式两边各项同乘以分母的共轭得:

$$\frac{\cos\theta - k}{1+k^2-2k\cos\theta} - i\frac{\sin\theta}{1+k^2-2k\cos\theta} = \sum_{n=0}^{\infty}[k^n\cos(n+1)\theta - ik^n\sin(n+1)\theta],$$

所以

$$\sum_{n=0}^{\infty}k^n\sin(n+1)\theta = \frac{\sin\theta}{1+k^2-2k\cos\theta}; \quad \sum_{n=0}^{\infty}k^n\cos(n+1)\theta = \frac{\cos\theta}{1+k^2-2k\cos\theta}.$$

10. **解**: (1)

$$\frac{z}{z^2+3z+2} = \frac{z}{(z+1)(z+2)}.$$

当$1 < |z| < 2$ 时，$\dfrac{z}{z^2+3z+2} = \dfrac{2}{z+2} - \dfrac{1}{z+1}$. 而

$$\frac{2}{z+2} = \frac{1}{1+\frac{z}{2}} = \sum_{n=0}^{\infty}(-1)^n\left(\frac{z}{2}\right)^n = \sum_{n=0}^{\infty}\left(-\frac{1}{2}\right)^n z^n,$$

$$\frac{1}{z+1} = \frac{1}{z}\frac{1}{1+\frac{1}{z}} = \frac{1}{z}\sum_{n=0}^{\infty}(-1)^n\frac{1}{z^n} = \sum_{n=0}^{\infty}(-1)^n z^{-(n+1)},$$

故

$$\frac{z}{z^2+3z+2} = \sum_{n=0}^{\infty}\left(-\frac{1}{2}\right)^n z^n - \sum_{n=0}^{\infty}(-1)^n z^{-(n+1)}.$$

(2) 当 $0 < |z+2| < 1$ 时，$\dfrac{z}{z^2+3z+2} = \dfrac{2}{z+2} - \dfrac{1}{z+1}$. 而

$$\frac{1}{z+1} = \frac{1}{z+2-1} = -\frac{1}{1-(z+2)} = -\sum_{n=0}^{\infty}(z+2)^n,$$

所以

$$\frac{z}{z^2+3z+2} = \frac{2}{z+2} + \sum_{n=0}^{\infty}(z+2)^n.$$

11. 解：

$$f(z) = -\frac{2}{z} - \frac{1}{z^2} + \frac{2}{z-1}.$$

(1) 在 $0 < |z| < 1$ 内，$\dfrac{2}{z-1} = -2\sum_{n=0}^{\infty}z^n$，于是

$$f(z) = -\frac{2}{z} - \frac{1}{z^2} - 2\sum_{n=0}^{\infty}z^n = -\frac{1}{z^2} - 2\sum_{n=0}^{\infty}z^{n-1}.$$

(2) 在 $1 < |z| < +\infty$ 内，$\dfrac{2}{z-1} = \dfrac{2}{z}\sum_{n=0}^{\infty}z^{-n} = 2\sum_{n=0}^{\infty}z^{-n-1}$，于是

$$f(z) = -\frac{2}{z} - \frac{1}{z^2} + 2\sum_{n=0}^{\infty}\frac{1}{z^{n+1}} = \frac{1}{z^2} + 2\sum_{n=0}^{\infty}\frac{1}{z^{n+3}}.$$

(3) 在 $0 < |z-1| < 1$ 内，$\dfrac{1}{z} = \dfrac{1}{z-1+1} = \sum_{n=0}^{\infty}(-1)^n(z-1)^n$，

$$\frac{1}{z^2} = -\left(\frac{1}{z}\right)' = -\sum_{n=1}^{\infty}(-1)^n n(z-1)^{n-1},$$

于是

$$f(z) = -2\sum_{n=0}^{\infty}(-1)^n(z-1)^n + \sum_{n=1}^{\infty}(-1)^n n(z-1)^{n-1} + \frac{2}{z-1}$$

$$= -2\sum_{n=0}^{\infty}(-1)^n(z-1)^n + \sum_{n=0}^{\infty}(-1)^{n+1}(n+1)(z-1)^n + \frac{2}{z-1}$$

$$= \frac{2}{z-1} + \sum_{n=0}^{\infty}(-1)^{n+1}(n+3)(z-1)^n.$$

12. 解： (1)

$$f(z) = \sin\left[1 - \frac{1}{(z-1)^2}\right] = \sin 1 \cos\frac{1}{(z-1)^2} - \cos 1 \sin\frac{1}{(z-1)^2}$$

$$= \sin 1 \sum_{n=0}^{\infty}\frac{(-1)^n}{(2n)!}\frac{1}{(z-1)^{4n}} - \cos 1 \sum_{n=0}^{\infty}\frac{(-1)^n}{(2n+1)!}\frac{1}{(z-1)^{4n+2}}.$$

(2)

$$\frac{1}{z} = \frac{1}{z+2-2} = -\frac{1}{2}\cdot\frac{1}{1-\frac{z+2}{2}} = -\frac{1}{2}\sum_{n=0}^{\infty}\frac{(z+2)^n}{2^n} = -\sum_{n=0}^{\infty}\frac{(z+2)^n}{2^{n+1}},$$

故

$$f(z) = \frac{1}{z(z+2)^3} = \frac{1}{(z+2)^3}\left[-\sum_{n=0}^{\infty}\frac{(z+2)^n}{2^{n+1}}\right] = -\sum_{n=0}^{\infty}\frac{(z+2)^{n-3}}{2^{n+1}}.$$

(3) 去心邻域 $0 < |z-1| < \dfrac{1}{2}$ 内,

$$f(z) = \frac{2-3z}{2z^2-3z+1} = -\left(\frac{1}{z-1} + \frac{1}{2z-1}\right),$$

$$-\frac{1}{2z-1} = -\frac{1}{2}\frac{1}{z-\frac{1}{2}} = -\frac{1}{2}\frac{1}{z-1+\frac{1}{2}} = -\frac{1}{4}\frac{1}{1+\frac{z-1}{1/2}}$$

$$= -\frac{1}{4}\sum_{n=0}^{\infty}\left(-\frac{1}{2}\right)^n(z-1)^n = -\sum_{n=0}^{\infty}\left(-\frac{1}{2}\right)^{n+2}(z-1)^n,$$

$$f(z) = -\frac{1}{z-1} - \sum_{n=0}^{\infty}\left(-\frac{1}{2}\right)^{n+2}(z-1)^n.$$

(4) 因为

$$\frac{1}{z} = \frac{1}{z-i+i} = \frac{1}{i}\frac{1}{1+\frac{z-i}{i}} = \frac{1}{i}\sum_{n=0}^{\infty}(-1)^n\left(\frac{z-i}{i}\right)^n = \sum_{n=0}^{\infty}i^{n-1}(z-i)^n,$$

两边求导得:

$$-\frac{1}{z^2} = \sum_{n=1}^{\infty}i^{n-1}n(z-i)^{n-1},$$

所以

$$\frac{1}{z^2} = -\sum_{n=1}^{\infty}i^{n-1}n(z-i)^{n-1},$$

进而

$$\frac{1}{z^2(z-i)} = -\sum_{n=1}^{\infty}i^{n-1}n(z-i)^{n-2} = \sum_{n=1}^{\infty}i^{n+1}n(z-i)^{n-2}.$$

13. **解:** (1)

$$f(z) = \frac{z}{z^2+3z+2} = \frac{z}{(z+1)(z+2)} = \frac{2}{z+2} - \frac{1}{z+1}$$

$$= \frac{2}{4+(z-2)} - \frac{1}{3+(z-2)} = \frac{2}{4}\frac{1}{1+\frac{z-2}{4}} - \frac{1}{3}\frac{1}{1+\frac{z-2}{3}}.$$

当 $\left|\dfrac{z-2}{4}\right| < 1, \left|\dfrac{z-2}{3}\right| < 1$ 时, 即 $|z-2| < 3$ 时, 有

$$f(z) = \frac{1}{2}\sum_{n=0}^{\infty}\frac{(-1)^n}{4^n}(z-2)^n - \frac{1}{3}\sum_{n=0}^{\infty}\frac{(-1)^n}{3^n}(z-2)^n$$

$$= \sum_{n=0}^{\infty}\left[\frac{(-1)^n}{2^{2n+1}} - \frac{(-1)^n}{3^{n+1}}\right](z-2)^n.$$

收敛半径 $R = 3$.

(2)

$$f(z) = \sin\left[4 - (z-2)^2\right] = \sin 4 \cdot \cos(z-2)^2 - \cos 4 \cdot \sin(z-2)^2$$

$$= \sin 4 \cdot \sum_{n=0}^{\infty} \frac{(-1)^n (z-2)^{4n}}{(2n)!} - \cos 4 \cdot \sum_{n=0}^{\infty} \frac{(-1)^n (z-2)^{4n+2}}{(2n+1)!},$$

且它的收敛半径为 $R = \infty$.

(3)

$$\cos^2 z = \frac{1}{2}(1 + \cos 2z) = 1 - \frac{2z^2}{2!} + \frac{2^3 z^4}{4!} - \frac{2^5 z^6}{6!} + \cdots \quad |z| < \infty.$$

(4) 函数 $f(z) = \dfrac{z}{(1+z^2)^2}$ 的奇点为 $z = \pm i$, 所以泰勒展开的区域为 $|z| < 1$.

因为 $\dfrac{1}{1+z^2} = \sum\limits_{n=0}^{\infty} (-1)^n z^{2n}$, 两边求导得 $-\dfrac{2z}{(1+z^2)^2} = \sum\limits_{n=1}^{\infty} (-1)^n 2n z^{2n-1}$, 所以

$$\frac{z}{(1+z^2)^2} = \frac{1}{2} \sum_{n=1}^{\infty} (-1)^{n+1} 2n z^{2n-1} = \sum_{n=1}^{\infty} (-1)^{n+1} n z^{2n-1} = z - 2z^3 + 3z^5 - 4z^7 + \cdots.$$

14. **解:** (1)

$$\frac{1}{1+u} = \sum_{k=0}^{\infty} (-1)^k u^k,$$

对上式的两边关于 u 求导得

$$-\frac{1}{(1+u)^2} = \sum_{k=1}^{+\infty} (-1)^k k u^{k-1},$$

所以

$$\frac{1}{(1+u)^2} = \sum_{k=1}^{+\infty} (-1)^{k-1} k u^{k-1}.$$

$|z| < 1$ 时, $|z^2| < 1$, 在上式中可令 $u = z^2$ 得

$$\frac{1}{(1+z^2)^2} = \sum_{k=1}^{+\infty} (-1)^{k-1} k z^{2(k-1)}.$$

(2)

$$\frac{1}{z^2+1} = \frac{1}{(z-i)(z+i)} = \frac{1}{z-i} \frac{1}{z-i+2i} = \frac{1}{(z-i)^2} \frac{1}{1 + \frac{2i}{z-i}}$$

$$= \frac{1}{(z-i)^2} \sum_{k=0}^{+\infty} (-2i)^k \left(\frac{1}{z-i}\right)^k = \sum_{k=0}^{+\infty} (-2i)^k \left(\frac{1}{z-i}\right)^{k+2}.$$

(3)

$$f(z) = \frac{z}{z^2 - 2z + 5} = \frac{z-1+1}{(z-1)^2 + 4} = \frac{z-1}{4} \cdot \frac{1}{1 + \frac{(z-1)^2}{4}} + \frac{1}{4} \cdot \frac{1}{1 + \frac{(z-1)^2}{4}}$$

$$= \frac{(z-1)}{4} \sum_{n=0}^{\infty} (-1)^n \frac{(z-1)^{2n}}{4^n} + \sum_{n=0}^{\infty} (-1)^n \frac{(z-1)^{2n}}{4^{n+1}}$$

$$= \sum_{n=0}^{\infty} (-1)^n \frac{(z-1)^{2n+1}}{4^{n+1}} + \sum_{n=0}^{\infty} (-1)^n \frac{(z-1)^{2n}}{4^{n+1}}.$$

(4) 因为

$$\frac{1}{z+\mathrm{i}} = \frac{1}{z-\mathrm{i}+2\mathrm{i}} = \frac{1}{z-\mathrm{i}} \frac{1}{1+\frac{2\mathrm{i}}{z-\mathrm{i}}} = \frac{1}{z-\mathrm{i}} \sum_{n=0}^{\infty} (-1)^n \frac{(2\mathrm{i})^n}{(z-\mathrm{i})^n} = \sum_{n=0}^{\infty} (-1)^n \frac{(2\mathrm{i})^n}{(z-\mathrm{i})^{n+1}},$$

所以对上式两边关于 z 求导, 则有

$$-\frac{1}{(z+\mathrm{i})^2} = \sum_{n=0}^{\infty} (-1)^{n+1}(n+1)\frac{(2\mathrm{i})^n}{(z-\mathrm{i})^{n+2}}.$$

从而

$$f(z) = \frac{1}{(z-\mathrm{i})^2} \frac{1}{(z+\mathrm{i})^2} = \frac{1}{(z-\mathrm{i})^2} \sum_{n=0}^{\infty} (-1)^n (n+1)\frac{(2\mathrm{i})^n}{(z-\mathrm{i})^{n+2}}$$

$$= \sum_{n=0}^{\infty} (-1)^n (n+1)\frac{(2\mathrm{i})^n}{(z-\mathrm{i})^{n+4}}.$$

(5)

$$f(z) = -\frac{z^2 - z + 1}{z^2(z-1)} = \frac{1}{z^2} - \frac{1}{z-1}.$$

1) 在 $|z-\mathrm{i}| < 1$ 内,

$$\frac{1}{z-1} = \frac{1}{(z-\mathrm{i})-(1-\mathrm{i})} = -\frac{1}{1-\mathrm{i}} \frac{1}{1-\left(\frac{z-\mathrm{i}}{1-\mathrm{i}}\right)} = -\frac{1}{1-\mathrm{i}} \sum_{n=0}^{\infty} \left(\frac{z-\mathrm{i}}{1-\mathrm{i}}\right)^n,$$

$$\frac{1}{z} = \frac{1}{\mathrm{i}} \frac{1}{1+\frac{z-\mathrm{i}}{\mathrm{i}}} = \frac{1}{\mathrm{i}} \sum_{n=0}^{\infty} (-1)^n \left(\frac{z-\mathrm{i}}{\mathrm{i}}\right)^n,$$

$$-\frac{1}{z^2} = \frac{1}{\mathrm{i}^2} \sum_{n=1}^{\infty} (-1)^n n \left(\frac{z-\mathrm{i}}{\mathrm{i}}\right)^{n-1} = -\sum_{n=1}^{\infty} (-1)^n n \left(\frac{z-\mathrm{i}}{\mathrm{i}}\right)^{n-1},$$

$$\frac{1}{z^2} = \sum_{n=1}^{\infty} (-1)^n n \left(\frac{z-\mathrm{i}}{\mathrm{i}}\right)^{n-1},$$

$$f(z) = \sum_{n=1}^{\infty} (-1)^n n \left(\frac{z-\mathrm{i}}{\mathrm{i}}\right)^{n-1} + \frac{1}{1-\mathrm{i}} \sum_{n=0}^{\infty} \left(\frac{z-\mathrm{i}}{1-\mathrm{i}}\right)^n$$

$$= \sum_{n=0}^{\infty} (-1)^{n+1}(n+1) \left(\frac{z-\mathrm{i}}{\mathrm{i}}\right)^n + \frac{1}{1-\mathrm{i}} \sum_{n=0}^{\infty} \left(\frac{z-\mathrm{i}}{1-\mathrm{i}}\right)^n$$

$$= \sum_{n=0}^{\infty} \left((-1)^{n+1}\frac{n+1}{\mathrm{i}^n} + \frac{1}{(1-\mathrm{i})^{n+1}}\right)(z-\mathrm{i})^n.$$

2) 在 $0 < |z-1| < 1$ 内,

$$\frac{1}{z} = \frac{1}{1+z-1} = \sum_{n=0}^{\infty} (-1)^n (z-1)^n,$$

$$-\frac{1}{z^2} = \sum_{n=1}^{\infty} n(-1)^n (z-1)^{n-1},$$

$$\frac{1}{z^2} = \sum_{n=1}^{\infty} n(-1)^{n+1} (z-1)^{n-1},$$

$$f(z) = \sum_{n=1}^{\infty} n(-1)^{n+1} (z-1)^{n-1} - \frac{1}{z-1}.$$

(6)

$$f(z) = \sin \frac{z}{1-z} = -\sin\left(1 + \frac{1}{z-1}\right) = -\left(\sin 1 \cos \frac{1}{z-1} + \cos 1 \sin \frac{1}{z-1}\right)$$

$$= -\sin 1 \sum_{n=0}^{\infty} \frac{(-1)^n (z-1)^{-2n}}{(2n)!} - \cos 1 \sum_{n=0}^{\infty} \frac{(-1)^n (z-1)^{-(2n+1)}}{(2n+1)!}.$$

(7)

$$f(z) = \frac{z^2 - 8z + 5}{(z+2)(z-3)^2} = \frac{1}{z+2} - \frac{2}{(z-3)^2},$$

因此当 $|z| < 2$ 时,

$$\frac{1}{z+2} = \frac{1}{2} \frac{1}{1 + \frac{z}{2}} = \frac{1}{2} \sum_{n=0}^{\infty} (-1)^n \frac{z^n}{2^n},$$

$$\frac{2}{(z-3)^2} = -\left(\frac{2}{z-3}\right)' = \frac{2}{3}\left(\frac{1}{1-\frac{z}{3}}\right)' = \frac{2}{3}\left(\sum_{n=0}^{\infty} \frac{z^n}{3^n}\right)' = \sum_{n=1}^{\infty} \frac{2n z^{n-1}}{3^{n+1}},$$

故

$$f(z) = \frac{z^2 - 8z + 5}{(z+2)(z-3)^2}$$

$$= \frac{1}{2} \sum_{n=0}^{\infty} (-1)^n \frac{z^n}{2^n} - \sum_{n=1}^{\infty} \frac{2n z^{n-1}}{3^{n+1}} = \sum_{n=1}^{\infty} \left[(-1)^{n-1} \frac{1}{2^n} - \frac{2n}{3^{n+1}} \right] z^{n-1}.$$

(8)

$$f(z) = \frac{1}{1+z^2} = \frac{1}{2i}\left(\frac{1}{z-i} - \frac{1}{z+i}\right) = \frac{1}{2i}\left(\frac{1}{z-i} - \frac{1}{2i+z-i}\right)$$

$$= \frac{1}{2i}\left(\frac{1}{z-i} - \frac{1}{2i}\frac{1}{1+\frac{z-i}{2i}}\right) = \frac{1}{2i}\frac{1}{z-i} + \frac{1}{4}\frac{1}{1+\frac{z-i}{2i}}$$

$$= \frac{1}{2i}\frac{1}{z-i} + \frac{1}{4}\sum_{k=0}^{\infty} (-1)^n \left(\frac{z-i}{2i}\right)^n, 0 < |z-i| < 2.$$

(9)

$$f(z) = \sin^2 z = \frac{1 - \cos 2z}{2} = \frac{1}{2} - \frac{1}{2}\cos(2(z-1) + 2)$$

$$= \frac{1}{2} - \frac{1}{2}\cos(2(z-1))\cos 2 + \frac{1}{2}\sin(2(z-1))\sin 2$$

$$= \frac{1}{2} - \frac{\cos 2}{2} \sum_{k=0}^{\infty} (-1)^k \frac{[2(z-1)]^{2k}}{(2k)!} + \frac{\sin 2}{2} \sum_{k=0}^{\infty} (-1)^k \frac{[2(z-1)]^{2k+1}}{(2k+1)!}.$$

(10)
$$f(z) = \frac{1}{(z^2+1)^2} = \frac{1}{(z-\mathrm{i})^2(z+\mathrm{i})^2},$$

$$\frac{1}{z+\mathrm{i}} = \frac{1}{2\mathrm{i}+z-\mathrm{i}} = \frac{1}{2\mathrm{i}} \frac{1}{1+\frac{z-\mathrm{i}}{2\mathrm{i}}} = \frac{1}{2\mathrm{i}} \sum_{k=0}^{\infty} \left(-\frac{z-\mathrm{i}}{2\mathrm{i}}\right)^k = \sum_{k=0}^{\infty} (-1)^k \frac{1}{(2\mathrm{i})^{k+1}}(z-\mathrm{i})^k,$$

$$-\frac{1}{(z+\mathrm{i})^2} = \sum_{k=1}^{\infty} (-1)^k \frac{k}{(2\mathrm{i})^{k+1}}(z-\mathrm{i})^{k-1},$$

$$f(z) = \sum_{k=1}^{\infty} (-1)^{k-1} \frac{k}{(2\mathrm{i})^{k+1}}(z-\mathrm{i})^{k-3}.$$

15. **解:**

$$f'(z) = u_x + \mathrm{i}v_x = u_x - \mathrm{i}u_y$$

$$= \mathrm{e}^x(y\sin y - x\cos y - \cos y) - \mathrm{i}\mathrm{e}^x(\sin y + y\cos y + x\sin y)$$

$$= -\mathrm{e}^x(\cos y + \mathrm{i}\sin y) - \mathrm{e}^x(x\cos y - y\sin y + \mathrm{i}y\cos y + \mathrm{i}x\sin y)$$

$$= -\mathrm{e}^x(\cos y + \mathrm{i}\sin y) - \mathrm{e}^x(x+\mathrm{i}y)(\cos y + \mathrm{i}\sin y)$$

$$= -\mathrm{e}^z - z\mathrm{e}^z = -(z+1)\mathrm{e}^z,$$

$$f(z) = -\int (z+1)\mathrm{e}^z \mathrm{d}z = -\left[(z+1)\mathrm{e}^z - \int \mathrm{e}^z \mathrm{d}z\right] = -z\mathrm{e}^z + c.$$

由 $f(0) = 0$可知, $c = 0$, 所以 $f(z) = -z\mathrm{e}^z$.

16. 因为 $\sum_{n=1}^{\infty} \left|\frac{\mathrm{i}^n}{n}\right| = \sum_{n=1}^{\infty} \frac{1}{n}$ 发散, 故级数 $\sum_{n=1}^{\infty} \frac{\mathrm{i}^n}{n}$ 不绝对收敛. 由于

$$\sum_{n=1}^{\infty} \frac{\mathrm{i}^n}{n} = \sum_{n=1}^{\infty} \frac{\mathrm{e}^{\frac{\pi\mathrm{i}}{2}n}}{n} = \sum_{n=1}^{\infty} \frac{\cos\frac{n\pi}{2} + \mathrm{i}\sin\frac{n\pi}{2}}{n} = \sum_{n=1}^{\infty} \frac{\cos\frac{n\pi}{2}}{n} + \mathrm{i}\sum_{n=1}^{\infty} \frac{\sin\frac{n\pi}{2}}{n},$$

而 $\frac{\cos\frac{n\pi}{2}}{n}$, $\frac{\sin\frac{n\pi}{2}}{n}$ 都为收敛级数, 所以原级数收敛, 故原级数条件收敛.

第5章

1.(1) 2级极点;

(2) 2级极点;

(3) 13级极点;

(4) 2级极点;

(5) 11级极点;

(6) 5级极点.

2.(1) $1 + \frac{1}{4!} = \frac{25}{24}$;

(2) $-\frac{4}{3}$;

(3) $-\frac{1}{6}$;

(4) $2\sin 2 - 1$;

(5) $z = 0$ 是 $f(z)$ 的孤立奇点. 将 $f(z)$ 在 $0 < |z| < +\infty$ 展成洛朗级数

$$f(z) = z\sin\frac{1}{z} + \sin\frac{1}{z}$$
$$= z\left[\frac{1}{z} - \frac{1}{3!}\frac{1}{z^3} + \frac{1}{5!}\frac{1}{z^5} - \cdots + (-1)^n\frac{1}{(2n+1)!}\frac{1}{z^{2n+1}} + \cdots\right]$$
$$+ \left[\frac{1}{z} - \frac{1}{3!}\frac{1}{z^3} + \frac{1}{5!}\frac{1}{z^5} - \cdots + (-1)^n\frac{1}{(2n+1)!}\frac{1}{z^{2n+1}} + \cdots\right],$$

所以 $c_{-1} = 1$, 即 $\mathrm{Res}[(z+1)\sin\frac{1}{z}, 0] = 1$.

(6) 由 $e^z = 1$ 得 $z_k = 2k\pi\mathrm{i}, k = 0, \pm 1, \pm 2, \cdots$, 且 z_k 为 $g(z)$ 的一级极点, 所以

$$\mathrm{Res}\left[\frac{1}{e^z - 1}, 2k\pi\mathrm{i}\right] = \frac{1}{(e^z - 1)'}\bigg|_{z=2k\pi\mathrm{i}} = 1.$$

(7) $\frac{\sin z - z}{z^6}$ 在整个复平面上的有限奇点为 $z = 0$, 且为三级极点.

方法1: 当 $0 < |z| < +\infty$ 时,

$$f(z) = \frac{1}{z^6}\left\{\left[z - \frac{1}{3!}z^3 + \frac{1}{5!}z^5 - \frac{1}{7!}z^7 + \cdots + (-1)^n\frac{1}{(2n+1)!}z^{2n+1} + \cdots\right] - z\right\}$$
$$= -\frac{1}{3!}z^{-3} + \frac{1}{5!}z^{-1} - \frac{1}{7!}z + \cdots + (-1)^n\frac{1}{(2n+1)!}z^{2n-5} + \cdots,$$

所以

$$\mathrm{Res}\left[\frac{\sin z - z}{z^6}, 0\right] = c_{-1} = \frac{1}{5!} = \frac{1}{120}.$$

方法2: 将 $z = 0$ 视为 $\frac{\sin z - z}{z^6}$ 的 6 级极点, 故由留数的计算公式得

$$\mathrm{Res}\left[\frac{\sin z - z}{z^6}, 0\right] = \frac{1}{5!}\lim_{z\to 0}\left(z^6\frac{\sin z - z}{z^6}\right)^{(5)} = \frac{1}{120}.$$

(8) $\tan(\pi z) = \frac{\sin(\pi z)}{\cos(\pi z)}$, 令 $\cos(\pi z) = 0$ 得 $\tan(\pi z)$ 在有限复平面上的全部奇点 $z_k = k + \frac{1}{2}(k = 0, \pm 1, \pm 2, \cdots)$, 且这些奇点为一级极点, 因此

$$\mathrm{Res}\left[\tan(\pi z), k + \frac{1}{2}\right] = \lim_{z\to k+\frac{1}{2}}\left[z - \left(k + \frac{1}{2}\right)\right]\frac{\sin(\pi z)}{\cos(\pi z)}$$
$$= \sin\left[\pi\left(k + \frac{1}{2}\right)\right]\frac{1}{[\cos(\pi z)]'}\bigg|_{z=k+\frac{1}{2}} = -\frac{1}{\pi}.$$

(9) 因为

$$f(z) = \frac{1}{z^5}\left[1 - \frac{z^2}{2!} + \frac{z^4}{4!} - \cdots + (-1)^n \frac{1}{(2n)!}z^{2n} + \cdots - 1\right],$$

所以

$$\text{Res}\,[f(z),0] = c_{-1} = \frac{1}{4!} = \frac{1}{24}.$$

另解:

$$\text{Res}\,[f(z),0] = \frac{1}{(5-1)!}\left[\frac{\mathrm{d}^4}{\mathrm{d}z^4}(\cos z - 1)\right]\Bigg|_{z=0} = \frac{1}{24}.$$

(10) $g(z)$ 的孤立奇点为 $e^z - 1 = 0$ 的零点, 为 $z = 2k\pi\mathrm{i}\,(k=0,\pm1,\cdots)$, $(e^z-1)'\big|_{z=2k\pi\mathrm{i}} = 1 \neq 0$, 故而 $z = 2k\pi\mathrm{i}$ 为 $g(z)$ 的一级极点.

$$\text{Res}\,[g(z),2k\pi\mathrm{i}] = \frac{5}{(e^z-1)'}\Bigg|_{z=2k\pi\mathrm{i}} = 5.$$

(11) $\dfrac{7}{12}$;

(12) 因为 $z = 0$ 为二级极点, 故可设 $\dfrac{e^z}{1-\cos z} = \dfrac{c_{-2}}{z^2} + \dfrac{c_{-1}}{z} + \cdots$, 得

$$1 + z + \frac{z^2}{2!} + \cdots = \left(-\frac{z^2}{2!} + \frac{z^4}{4!} - \cdots\right)\left(\frac{c_{-2}}{z^2} + \frac{c_{-1}}{z} + \cdots\right).$$

对比同幂次项系数得: $c_{-1} = 2$, 故

$$\text{Res}\left[\frac{e^z}{1-\cos z},0\right] = c_{-1} = 2.$$

3.(1) $-\pi\mathrm{i}$;

(2) $e\pi\mathrm{i}$

(3) 0;

(4) 方法1: 函数 $f(z) = \dfrac{2z-1}{z(z-1)}$ 有孤立奇点 $z = 0, z = 1$, 均为一级极点, 且在 $|z| = 3$ 内部. 由留数定理,

$$\text{原式} = 2\pi\mathrm{i}\left\{\text{Res}\left[\frac{2z-1}{z(z-1)},0\right] + \text{Res}\left[\frac{2z-1}{z(z-1)},1\right]\right\}$$

$$= 2\pi\mathrm{i}\left[\lim_{z\to0} z\cdot\frac{2z-1}{z(z-1)} + \lim_{z\to1}(z-1)\cdot\frac{2z-1}{z(z-1)}\right]$$

$$= 2\pi\mathrm{i}(1+1) = 4\pi\mathrm{i}.$$

方法2: $z = 0, z = 1$ 是 $\dfrac{2z-1}{z(z-1)}$ 的奇点, $\dfrac{2z-1}{z(z-1)} = \dfrac{1}{z} + \dfrac{1}{z-1}$.

$$\text{原式} = \oint_C \left(\frac{1}{z} + \frac{1}{z-1}\right)\mathrm{d}z = \oint_C \frac{1}{z}\mathrm{d}z + \oint_C \frac{1}{z-1}\mathrm{d}z = 2\pi\mathrm{i} + 2\pi\mathrm{i} = 4\pi\mathrm{i}.$$

(5) $\dfrac{3z+2}{z^2(z+2)}$ 在有限复平面上的奇点有 $z = 0, -2$, 且均在 C 内, 显然 $z = 0$

为二级极点,$z = -2$ 为一级极点, 故

$$\text{Res}\left[\frac{3z+2}{z^2(z+2)}, 0\right] = \lim_{z \to 0}\left[z^2 \frac{3z+2}{z^2(z+2)}\right]'$$

$$= \lim_{z \to 0}\left(\frac{3z+2}{z+2}\right)' = \lim_{z \to 0}\frac{3(z+2)-(3z+2)}{(z+2)^2} = 1,$$

$$\text{Res}\left[\frac{3z+2}{z^2(z+2)}, -2\right] = \lim_{z \to -2}\left[(z+2)\frac{3z+2}{z^2(z+2)}\right]' = \lim_{z \to -2}\frac{3z+2}{z^2} = -1.$$

因此根据留数定理得

$$\oint_C \frac{3z+2}{z^2(z+2)}\mathrm{d}z = 0.$$

(6) 由 $\sin z = 0$ 得, $z = k\pi, (k = 0, \pm 1, \pm 2, \cdots)$ 为 $f(z) = \dfrac{z+1}{\sin z}$ 的一级极点, 且在 $|z - \pi| = 1$ 内只有奇点 $z = \pi$, 所以

$$原式 = 2\pi\mathrm{i}\text{Res}\left[\frac{z+1}{\sin z}, \pi\right] = 2\pi\mathrm{i}\frac{z+1|_{z=\pi}}{(\sin z)'|_{z=\pi}} = -2\pi\mathrm{i}(\pi + 1).$$

(7) 由 $1 - \mathrm{e}^z = 0$ 得 $\dfrac{1}{1 - \mathrm{e}^z}$ 在有限复平面上的全部奇点为 $z = 2k\pi\mathrm{i}(k = 0, \pm 1, \pm 2, \cdots\cdots)$, 而在 $C : |z - i| = 4$ 内的奇点仅有 $z = 0$, 显然 $z = 0$ 为一级极点, 故根据留数定理得

$$\oint_C \frac{1}{1 - \mathrm{e}^z}\mathrm{d}z = 2\pi\mathrm{i}\text{Res}\left[\frac{1}{1 - \mathrm{e}^z}, 0\right] = 2\pi\mathrm{i}\frac{1}{(1 - \mathrm{e}^z)'}\bigg|_{z=0} = -2\pi\mathrm{i}.$$

(8)

$$原式 = 2\pi\mathrm{i}\left(\mathrm{e}^{2z}\right)'\Big|_{z=1} = 4\pi\mathrm{e}^2\mathrm{i}.$$

另解:

$$原式 = 2\pi\mathrm{i}\text{Res}\left[\frac{\mathrm{e}^{2z}}{(z-1)^2}, 1\right] = 2\pi\mathrm{i}\lim_{z \to 1}\frac{\mathrm{d}}{\mathrm{d}z}\left[(z-1)^2 \frac{\mathrm{e}^{2z}}{(z-1)^2}\right] = 4\pi\mathrm{e}^2\mathrm{i}.$$

(9) 由于 $\tan(\pi z) = \dfrac{\sin(\pi z)}{\cos(\pi z)}$, $\tan(\pi z)$ 的孤立奇点为 $z_k = k + \dfrac{1}{2}(k = 0, \pm 1, \pm 2, \cdots)$, $(\cos \pi z)'|_{z_k = k + \frac{1}{2}} = -\pi \sin \pi z|_{k + \frac{1}{2}} \neq 0$, 故而 $z_k = k + \dfrac{1}{2}$ 为 $\tan(\pi z)$ 的一级极点. $\text{Res}\left[\tan \pi z, k + \dfrac{1}{2}\right] = \dfrac{\sin \pi z}{(\cos \pi z)'}\bigg|_{z_k = k + \frac{1}{2}} = -\dfrac{1}{\pi}$. 在 $|z| = 2$ 内的孤立奇点为 $z = \dfrac{1}{2}, \dfrac{3}{2}, -\dfrac{1}{2}, -\dfrac{3}{2}$, 从而由留数定理,

$$原式 = 2\pi\mathrm{i}$$

$$\left\{\text{Res}\left[\tan \pi z, \frac{1}{2}\right] + \text{Res}\left[\tan \pi z, -\frac{1}{2}\right] + \text{Res}\left[\tan \pi z, \frac{3}{2}\right] + \text{Res}\left[\tan \pi z, -\frac{3}{2}\right]\right\}$$

$$= -2\pi\mathrm{i} \cdot 4 \cdot \left(\frac{1}{\pi}\right) = -8\mathrm{i}.$$

(10) 由题设 C: $z = (1+\mathrm{i})t, t: 0 \to 1$, 因此

$$\int_C 2\bar{z}\mathrm{d}z = 2\int_0^1 (1-\mathrm{i})t(1+\mathrm{i})\mathrm{d}t = 4\int_0^1 t\mathrm{d}t = 2.$$

(11) $f(z) = \dfrac{1}{(z^2+1)(z^2+4)}$ 在 C 内的奇点有 $z = \pm\mathrm{i}$, 均为一级极点, 故

$$\mathrm{Res}[f(z), \mathrm{i}] = \lim_{z \to \mathrm{i}}(z-\mathrm{i})f(z) = \frac{1}{6\mathrm{i}},$$

$$\mathrm{Res}[f(z), -\mathrm{i}] = \lim_{z \to \mathrm{i}}(z+\mathrm{i})f(z) = -\frac{1}{6\mathrm{i}},$$

因此

$$\oint_C \frac{\mathrm{d}z}{(z^2+1)(z^2+4)} = 2\pi\mathrm{i}\{\mathrm{Res}\,[f(z), \mathrm{i}] + \mathrm{Res}\,[f(z), -\mathrm{i}]\} = 0.$$

(12) 方法1:

$$原式 = \oint_C (z+\bar{z})\mathrm{d}z = \oint_C \bar{z}\mathrm{d}z = \oint_C \frac{|z|^2}{z}\mathrm{d}z = \oint_C \frac{4}{z}\mathrm{d}z = 8\pi\mathrm{i}.$$

方法2: 令 $z = 2\mathrm{e}^{\mathrm{i}\theta}$, 则 $x = 2\cos\theta$, 故

$$原式 = \int_0^{2\pi} 4\cos\theta 2\mathrm{e}^{\mathrm{i}\theta}\mathrm{i}\mathrm{d}\theta = 8\mathrm{i}\int_0^{2\pi} \cos\theta \mathrm{e}^{\mathrm{i}\theta}\mathrm{d}\theta$$

$$= 8\mathrm{i}\int_0^{2\pi} \cos^2\theta\mathrm{d}\theta - 8\int_0^{2\pi} \sin\theta\cos\theta\mathrm{d}\theta = 8\pi\mathrm{i}.$$

(13)

$$原式 = \int_{|z|=\frac{1}{3}} \frac{\frac{\mathrm{e}^z}{(z-1)^2}}{z}\mathrm{d}z + \int_{|z-1|=\frac{1}{3}} \frac{\frac{\mathrm{e}^z}{z}}{(z-1)^2}\mathrm{d}z = 2\pi\mathrm{i}\frac{\mathrm{e}^z}{(z-1)^2}\bigg|_{z=0} + 2\pi\mathrm{i}\left(\frac{\mathrm{e}^z}{z}\right)'\bigg|_{z=1}$$

$$= 2\pi\mathrm{i} + 2\pi\mathrm{i}\frac{z\mathrm{e}^z - \mathrm{e}^z}{z^2}\bigg|_{z=1} = 2\pi\mathrm{i}.$$

(14) 令 $\mathrm{e}^z - 1 = 0$, 解得 $z = \mathrm{Ln}1 = 2k\pi\mathrm{i}$, $k \in \mathbf{Z}$, 其中仅有 $0, \pm 2\pi\mathrm{i}$ 在 $|z| = 7$ 内.

$$原式 = 2\pi\mathrm{i}\left\{\mathrm{Res}\left[\frac{z+1}{\mathrm{e}^z-1}, 0\right] + \mathrm{Res}\left[\frac{z+1}{\mathrm{e}^z-1}, 2\pi\mathrm{i}\right] + \mathrm{Res}\left[\frac{z+1}{\mathrm{e}^z-1}, -2\pi\mathrm{i}\right]\right\}$$

$$= 2\pi\mathrm{i}\left[\frac{z+1}{(\mathrm{e}^z-1)'}\bigg|_{z=0} + \frac{z+1}{(\mathrm{e}^z-1)'}\bigg|_{z=2\pi\mathrm{i}} + \frac{z+1}{(\mathrm{e}^z-1)'}\bigg|_{z=-2\pi\mathrm{i}}\right]$$

$$= 2\pi\mathrm{i}(1 + 2\pi\mathrm{i} + 1 - 2\pi\mathrm{i} + 1) = 6\pi\mathrm{i}.$$

(15) 由柯西积分公式得当 z 在 C 内时,

$$\int_C \frac{3\xi^2 + 7\xi + 1}{\xi - z}\mathrm{d}\xi = 2\pi\mathrm{i}(3z^2 + 7z + 1) = f(z),$$

而 1 在 C 内, 因此

$$f'(1) = 2\pi\mathrm{i}(6z+7)|_{z=1} = 26\pi\mathrm{i}.$$

(16) 令 $z = 2 + 2\mathrm{e}^{\mathrm{i}\theta}, \theta: \pi \to 0$, 则

$$\int_C \frac{\bar{z} - 2}{|\bar{z} - 2|}\mathrm{d}z = \int_0^\pi \frac{2\mathrm{e}^{-\mathrm{i}\theta}}{2}2\mathrm{i}\mathrm{e}^{\mathrm{i}\theta}\mathrm{d}\theta = 2\mathrm{i}\int_0^\pi \mathrm{d}\theta = 2\pi\mathrm{i}.$$

(17) $f(z) = \dfrac{1}{z^2 + 10z + 9}$ 在 C 内的奇点有 $z = -1$, 为一级极点. 因此

$$\oint_C \frac{1}{z^2 + 10z + 9} \mathrm{d}z = 2\pi i \mathrm{Res}\,[f(z), -1]$$

$$= \lim_{z \to -1}(z+1)\frac{1}{z^2 + 10z + 9} = \frac{1}{8}.$$

(18) $2\pi i(1 - i)e^i$ 或 $2\pi[(\cos 1 - \sin 1) + i(\cos 1 + \sin 1)]$;

(19) $\displaystyle\int_{-1}^1 \bar{z}\mathrm{d}z = \int_\pi^{2\pi} e^{-i\theta}ie^{i\theta}\mathrm{d}\theta = i\pi$;

(20)

$$\int_C \frac{z^2}{(z-1)^2(z-i)}\mathrm{d}z$$

$$= 2\pi i\left\{\mathrm{Res}\left[\frac{z^2}{(z-1)^2(z-i)}, 1\right] + \mathrm{Res}\left[\frac{z^2}{(z-1)^2(z-i)}, i\right]\right\}$$

$$= 2\pi i\left[\left(\frac{z^2}{z-i}\right)'\bigg|_{z=1} + \frac{z^2}{(z-1)^2}\bigg|_{z=i}\right]$$

$$= 2\pi i\left[\frac{2z(z-i) - z^2}{(z-i)^2}\bigg|_{z=1} + \frac{-1}{(i-1)^2}\right]$$

$$= 2\pi i\left(\frac{1-2i}{-2i} - \frac{1}{2}i\right) = 2\pi i.$$

(21)

$$\oint_C \frac{z^2 + 1}{e^z - 1}\mathrm{d}z$$

$$= 2\pi i\left\{\mathrm{Res}\left[\frac{z^2+1}{e^z-1}, 0\right] + \mathrm{Res}\left[\frac{z^2+1}{e^z-1}, 2\pi i\right] + \mathrm{Res}\left[\frac{z^2+1}{e^z-1}, -2\pi i\right]\right\}$$

$$= 2\pi i\left(\frac{z^2+1}{e^z}\bigg|_{z=0} + \frac{z^2+1}{e^z}\bigg|_{z=2\pi i} + \frac{z^2+1}{e^z}\bigg|_{z=-2\pi i}\right)$$

$$= 2\pi i[1 + 1 - 4\pi^2 + 1 - 4\pi^2] = 2(3 - 8\pi^2)\pi i.$$

(22)

$$原式 = \frac{2\pi i}{4!}(\cos \pi z)^{(4)}\bigg|_{z=1} = -\frac{\pi^5}{12}i.$$

(23)

$$原式 = 2\pi i \mathrm{Res}\left[\frac{\sin z}{z(z-1)^2}, 0\right] + \mathrm{Res}\left[\frac{\sin z}{z(z-1)^2}, 1\right]$$

$$= 2\pi i\left[\lim_{z \to 0} z \cdot \frac{\sin z}{z(z-1)^2} + \frac{1}{1!} \cdot \lim_{z \to 1}\frac{(z-1)^2 \sin z}{z(z-1)^2}\right]'$$

$$= 2\pi i(\cos 1 - \sin 1).$$

(24) C 的参数方程: $z = 2e^{i\theta}$, $0 \leqslant z \leqslant 2\pi$,

$$原式 = \int_0^{2\pi} \frac{2e^{-i\theta}}{2} ie^{i\theta} d\theta = \int_0^{2\pi} id\theta = i\theta \left|\begin{array}{c} 2\pi \\ 0 \end{array}\right. = 2\pi i.$$

(25) C 的参数方程为 $z = (1+i)x$, $0 \leqslant x \leqslant 1$,

$$\int_C (x - y + ix^2)dz = \int_0^1 (x - x + ix^2)(1+i)dx = \int_0^1 ix^2(1+i)dx = \frac{1}{3}(i-1).$$

(26) 方法1: 利用柯西积分公式

$$\oint_C \frac{1}{z(z^2+1)}dz = \oint_C \frac{1}{z} - \frac{1}{2}\frac{1}{z-i} - \frac{1}{2}\frac{1}{z+i}dz = 2\pi i - \pi i - \pi i = 0.$$

方法2: 利用复合闭路定理

$$\oint_C \frac{1}{z(z^2+1)}dz$$

$$= \oint_{C_1} \frac{1}{z(z^2+1)}dz + \oint_{C_2} \frac{1}{z(z^2+1)}dz + \oint_{C_3} \frac{1}{z(z^2+1)}dz$$

$$= 2\pi i \left[\frac{1}{z^2+1}\bigg|_{z=0} + \frac{1}{z(z+i)}\bigg|_{z=i} + \frac{1}{z(z-i)}\bigg|_{z=-i} \right] = 0.$$

方法3: 利用留数定理

$$\oint_C \frac{1}{z(z^2+1)}dz$$

$$= 2\pi i \left\{ \text{Res}\left[\frac{1}{z(z^2+1)}, 0\right] + \text{Res}\left[\frac{1}{z(z^2+1)}, i\right] + \text{Res}\left[\frac{1}{z(z^2+1)}, -i\right] \right\}$$

$$= 2\pi i \left[\lim_{z\to 0} \frac{1}{(z^2+1)} + \lim_{z\to i} \frac{1}{z(z+i)} + \lim_{z\to -i} \frac{1}{z(z-i)} \right] = 0.$$

(27) 积分路径内只有被积函数的一个三级极点 i, 所以

$$\int_{|z-i|=1} \frac{2\cos z}{(e + e^{-1})(z-i)^3}dz$$

$$= \frac{1}{(3-1)!} \lim_{z\to i} \left[(z-i)^3 \frac{2\cos z}{(e + e^{-1})(z-i)^3} \right] = \frac{-\cos i}{e + e^{-1}} = -\frac{1}{2}.$$

(28)

$$\int_C \frac{1 + \bar{z}}{1 + |z|}dz = \int_0^{\frac{\pi}{2}} \frac{1 + e^{-it}}{2} ie^{it}dt = \frac{i}{2}\int_0^{\frac{\pi}{2}} (e^{it} + 1)dt$$

$$= \frac{1}{2}(e^{i\frac{\pi}{2}} - e^{i0}) + \frac{i\pi}{4} = -\frac{1}{2} + i\frac{2+\pi}{4}.$$

(29)

$$\oint_{|z|=2} \frac{1}{(z^2+1)^2}dz$$

$$= 2\pi i \{\text{Res}[f(z), i] + \text{Res}[f(z), -i]\}$$

$$= 2\pi i \left\{ \frac{d}{dz}\left[(z-i)^2 \frac{1}{(z^2+1)^2} \right]\bigg|_{z=i} + \frac{d}{dz}\left[(z+i)^2 \frac{1}{(z^2+1)^2} \right]\bigg|_{z=-i} \right\}$$

$$=2\pi\mathrm{i}\left\{\frac{\mathrm{d}}{\mathrm{d}z}\left[\frac{1}{(z+\mathrm{i})^2}\right]\bigg|_{z=\mathrm{i}}+\frac{\mathrm{d}}{\mathrm{d}z}\left[\frac{1}{(z-\mathrm{i})^2}\right]\bigg|_{z=-\mathrm{i}}\right\}$$

$$=2\pi\mathrm{i}\left[\frac{-2}{(z+\mathrm{i})^3}\bigg|_{z=\mathrm{i}}+\frac{-2}{(z-\mathrm{i})^3}\bigg|_{z=-\mathrm{i}}\right]=0.$$

(30)

$$\oint_{|z|=4}\frac{z+1}{\cos z}\mathrm{d}z=2\pi\mathrm{i}\left\{\mathrm{Res}\left[f(z),\frac{\pi}{2}\right]+\mathrm{Res}\left[f(z),-\frac{\pi}{2}\right]\right\}$$

$$=2\pi\mathrm{i}\left\{\frac{z+1}{(\cos z)'}\bigg|_{z=\frac{\pi}{2}}+\frac{z+1}{(\cos z)'}\bigg|_{z=-\frac{\pi}{2}}\right\}=-2\pi^2\mathrm{i}.$$

(31) 当只有 α 或 $-\alpha$ 在曲线 C 的内部时,

$$\oint_C\frac{\mathrm{d}z}{z^2-\alpha^2}=\oint_C\frac{\frac{1}{z+\alpha}}{z-\alpha}\mathrm{d}z=2\pi\mathrm{i}\frac{1}{2\alpha}=\frac{\pi}{\alpha}\mathrm{i},$$

或

$$\oint_C\frac{\mathrm{d}z}{z^2-\alpha^2}=\oint_C\frac{\frac{1}{z-\alpha}}{z+\alpha}\mathrm{d}z=2\pi\mathrm{i}\frac{1}{-2\alpha}=-\frac{\pi}{\alpha}\mathrm{i}.$$

当 α 与 $-\alpha$ 均在曲线 C 的内部时, 在 C 的内部做两条既不相交, 也不包含的正向简单闭曲线 C_1 与 C_2, 则有

$$\oint_C\frac{\mathrm{d}z}{z^2-\alpha^2}=\oint_{C_1}\frac{\frac{1}{z+\alpha}}{z-\alpha}\mathrm{d}z+\oint_{C_2}\frac{\frac{1}{z-\alpha}}{z+\alpha}\mathrm{d}z=\frac{\pi}{\alpha}\mathrm{i}-\frac{\pi}{\alpha}\mathrm{i}=0.$$

当 α 与 $-\alpha$ 均在曲线 C 的外时, 被积函数在 C 的内部解析, 从而

$$\oint_C\frac{\mathrm{d}z}{z^2-\alpha^2}=0.$$

(32)

$$\oint_C\frac{\bar{z}}{|z|+1}\mathrm{d}z=\frac{1}{3}\oint_C\frac{|z|^2}{z}\mathrm{d}z=\frac{4}{3}\oint_C\frac{1}{z}\mathrm{d}z=-\frac{8\pi\mathrm{i}}{3}.$$

(33) 被积函数的奇点为 $\pm1,\pm\mathrm{i}$, 但只有 1 与 i 在 C 内, 从而由留数定理有

$$\oint_C f(z)\mathrm{d}z$$

$$=\oint_C\frac{\mathrm{d}z}{(z-1)^2(z^2+1)}$$

$$=2\pi\mathrm{i}\{\mathrm{Res}[f(z),1]+\mathrm{Res}[f(z),\mathrm{i}]\}$$

$$=2\pi\mathrm{i}\left\{\frac{\mathrm{d}}{\mathrm{d}z}\left[(z-1)^2\frac{1}{(z-1)^2(z^2+1)}\right]\bigg|_{z=1}+(z-\mathrm{i})\frac{1}{(z-1)^2(z^2+1)}\bigg|_{z=\mathrm{i}}\right\}$$

$$=2\pi\mathrm{i}\left(-\frac{1}{2}+\frac{1}{4}\right)=-\frac{\pi\mathrm{i}}{2}.$$

(34)

$$\int_C\frac{1}{z}\mathrm{d}z=\ln z|_{-1-\mathrm{i}}^{1+\mathrm{i}}=\ln(1+\mathrm{i})-\ln(-1-\mathrm{i})=\frac{1}{2}\ln 2+\mathrm{i}\frac{\pi}{4}-\frac{1}{2}\ln 2-\mathrm{i}\frac{5\pi}{4}=-\mathrm{i}\pi.$$

(35)

$$\oint_C \frac{e^z}{z(z-i)^2} dz = 2\pi i \left[\frac{e^z}{(z-i)^2} \Big|_{z=0} + \left(\frac{e^z}{z} \right)' \Big|_{z=i} \right] = 2\pi i [-1 + e^i(1-i)].$$

(36)

$$\oint_{|z|=2} \frac{z}{(z^2+9)(z-i)} dz = \oint_{|z|=2} \frac{\frac{z}{z^2+9}}{z-i} dz = 2\pi i \cdot \frac{z}{z^2+9} \Big|_{z=i} = 2\pi i \cdot \frac{i}{8} = -\frac{\pi}{4}.$$

(37)

$$\oint_{|z+3|=4} \frac{e^z}{(z+2)^4} dz = \frac{2\pi i}{3!} \cdot (e^z)''' |_{z=-2} = \frac{2\pi i}{3!} \cdot e^{-2} = \frac{\pi}{3e^2} i.$$

(38) 在曲线 $|z| = \frac{1}{2}$ 内, 函数 $\frac{\sin z}{z(1-e^z)}$ 仅有一个奇点 $z = 0$, 且 $z = 0$ 是它的一阶极点, 由留数定理得:

$$\oint_{|z|=\frac{1}{2}} \frac{\sin z}{z(1-e^z)} dz = 2\pi i \lim_{z \to 0} \frac{\sin z}{1-e^z}$$

$$= 2\pi i \lim_{z \to 0} \frac{\sin z}{1-e^z} = 2\pi i \lim_{z \to 0} \frac{\cos z}{-e^z} = -2\pi i.$$

4. **解:**

$$e^z = \frac{-2 + \sqrt{-4}}{2} = -1 \pm i,$$

$$z = \text{Ln}(-1+i) = \frac{1}{2} \ln 2 + i \left(\frac{3}{4}\pi + 2k\pi \right), k = 0, \pm 1, \pm 2, \cdots$$

或

$$z = \text{Ln}(-1-i) = \frac{1}{2} \ln 2 + i \left(\frac{5}{4}\pi + 2k\pi \right), k = 0, \pm 1, \pm 2, \cdots$$

5. **证** 设当 $0 < |z| < R$ 时, $f(z) = \sum_{n=-\infty}^{+\infty} c_n z^n$, 则 $f(-z) = \sum_{n=-\infty}^{+\infty} (-1)^n c_n z^n$, 因此

$$f(z) = \frac{1}{2} \sum_{n=-\infty}^{+\infty} [1 + (-1)^n] c_n z^n,$$

故

$$\text{Res}[f(z), 0] = \frac{1}{2} [1 + (-1)^{-1}] c_{-1} = 0.$$

6.**解:** (1) 令 $z = e^{it}, dz = e^{it} \cdot i dt$, 故 $dt = \frac{1}{iz} dz$, 所以

$$原式 = \oint_{|z|=1} \frac{1}{5 + 3\frac{z^2-1}{2iz}} \cdot \frac{1}{iz} dz = \frac{2}{3} \oint_{|z|=1} \frac{1}{z^2 + \frac{10}{3}iz - 1} dz.$$

又因为 $z^2 + \frac{10}{3}iz - 1 = 0$ 的根 $z_1 = -\frac{1}{3}i, z_2 = -3i$ 均为一级极点, 且在 $|z| = 1$ 内只有 $z_1 = -\frac{1}{3}i$, 所以

$$原式 = \frac{2}{3} \cdot 2\pi i \cdot \text{Res} \left[\frac{1}{z^2 + \frac{10}{3}iz - 1}, -\frac{1}{3}i \right]$$

$$= \frac{4}{3}\pi \mathrm{i} \cdot \lim_{z \to -\frac{1}{3}\mathrm{i}} \left[\left(z + \frac{1}{3}\mathrm{i} \right) \frac{1}{\left(z + \frac{1}{3}\mathrm{i} \right)(z + 3\mathrm{i})} \right] = \frac{\pi}{2}.$$

(2) 因为 $\dfrac{x\sin 3x}{x^2+4}$ 为偶函数, 所以

$$\int_0^{+\infty} \frac{x\sin 3x}{x^2+4}\mathrm{d}x = \frac{1}{2}\int_{-\infty}^{+\infty} \frac{x\sin 3x}{x^2+4}\mathrm{d}x.$$

又因为 $\displaystyle\int_{-\infty}^{+\infty} \frac{x\mathrm{e}^{\mathrm{i}3x}}{x^2+4}\mathrm{d}x = 2\pi\mathrm{i} \cdot \mathrm{Res}\left[\frac{z\mathrm{e}^{\mathrm{i}3z}}{z^2+4}, 2\mathrm{i} \right]$, 其中 $\pm 2\mathrm{i}$ 是 $\dfrac{z\mathrm{e}^{\mathrm{i}3z}}{z^2+4}$ 的一级极点, $2\mathrm{i}$ 在上半面内, 所以

$$\int_{-\infty}^{+\infty} \frac{x\mathrm{e}^{\mathrm{i}3x}}{x^2+4}\mathrm{d}x = \frac{1}{2} \cdot 2\pi\mathrm{i}\lim_{z\to 2\mathrm{i}}(z-2\mathrm{i})\frac{z\mathrm{e}^{\mathrm{i}3z}}{(z+2\mathrm{i})(z-2\mathrm{i})} = \pi\mathrm{e}^{-6}\mathrm{i},$$

所以

$$原式 = \frac{1}{2}\pi\mathrm{e}^{-6}.$$

(3) $\dfrac{1}{z^2+2z+2}$ 在复平面中上半平面内的唯一有限奇点为 $z = -1+\mathrm{i}$, 且 $-1+\mathrm{i}$ 为一级极点, 故

$$\int_{-\infty}^{+\infty} \frac{1}{x^2+2x+2}\mathrm{d}x = 2\pi\mathrm{i}\left\{ \mathrm{Res}\left[\frac{1}{z^2+2z+2}, -1+\mathrm{i} \right] \right\}$$

$$= 2\pi\mathrm{i}\lim_{z\to -1+\mathrm{i}}\left\{ [z-(-1+\mathrm{i})]\frac{1}{z^2+2z+2} \right\}$$

$$= 2\pi\mathrm{i}\lim_{z\to -1+\mathrm{i}}\frac{1}{2z+2}$$

$$= 2\pi\mathrm{i}\frac{1}{2(-1+\mathrm{i})+2} = \pi.$$

(4) 因为 $f(x) = \dfrac{\cos 3x}{x^2+4}$ 为偶函数, 所以

$$\int_0^{+\infty} \frac{\cos 3x}{x^2+4}\mathrm{d}x = \frac{1}{2}\int_{-\infty}^{+\infty} \frac{\cos 3x}{x^2+4}\mathrm{d}x,$$

而

$$\int_{-\infty}^{+\infty} \frac{\mathrm{e}^{3\mathrm{i}x}}{x^2+4}\mathrm{d}x$$

$$= 2\pi\mathrm{i}\mathrm{Res}\left[\frac{\mathrm{e}^{3\mathrm{i}x}}{z^2+4}, 2\mathrm{i} \right] = 2\pi\mathrm{i}\lim_{z\to 2\mathrm{i}}\left[(z-2\mathrm{i})\frac{\mathrm{e}^{3\mathrm{i}z}}{z^2+4} \right] = 2\pi\mathrm{i}\lim_{z\to 2\mathrm{i}}\frac{\mathrm{e}^{3\mathrm{i}z}}{z+2\mathrm{i}} = \frac{\pi\mathrm{e}^{-6}}{2},$$

所以

$$\int_0^{+\infty} \frac{\cos 3x}{x^2+4}\mathrm{d}x = \frac{1}{2}\int_{-\infty}^{+\infty} \frac{\cos 3x}{x^2+4}\mathrm{d}x = \frac{\pi\mathrm{e}^{-6}}{4}.$$

(5)

$$\int_0^{+\infty} \frac{x^2}{(x^2+1)(x^2+4)}\mathrm{d}x = \frac{1}{2}\int_{-\infty}^{+\infty} \frac{x^2}{(x^2+1)(x^2+4)}\mathrm{d}x$$

$$=\frac{1}{2}2\pi\mathrm{i}\left\{\mathrm{Res}\left[\frac{z^2}{(z^2+1)(z^2+4)},\mathrm{i}\right]+\mathrm{Res}\left[\frac{z^2}{(z^2+1)(z^2+4)},2\mathrm{i}\right]\right\}$$

$$=\pi\mathrm{i}\left[(z-\mathrm{i})\frac{z^2}{(z^2+1)(z^2+4)}\bigg|_{z=\mathrm{i}}+(z-2\mathrm{i})\frac{z^2}{(z^2+1)(z^2+4)}\bigg|_{z=2\mathrm{i}}\right]$$

$$=\pi\mathrm{i}\left[\frac{z^2}{(z+\mathrm{i})(z^2+4)}\bigg|_{z=\mathrm{i}}+\frac{z^2}{(z^2+1)(z+2\mathrm{i})}\bigg|_{z=2\mathrm{i}}\right]=\frac{\pi}{6}.$$

(6)

$$\int_0^{+\infty}\frac{x\sin x}{16+x^2}\mathrm{d}x=\frac{1}{2}\int_{-\infty}^{+\infty}\frac{x\sin x}{16+x^2}\mathrm{d}x=\frac{1}{2}\mathrm{Im}\left\{2\pi\mathrm{i}\mathrm{Res}\left[\frac{z\mathrm{e}^{\mathrm{i}z}}{(z^2+16)},4\mathrm{i}\right]\right\}$$

$$=\frac{1}{2}\mathrm{Im}\left[2\pi\mathrm{i}\frac{z\mathrm{e}^{\mathrm{i}z}}{(z^2+16)'}\bigg|_{z=4\mathrm{i}}\right]=\frac{\pi}{2\mathrm{e}^4}.$$

(7) 设 $R(z)=\frac{1}{(z^2+1)^2(z^2+4)}$，则

$$\int_{-\infty}^{+\infty}\frac{\mathrm{d}x}{(x^2+1)^2(x^2+4)}$$

$$=2\pi\mathrm{i}\{\mathrm{Res}[R(z),\mathrm{i}]+\mathrm{Res}[R(z),2\mathrm{i}]\}$$

$$=2\pi\mathrm{i}\left\{\frac{\mathrm{d}}{\mathrm{d}z}\left[\frac{1}{(z+\mathrm{i})^2(z^2+4)}\right]\bigg|_{z=\mathrm{i}}+\frac{1}{(z^2+1)^2(z+2\mathrm{i})}\bigg|_{z=2\mathrm{i}}\right\}$$

$$=2\pi\mathrm{i}\left[-\frac{2(z+\mathrm{i})(z^2+4)+2z(z+\mathrm{i})^2}{(z+\mathrm{i})^4(z^2+4)^2}\bigg|_{z=\mathrm{i}}+\frac{1}{36\mathrm{i}}\right]=2\pi\mathrm{i}\frac{2}{36\mathrm{i}}=\frac{\pi}{9}.$$

(8)

$$\int_0^\pi\frac{1}{(2+\cos\theta)^2}\mathrm{d}\theta=\frac{1}{2}\int_{-\pi}^\pi\frac{1}{(2+\cos\theta)^2}\mathrm{d}\theta=\frac{1}{2}\int_{|z|=1}\frac{1}{\left(2+\frac{z^2+1}{2z}\right)^2}\frac{\mathrm{d}z}{\mathrm{i}z}$$

$$=\frac{2}{\mathrm{i}}\int_{|z|=1}\frac{z}{(z^2+4z+1)^2}\mathrm{d}z$$

$$=\frac{2}{\mathrm{i}}\cdot2\pi\mathrm{i}\mathrm{Res}\left[\frac{z}{(z^2+4z+1)^2},-2+\sqrt{3}\right]$$

$$=4\pi\frac{\mathrm{d}}{\mathrm{d}z}\left[\frac{z}{\left(z+2+\sqrt{3}\right)^2}\right]\bigg|_{z=-2+\sqrt{3}}$$

$$=4\pi\frac{\left(z+2+\sqrt{3}\right)^2-2z+2+\sqrt{3}}{\left(z+2+\sqrt{3}\right)^4}\bigg|_{z=-2+\sqrt{3}}$$

$$=4\pi\frac{\sqrt{3}}{18}=\frac{2\sqrt{3}}{9}\pi.$$

(9)

$$\int_0^\pi\frac{\cos\theta}{2+\cos\theta}\mathrm{d}\theta$$

$$=\frac{1}{2}\int_{-\pi}^\pi\frac{\cos\theta}{2+\cos\theta}\mathrm{d}\theta$$

$$=\frac{1}{2}\int_{|z|=1}\frac{\frac{z^2+1}{2z}}{(2+\frac{z^2+1}{2z})}\frac{\mathrm{d}z}{\mathrm{i}z}=\frac{1}{2\mathrm{i}}\int_{|z|=1}\frac{z^2+1}{z(z^2+4z+1)}\mathrm{d}z$$

$$=\frac{1}{2\mathrm{i}}2\pi\mathrm{i}\left\{\mathrm{Res}\left[\frac{z^2+1}{z(z^2+4z+1)},0\right]+\mathrm{Res}\left[\frac{z^2+1}{z(z^2+4z+1)},-2+\sqrt{3}\right]\right\}$$

$$=\pi\left\{1+\lim_{z\to-2+\sqrt{3}}\frac{z^2+1}{[z(z^2+4z+1)]'}\right\}$$

$$=\pi\left[1+\frac{(-2+\sqrt{3})^2+1}{2\sqrt{3}(-2+\sqrt{3})}\right]$$

$$=\pi\left(1-\frac{2\sqrt{3}}{3}\right).$$

(10)

$$2\pi\mathrm{i}\left\{\mathrm{Res}\left[\frac{z\mathrm{e}^{\mathrm{i}z}}{z^4+1},\mathrm{e}^{\mathrm{i}\frac{\pi}{4}}\right]+\mathrm{Res}\left[\frac{z\mathrm{e}^{\mathrm{i}z}}{z^4+1},\mathrm{e}^{\mathrm{i}\frac{3\pi}{4}}\right]\right\}$$

$$=2\pi\mathrm{i}\left(\frac{z\mathrm{e}^{\mathrm{i}z}}{4z^3}\bigg|_{\mathrm{e}^{\mathrm{i}\frac{\pi}{4}}}+\frac{z\mathrm{e}^{\mathrm{i}z}}{4z^3}\bigg|_{\mathrm{e}^{\mathrm{i}\frac{3\pi}{4}}}\right)=2\pi\mathrm{i}\left(\frac{\mathrm{e}^{\mathrm{i}\mathrm{e}^{\mathrm{i}\frac{\pi}{4}}}}{4\mathrm{i}}-\frac{\mathrm{e}^{\mathrm{i}\mathrm{e}^{\mathrm{i}\frac{3\pi}{4}}}}{4\mathrm{i}}\right)$$

$$=\frac{\pi}{2}\left(\mathrm{e}^{\mathrm{i}\mathrm{e}^{\mathrm{i}\frac{3\pi}{4}}}-\mathrm{e}^{\mathrm{i}\mathrm{e}^{\mathrm{i}\frac{5\pi}{4}}}\right)=\frac{\pi}{2}\left(\mathrm{e}^{-\frac{\sqrt{2}}{2}+\mathrm{i}\frac{\sqrt{2}}{2}}-\mathrm{e}^{-\frac{\sqrt{2}}{2}-\mathrm{i}\frac{\sqrt{2}}{2}}\right)$$

$$=\frac{\pi}{2}\mathrm{e}^{-\frac{\sqrt{2}}{2}}2\sin\frac{\sqrt{2}}{2}\mathrm{i}=\pi\mathrm{e}^{-\frac{\sqrt{2}}{2}}\sin\frac{\sqrt{2}}{2}\mathrm{i}.$$

因此,

$$\int_{-\infty}^{+\infty}\frac{x\sin x\mathrm{d}x}{x^4+1}=\pi\mathrm{e}^{-\frac{\sqrt{2}}{2}}\sin\frac{\sqrt{2}}{2}.$$

(11) 显然

$$\int_0^\pi\frac{1}{1+\sin^2\theta}\mathrm{d}\theta=\int_0^\pi\frac{1}{1+\frac{1-\cos2\theta}{2}}\mathrm{d}\theta\overset{2\theta=t}{=}\int_0^{2\pi}\frac{1}{1+\frac{1-\cos t}{2}}\frac{1}{2}dt,$$

令 $z=\mathrm{e}^{\mathrm{i}t}$, 则 $\cos t=\frac{z^2+1}{2z}$, 因此

$$\int_0^\pi\frac{1}{1+\sin^2\theta}\mathrm{d}\theta=-\frac{2}{\mathrm{i}}\oint_{|z|=1}\frac{1}{z^2-6z+1}\mathrm{d}z$$

$$=-\frac{2}{\mathrm{i}}2\pi\mathrm{i}\mathrm{Res}\left[\frac{1}{z^2-6z+1},3-2\sqrt{2}\right]=\frac{\sqrt{2}}{2}\pi.$$

(12)

$$\int_{-\infty}^{+\infty}\frac{\mathrm{e}^{\mathrm{i}x}}{x^2+4x+5}\mathrm{d}x=2\pi\mathrm{i}\mathrm{Res}\left[\frac{\mathrm{e}^{\mathrm{i}z}}{z^2+4z+5},-2+\mathrm{i}\right]=\pi\mathrm{e}^{-1-2\mathrm{i}},$$

因此

$$\int_{-\infty}^{+\infty}\frac{\cos x}{x^2+4x+5}\mathrm{d}x=\mathrm{Re}(\pi\mathrm{e}^{-1-2\mathrm{i}})=\pi\mathrm{e}^{-1}\cos2.$$

(13)

$$\text{原式} = \oint_{|z|=1} \frac{1}{2 + \frac{z^2-1}{2iz}} \frac{\mathrm{d}z}{iz} = 2\oint_{|z|=1} \frac{1}{4iz + z^2 - 1} \mathrm{d}z$$

$$= 2\oint_{|z|=1} \frac{1}{\left[z - (-2+\sqrt{3})i\right]\left[z - (-2-\sqrt{3})i\right]} \mathrm{d}z$$

$$= 4\pi i \mathrm{Res}\left[\frac{1}{z^2 + 4iz - 1}, (-2+\sqrt{3})i\right]$$

$$= 4\pi i \frac{1}{z + (2+\sqrt{3})i}\bigg|_{z=(-2+\sqrt{3})i} = \frac{2}{3}\sqrt{3}\pi.$$

(14) 令 $z^6 + 1 = 0$, 解得 $z = \mathrm{e}^{\mathrm{i}\frac{\pi+2k\pi}{6}}$ $k = 0,1,2,3,4,5$, 其中仅有 $z_0 = \mathrm{e}^{\mathrm{i}\frac{\pi}{6}}$, $z_1 = \mathrm{e}^{\mathrm{i}\frac{\pi}{2}}$, $z_2 = \mathrm{e}^{\mathrm{i}\frac{5\pi}{6}}$ 在上半平面内, 且为 $\frac{z^2}{z^6+1}$ 的一级极点.

$$\text{原式} = \frac{1}{2}\int_{-\infty}^{+\infty} \frac{x^2}{x^6+1}\mathrm{d}x$$

$$= \frac{1}{2} \cdot 2\pi i \left\{\mathrm{Res}\left[\frac{z^2}{z^6+1}, \mathrm{e}^{\mathrm{i}\frac{\pi}{6}}\right] + \mathrm{Res}\left[\frac{z^2}{z^6+1}, \mathrm{e}^{\mathrm{i}\frac{\pi}{2}}\right] + \mathrm{Res}\left[\frac{z^2}{z^6+1}, \mathrm{e}^{\mathrm{i}\frac{5\pi}{6}}\right]\right\}$$

$$= \pi i \left(\frac{z^2}{6z^5}\bigg|_{z=\mathrm{e}^{\mathrm{i}\frac{\pi}{6}}} + \frac{z^2}{6z^5}\bigg|_{z=\mathrm{e}^{\mathrm{i}\frac{\pi}{2}}} + \frac{z^2}{6z^5}\bigg|_{z=\mathrm{e}^{\mathrm{i}\frac{5\pi}{6}}}\right)$$

$$= \frac{\pi i}{6}\left(\mathrm{e}^{-\mathrm{i}\frac{\pi}{2}} + \mathrm{e}^{-\mathrm{i}\frac{3\pi}{2}} + \mathrm{e}^{-\mathrm{i}\frac{5\pi}{2}}\right) = \frac{\pi i}{6} \cdot (-\mathrm{i}) = \frac{\pi}{6}.$$

(15)

$$\int_0^\pi \frac{1}{3+2\cos\theta}\mathrm{d}\theta = \frac{1}{2}\int_0^{2\pi} \frac{1}{3+2\cos\theta}\mathrm{d}\theta = -\frac{\mathrm{i}}{2}\oint_{|z|=1} \frac{1}{z^2+3z+1}\mathrm{d}z$$

$$= -\frac{\mathrm{i}}{2} 2\pi i \mathrm{Res}\left[\frac{1}{z^2+3z+1}, \frac{-3+\sqrt{5}}{2}\right] = \frac{\sqrt{5}}{5}\pi.$$

(16)

$$\int_{-\infty}^{+\infty} \frac{x\mathrm{e}^{\mathrm{i}x}}{x^2+4}\mathrm{d}x = 2\pi i \mathrm{Res}\left[\frac{z\mathrm{e}^{\mathrm{i}z}}{z^2+4}, 2\mathrm{i}\right] = \pi i \mathrm{e}^{-2},$$

因此

$$\int_{-\infty}^{+\infty} \frac{x\sin x}{x^2+4}\mathrm{d}x = \mathrm{Im}\left(\int_{-\infty}^{+\infty} \frac{x\sin x}{x^2+4}\mathrm{d}x\right) = \pi\mathrm{e}^{-2}.$$

(17)

$$\int_0^\pi \frac{1}{1+\sin^2\theta}\mathrm{d}\theta = \frac{1}{2}\int_{-\pi}^\pi \frac{1}{1+\sin^2\theta}\mathrm{d}\theta$$

$$= \frac{1}{2}\oint_{|z|=1} \frac{1}{1+\left(\frac{z^2-1}{2iz}\right)^2} \frac{\mathrm{d}z}{iz} = 2\mathrm{i}\oint_{|z|=1} \frac{z\mathrm{d}z}{z^4-6z^2+1}$$

$$= -4\pi\left\{\mathrm{Res}\left[\frac{z}{z^4-6z^2+1}, \sqrt{2}-1\right] + \mathrm{Res}\left[\frac{z}{z^4-6z^2+1}, 1-\sqrt{2}\right]\right\}$$

$$= -4\pi \left(\frac{z}{4z^3 - 12z} \bigg|_{z=\sqrt{2}-1} + \frac{z}{4z^3 - 12z} \bigg|_{z=1-\sqrt{2}} \right)$$

$$= -\pi \left(\frac{1}{z^2 - 3} \bigg|_{z=\sqrt{2}-1} + \frac{1}{z^2 - 3} \bigg|_{z=1-\sqrt{2}} \right) = \frac{\pi}{\sqrt{2}}.$$

(18)

$$\int_{-\infty}^{+\infty} \frac{x\cos x}{x^2 + 2x + 2}\mathrm{d}x = \mathrm{Re} \int_{-\infty}^{+\infty} \frac{x\mathrm{e}^{\mathrm{i}x}}{x^2 + 2x + 2}\mathrm{d}x$$

$$= \mathrm{Re} \left\{ 2\pi\mathrm{i}\mathrm{Res} \left[\frac{z\mathrm{e}^{\mathrm{i}z}}{z^2 + 2z + 2}, -1 + \mathrm{i} \right] \right\}$$

$$= \mathrm{Re} \left(2\pi\mathrm{i}\frac{z\mathrm{e}^{\mathrm{i}z}}{2z + 2} \bigg|_{z=-1+\mathrm{i}} \right) = \mathrm{Re}[\pi(-1+\mathrm{i})\mathrm{e}^{-1-\mathrm{i}}] = \frac{\pi}{\mathrm{e}}(\sin 1 - \cos 1).$$

(19) 因为 $f(x) = \dfrac{x^2}{(x^2 + 1)(x^2 + 9)}$ 是偶函数, 所以

$$原式 = \frac{1}{2} \int_{-\infty}^{+\infty} \frac{x^2}{(x^2 + 1)(x^2 + 9)}\mathrm{d}x$$

$$= \frac{1}{2} \cdot 2\pi\mathrm{i} \left\{ \mathrm{Res} \left[\frac{z^2}{(z^2 + 1)(z^2 + 9)}, \mathrm{i} \right] + \mathrm{Res} \left[\frac{z^2}{(z^2 + 1)(z^2 + 9)}, 3\mathrm{i} \right] \right\}$$

$$= \pi\mathrm{i} \left[\lim_{z \to \mathrm{i}} \frac{(z - \mathrm{i})z^2}{(z + \mathrm{i})(z - \mathrm{i})(z^2 + 9)} + \lim_{z \to 3\mathrm{i}} \frac{(z - 3\mathrm{i})z^2}{(z^2 + 1)(z - 3\mathrm{i})(z + 3\mathrm{i})} \right] = \frac{\pi}{8}.$$

(20)

$$\int_{-\infty}^{+\infty} \frac{\mathrm{e}^{\mathrm{i}x}}{x^2 + 6x + 10}\mathrm{d}x$$

$$= 2\pi\mathrm{i}\mathrm{Res} \left[\frac{\mathrm{e}^{\mathrm{i}z}}{z^2 + 6z + 10}, -3 + \mathrm{i} \right]$$

$$= 2\pi\mathrm{i} \lim_{z \to -3+\mathrm{i}} \left\{ [z - (-3 + \mathrm{i})] \frac{\mathrm{e}^{\mathrm{i}z}}{[z - (-3 + \mathrm{i})][z - (-3 - \mathrm{i})]} \right\}$$

$$= \pi\mathrm{e}^{-1-3\mathrm{i}} = \pi\mathrm{e}^{-1} (\cos(-3) + \mathrm{i}\sin(-3)),$$

所以, 原式 $= \pi\mathrm{e}^{-1}\cos 3.$

(21) 设 $z = \mathrm{e}^{\mathrm{i}\theta}$, 则 $\sin\theta = \dfrac{1}{2\mathrm{i}}(z - \dfrac{1}{z})$, $\mathrm{d}\theta = \dfrac{\mathrm{d}z}{\mathrm{i}z}$,

$$原式 = \oint_{|z|=1} \frac{1}{-pz^2 + (p^2 + 1)\mathrm{i}z + p}\mathrm{d}z = \oint_{|z|=1} \frac{1}{-p(z - p\mathrm{i})\left(z - \frac{\mathrm{i}}{p}\right)}\mathrm{d}z.$$

因此被积函数的奇点 $p\mathrm{i}, \dfrac{\mathrm{i}}{p}$, 且都是一阶极点, 由于 $0 < p < 1$, 则 $\left| \dfrac{\mathrm{i}}{p} \right| > 1$, 而

$$\mathrm{Res} \left[\frac{1}{-p(z - p\mathrm{i})\left(z - \frac{\mathrm{i}}{p}\right)}, p\mathrm{i} \right] = \lim_{z \to p\mathrm{i}} (z - p\mathrm{i}) \frac{1}{-p(z - p\mathrm{i})\left(z - \frac{\mathrm{i}}{p}\right)} = \frac{-\mathrm{i}}{1 - p^2},$$

$$原式 = 2\pi\mathrm{i}\mathrm{Res}\left[\frac{1}{-p(z-p\mathrm{i})\left(z-\frac{\mathrm{i}}{p}\right)}, p\mathrm{i}\right] = \frac{2\pi}{1-p^2}.$$

(22) 设 $z = \mathrm{e}^{\mathrm{i}\theta}$, 则 $\mathrm{d}\theta = \dfrac{\mathrm{d}z}{\mathrm{i}z}$, $\sin\theta = \dfrac{z^2-1}{2\mathrm{i}z}$, $\cos\theta = \dfrac{z^2+1}{2z}$,

$$原式 = \frac{\mathrm{i}}{2}\oint_{|z|=1}\frac{(z^2-1)^2}{z^2(4z^2+10z+4)}\mathrm{d}z = \frac{\mathrm{i}}{8}\oint_{|z|=1}\frac{(z^2-1)^2}{z^2(z^2+\frac{5}{2}z+1)}\mathrm{d}z.$$

在 $|z| < 1$ 内, $f(z) = \dfrac{(z^2-1)^2}{z^2(z^2+\frac{5}{2}z+1)}$ 有一个二阶极点 $z_1 = 0$ 和一个一阶极点

$z_2 = -\dfrac{1}{2}$, $\mathrm{Res}[f(z),0] = -\dfrac{5}{2}$, $\mathrm{Res}[f(z),-\dfrac{1}{2}] = \dfrac{3}{2}$, 所以,

$$原式 = \frac{\mathrm{i}}{8}2\pi\mathrm{i}\left\{\mathrm{Res}[f(z),0] + \mathrm{Res}\left[f(z),-\frac{1}{2}\right]\right\} = \frac{\pi}{4}.$$

7. **证** 当 n 为非负整数时, $(z-a)^n$ 在整个复平面上解析, 由基本定理知 $\oint_C (z-a)^n\mathrm{d}z = 0$; 当 n 为负整数但不等于 -1 时, 点 a 在 C 的外部, $(z-a)^n$ 在 C 上及内部解析, 由基本定理知 $\oint_C (z-a)^n\mathrm{d}z = 0$; 当 n 为负整数但不等于 -1 时, 点 a 在 C 的内部, $(z-a)^n$ 在 C 解析, 但在内部有唯一奇点, 由高阶导公式知

$$\oint_C (z-a)^n\mathrm{d}z = \frac{2\pi\mathrm{i}}{(-n-1)!}1^{(-n-1)}(a) = 0.$$

第6章

1.伸缩率 $w'(\mathrm{i}) = 2$,旋转角 $\mathrm{Arg}w'(\mathrm{i}) = \dfrac{\pi}{2}$; w 平面上虚轴的正向.

2.在导数不等于0的条件下具有伸缩率和旋转角的不变性; 映射 $w = z^2$ 在 $z = 0$ 处不具有伸缩率和旋转角的不变性.

4.(1)以 $w_1 = -1, w_2 = -\mathrm{i}, w_3 = \mathrm{i}$ 为顶点的三角形;(2)圆域: $|w-\mathrm{i}| \leqslant 1$.

7. 圆心在原点、半径为 R^2、且沿由0到 R^2 的半径有割痕的圆域.

8.(1)$\mathrm{Im}(w) > 1$; (2)$\mathrm{Im}(w) > \mathrm{Re}(w)$; (3) $|w+\mathrm{i}| > 1, \mathrm{Im}w < 0$; (4) $\left|w-\dfrac{1}{2}\right| < \dfrac{1}{2}, \mathrm{Im}w < 0$; (5)$\mathrm{Re}(w) > 0, \left|w-\dfrac{1}{2}\right| > \dfrac{1}{2}, \mathrm{Im}(w) > 0$.

9.(1)$ad - bc > 0$;(2)$ad - bc < 0$.

10.$ad - bc \neq 0, |a| = |c|$.

12.$w = 1 + \mathrm{e}^{\mathrm{i}\varphi}\left(\dfrac{z-\alpha}{1-\bar{\alpha}z}\right), |\alpha| < 1$.

14.$w = \mathrm{e}^{\mathrm{i}\varphi}\left(\dfrac{z-R\alpha}{R-\bar{\alpha}z}\right), |\alpha| < 1$.

15.$(1)w = -\mathrm{i}\dfrac{z-\mathrm{i}}{z+\mathrm{i}}$;$(2)w = \mathrm{i}\dfrac{z-\mathrm{i}}{z+\mathrm{i}}$;$(3)w = \dfrac{3z+\sqrt{5}-2\mathrm{i}}{(\sqrt{5}-2\mathrm{i})z+3}$.

16.$(1)w = \dfrac{2z-1}{z-2}$;$(2)w = \dfrac{\mathrm{i}(2z-1)}{2-z}$;$(3)w = \dfrac{2z-1}{2-z}$;$(4)\dfrac{w-a}{1-\bar{a}w} = \mathrm{e}^{\mathrm{i}\varphi}\left(\dfrac{z-a}{1-\bar{a}z}\right)$.

17.把单位圆$|z| < 1$映射成w平面上的下半平面：$w = \dfrac{(1+\mathrm{i})(z-\mathrm{i})}{(1+z)+3\mathrm{i}(1-z)}$.

18.$w = \mathrm{e}^{\mathrm{i}\theta}\dfrac{z-\bar{\alpha}}{z+\alpha}$,其中$\mathrm{Re}\alpha > 0$,$\theta$为任意实数.

19.伸缩率$f'(-1+\mathrm{i}) = 2\sqrt{2}$,旋转角$\mathrm{Arg}f'(-1+\mathrm{i}) = \dfrac{\pi}{4}$,映射将中心为-2,半径为$\dfrac{1}{2}$的圆周内部缩小,外部放大.

21.映射是一个旋转、伸缩之后再平移的变换.

22.1)$w = \dfrac{(\mathrm{i}+1)(z+1)}{2(\mathrm{i}-1)z+3+2\mathrm{i}}$;2)$w = \dfrac{\mathrm{i}z+3}{(2+\mathrm{i})(z-\mathrm{i})}$.

23.$w = \dfrac{z-\mathrm{i}}{-\mathrm{i}z+1}$,映射将$z$平面的上半平面映射成单位圆$|z| < 1$,将直线$y=$常数映射成经过$w = \mathrm{i}$并与直线正交且位于单位圆内的圆周,将直线$x=$常数映射成经过$w = \mathrm{i}$并与$y=$常数的像曲线正交且位于单位圆内的圆弧.

25.$w = -4\mathrm{i}\dfrac{z-2\mathrm{i}}{z-2(1+2\mathrm{i})}$.

26.$w = \dfrac{(\mathrm{i}-1)z+1}{-z+(1+\mathrm{i})}$.

27.$w = \dfrac{2z-1}{2-z}$.

28.$w = \dfrac{(b-\mathrm{i})z+1-b\mathrm{i}}{z-\mathrm{i}}$.

29.$w = \dfrac{2(\mathrm{i}-1)+(4-\mathrm{i})z}{(4+\mathrm{i})-2(1+\mathrm{i})z}$.

30.$\{w : \arg w < -\dfrac{3\pi}{4}, \arg w > \dfrac{3\pi}{4}\}$.

31.$\{w : \dfrac{2\pi}{3} < \arg w < \pi, |w| < +\infty\}$.

32.$w = \mathrm{e}^{\mathrm{i}a}\dfrac{2z}{z+24}$,$a$为实数,$\rho = \dfrac{2}{3}$.

33.$w = \dfrac{z^3-\mathrm{i}}{z^3+\mathrm{i}}$.

34.$w = \dfrac{1}{2}\left(z+\dfrac{1}{z}\right)$.

35.$w = \sqrt{-\dfrac{z-(1+\mathrm{i})}{z-(2+2\mathrm{i})}}$.

$36. w = \dfrac{(z-\mathrm{i})^3 - (z+\mathrm{i})^3}{(z-\mathrm{i})^3 + (z+\mathrm{i})^3}.$

$37. w = \dfrac{\mathrm{e}^{2\sqrt{2}(1-\mathrm{i})z} - \mathrm{i}}{\mathrm{e}^{2\sqrt{2}(1-\mathrm{i})z} + \mathrm{i}}.$

$38. w = \sin z.$

第7章

1. **解:** 因为$f(-t) = f(t)$,所以$f(t)$是偶函数, 于是

$$\mathcal{F}(\omega) = F[f(t)] = 2F_c(\omega) = 2\int_0^{+\infty} f(t)\cos\omega t\,\mathrm{d}t$$

$$= 2\int_0^1 \cos\omega t\,\mathrm{d}t = \frac{2\sin\omega}{\omega} \ (\text{偶函数}),$$

即 $f(t)$ 的Fourier变换为 $\dfrac{2\sin\omega}{\omega}$, 再由Fourier变换公式

$$f(t) = \mathcal{F}^{-1}[F(\omega)] = \frac{1}{2\pi}\int_{-\infty}^{+\infty} F(\omega)\mathrm{e}^{\mathrm{j}\omega t}\,\mathrm{d}\omega$$

$$= \frac{1}{2\pi}\int_{-\infty}^{+\infty} \frac{2\sin\omega}{\omega}\mathrm{e}^{\mathrm{j}\omega t}\,\mathrm{d}\omega = \frac{2}{\pi}\int_{-\infty}^{+\infty}\frac{\sin\omega}{\omega}\cos\omega t\,\mathrm{d}\omega. \qquad ①$$

注意到 $t_0 = \pm 1$ 为 $f(t)$ 的间断点,并且 $\dfrac{1}{2}\{f(t_0+0) + f(t_0-0)\} = \dfrac{1}{2}$, 由①可得,

$$\frac{2}{\pi}\int_0^{+\infty}\frac{\sin\omega\cos\omega t}{\omega}\mathrm{d}\omega = \begin{cases} 1, & |t| < 1, \\ \frac{1}{2}, & |t| = 1, \\ 0, & |t| > 1. \end{cases}$$

于是, 有

$$\int_0^{+\infty}\frac{\sin\omega\cos\omega t}{\omega}\mathrm{d}\omega = \begin{cases} \frac{\pi}{2}, & |t| < 1, \\ \frac{\pi}{4}, & |t| = 1, \\ 0, & |t| > 1. \end{cases}$$

2. **解:**(1)

$$F(w) = \mathcal{F}[f(t)] = \int_{-\infty}^{+\infty} f(t)\mathrm{e}^{-\mathrm{j}wt}\,\mathrm{d}t = \int_{-\infty}^0 \mathrm{e}^{at}\mathrm{e}^{-\mathrm{j}wt}\,\mathrm{d}t + \int_0^{+\infty}\mathrm{e}^{-at}\mathrm{e}^{-\mathrm{j}wt}\,\mathrm{d}t$$

$$= \int_{-\infty}^0 \mathrm{e}^{(a-\mathrm{j}\omega)t}\,\mathrm{d}t + \int_0^{+\infty}\mathrm{e}^{-(a+\mathrm{j}\omega)t}\,\mathrm{d}t = \frac{\mathrm{e}^{(a-\mathrm{j}\omega)t}}{a-\mathrm{i}\omega}\Big|_{-\infty}^0 + \left[-\frac{\mathrm{e}^{-(a+\mathrm{j}\omega)t}}{a+\mathrm{j}\omega}\right]\Big|_0^{+\infty}$$

$$= \frac{1}{a-\mathrm{j}\omega} + \frac{1}{a+\mathrm{j}\omega} = \frac{2a}{a^2+\omega^2}.$$

(2)

$$\mathcal{F}[f(\omega)] = \int_{-\infty}^{+\infty} f(t)\cdot\mathrm{e}^{-\mathrm{j}wt}\,\mathrm{d}t = \int_{-6\pi}^{6\pi}\sin t\cdot\mathrm{e}^{-\mathrm{j}wt}\,\mathrm{d}t$$

$$= \int_{-6\pi}^{6\pi}\sin t\cdot(\cos\omega t - \mathrm{j}\sin\omega t)\,\mathrm{d}t = -2\mathrm{j}\int_0^{6\pi}\sin t\cdot\sin\omega t\,\mathrm{d}t = \frac{\mathrm{j}\sin 6\pi\omega}{\pi(1-\omega^2)}.$$

3. **解:**

$$\mathcal{F}(\sin w_0 t) = j\pi[\delta(w + w_0) - \delta(w - w_0)],$$

$$\mathcal{F}[f(t)] = \frac{1}{2}\mathcal{F}(\sin 2t) = \frac{1}{2}\pi j\left[\delta(w + 2) - \delta(w - 2)\right].$$

4. **解:**

$$\mathcal{F}[tu(t)] = j\frac{d}{d\omega}\mathcal{F}[u(t)] = j\left[\frac{1}{j\omega} + \pi\delta(\omega)\right]' = -\frac{1}{\omega^2} + \pi j\delta'(\omega),$$

$$\mathcal{F}[e^{j\omega_0 t}tu(t)] = -\frac{1}{(\omega - \omega_0)^2} + \pi j\delta'(\omega - \omega_0).$$

5. **解:** (1) 因为 $\mathcal{F}[u(t)] = \frac{1}{j\omega} + \pi\delta(\omega)$，所以

$$\mathcal{F}[u(t)\sin\omega_0 t] = \frac{1}{2j}\left[\frac{1}{j(\omega - \omega_0)} + \pi\delta(\omega - \omega_0) - \frac{1}{j(\omega + \omega_0)} - \pi\delta(\omega + \omega_0)\right]$$

$$= \frac{\omega_0}{\omega^2 - \omega_0^2} + \frac{1}{2j}[\delta(\omega + \omega_0) - \delta(\omega - \omega_0)].$$

(2) 由于 $\mathcal{F}[u(t)e^{-\beta t}] = \frac{1}{\beta + j\omega}$，$\mathcal{F}[(u(t)e^{-\beta t})'] = \frac{j\omega}{\beta + j\omega}$，所以

$$\mathcal{F}^{-1}\left[\frac{j\omega}{\beta + j\omega}\right] = [u(t)e^{-\beta t}]' = -\beta u(t)e^{-\beta t}.$$

6. **解:** 由 Fourier 余弦变换式 $F_0(w) = \mathcal{F}_C[f(t)] = \int_0^{+\infty} f(t)\cos wt\, dt$ 可知 $f(w)$ 是 $g(t)$ 的 Fourier 余弦变换，从而

$$g(t) = \frac{2}{\pi}\int_0^{+\infty} f(w)\cos wt\, dw = \frac{2}{\pi}\int_0^1 (1 - w)\cos wt\, dw = \frac{2(1 - \cos t)}{\pi t^2}.$$

7. (1)

$$\mathcal{F}[f(t)] = \int_0^{+\infty} te^{-(\beta + j\omega)t}\sin\omega_0 t\, dt = \frac{2\omega_0(\beta + j\omega)}{[\omega_0^2 + (\beta + j\omega)^2]^2}.$$

(2)

$$\mathcal{F}^{-1}[\omega\sin\omega t_0] = \frac{1}{2}[\delta'(t - t_0) - \delta'(t + t_0)].$$

(3)

$$G(\omega) = F(f)(\omega) = \int_{-\infty}^{+\infty} e^{-at}\sin\omega_0 t \cdot u(t) \cdot e^{-j\omega t}\, dt$$

$$= \int_0^{+\infty} e^{-at}\sin\omega_0 t \cdot e^{-j\omega t}\, dt = \int_0^{+\infty} e^{-at} \cdot \frac{e^{j\omega_0 t} - e^{-j\omega_0 t}}{2j} \cdot e^{-j\omega t}\, dt$$

$$= \frac{1}{2j}\int_0^{+\infty} e^{-[a + j(\omega - \omega_0)]t}\, dt - \frac{1}{2j}\int_0^{+\infty} e^{-[a + j(\omega + \omega_0)]t}\, dt$$

$$= \frac{\omega_0}{(a + j\omega)^2 + \omega_0^2}.$$

第8章

1. **解:** (1)
$$\mathcal{L}[\cos 3t] = \frac{s}{s^2 + 9},$$
$$\mathcal{L}[e^{2t} \cos 3t] = \frac{s - 2}{(s - 2)^2 + 9},$$
$$\mathcal{L}[te^{2t} \cos 3t] = (-1)\left[\frac{s - 2}{(s - 2)^2 + 9}\right]' = -\frac{[(s - 2)^2 + 9] - (s - 2) \cdot 2(s - 2)}{[(s - 2)^2 + 9]^2}.$$

(2) 方法1:
$$F(s) = \frac{1}{s^2 + s} = \frac{1}{s} - \frac{1}{s + 1},$$
$$\mathcal{L}^{-1}[F(s)] = \mathcal{L}^{-1}\left[\frac{1}{s}\right] - \mathcal{L}^{-1}\left[\frac{1}{s + 1}\right] = 1 - e^{-t}.$$

方法2: $s_1 = 0, s_2 = 1$ 是 $F(s)$ 的一级极点, 且 $s \to +\infty, F(s) \to 0$, 由Laplace逆变换定理, 得:
$$\mathcal{L}^{-1}[F(s)] = \text{Res}\left[\frac{e^{st}}{s(s + 1)}, 0\right] + \text{Res}\left[\frac{e^{st}}{s(s + 1)}, -1\right]$$
$$= \lim_{s \to 0} s\frac{e^{st}}{s(s + 1)} + \lim_{s \to -1}(s + 1)\frac{e^{st}}{s(s + 1)} = 1 - e^{-t}.$$

2. **解:** (1) 因为 $\mathcal{L}[u(t)] = \frac{1}{s}$, $\mathcal{L}[\sin 2t] = \frac{2}{s^2 + 4}$, 所以
$$\mathcal{L}[tu(t)] = (-1)\left(\frac{1}{s}\right)' = \frac{1}{s^2}, \mathcal{L}[e^{-3t} \sin 2t] = \frac{2}{(s + 3)^2 + 4}.$$
故
$$\mathcal{L}[f(t)] = \mathcal{L}[tu(t)] + \mathcal{L}[e^{-3t} \sin 2t] = \frac{1}{s^2} + \frac{2}{(s + 3)^2 + 4}.$$

(2)
$$F(s) = \frac{2s + 1}{s^2 + s - 2} = \frac{1}{s - 1} + \frac{1}{s + 2}.$$
上式两端同时取Laplace逆变换得:
$$\mathcal{L}^{-1}[F(s)] = \mathcal{L}^{-1}\left[\frac{1}{s - 1}\right] + \mathcal{L}^{-1}\left[\frac{1}{s + 2}\right] = e^t + e^{-2t}.$$

3. **解:** (1)
$$\mathcal{L}[t\cos t] = -\mathcal{L}[(-t)\cos t] = -\{\mathcal{L}[\cos t]\}' = -\left(\frac{s}{s^2 + 1}\right)' = \frac{s^2 - 1}{(s^2 + 1)^2},$$
$$\mathcal{L}[\sin 2t] = \frac{2}{s^2 + 4},$$
从而
$$\mathcal{L}[e^{-3t} \sin 2t] = \frac{2}{(s + 3)^2 + 4},$$

$$\mathcal{L}[f(t)] = \frac{s^2 - 1}{(s^2 + 1)^2} + \frac{2}{(s + 3)^2 + 4}.$$

(2)

$$F(s) = \frac{1}{s - 1} - \frac{1}{s + 3},$$

$$\mathcal{L}^{-1}[F(s)] = \mathcal{L}^{-1}\left[\frac{1}{s-1}\right] - \mathcal{L}^{-1}\left[\frac{1}{s+3}\right] = e^t - e^{-3t}.$$

4. **解:** (1)

$$\mathcal{L}[f(t)] = -\mathcal{L}[(-t)e^{-3t}\sin 2t] = -\{\mathcal{L}[e^{-3t}\sin 2t]\}'$$

$$= -\left[\frac{2}{(s+3)^2 + 4}\right]' = \frac{4(s+3)}{[(s+3)^2 + 4]^2}.$$

(2)

$$F(s) = \frac{2(s+2)+1}{(s+2)^2 + 3^2} = \frac{2(s+2)}{(s+2)^2 + 3^2} + \frac{1}{3}\frac{3}{(s+2)^2 + 3^2},$$

$$f(t) = 2\mathcal{L}^{-1}\left[\frac{(s+2)}{(s+2)^2 + 3^2}\right] + \frac{1}{3}\mathcal{L}^{-1}\left[\frac{3}{(s+2)^2 + 3^2}\right] = 2e^{-2t}\cos 3t + \frac{1}{3}e^{-2t}\sin 3t.$$

(3)

$$\mathcal{L}^{-1}(F(s)) = \mathcal{L}^{-1}\left[\frac{1}{s^2 + 4s + 13}\right] = \frac{1}{3}\mathcal{L}^{-1}\left[\frac{3}{(s+2)^2 + 9}\right] = \frac{1}{3}e^{-2t}\sin 3t$$

5. **解:** (1) 令 $F(s) = \mathcal{L}[f(t)]$, 对方程两边作Laplace变换, 有

$$F(s) = \frac{a}{s^2} + \mathcal{L}[\sin t * f(t)] = \frac{a}{s^2} + \frac{1}{s^2 + 1}F(s),$$

解得 $F(s) = \frac{a}{s^2} + \frac{a}{s^4}$. 从而

$$f(t) = \mathcal{L}^{-1}[F(s)] = \mathcal{L}^{-1}\left[\frac{a}{s^2}\right] + \mathcal{L}^{-1}\left[\frac{a}{s^4}\right] = a\mathcal{L}^{-1}\left[\frac{1}{s^2}\right] + \frac{a}{3!}\mathcal{L}^{-1}\left[\frac{3!}{s^4}\right] = at + \frac{1}{6}at^3.$$

(2) 用Laplace变换求解方程 $f'(t) + 2\int_0^t f(\tau)\mathrm{d}\tau = u(t-1), f(0) = 1$. 设 $F(s) = \mathcal{L}[f(t)]$, 两边取Laplace 变换, $sF(s) - 1 + \frac{2}{s}F(s) = \frac{e^{-s}}{s}$, 解得 $F(s) = \frac{e^{-s} + s}{s^2 + 2}$, 求Laplace逆变换,

$$f(t) = \frac{1}{\sqrt{2}}\mathcal{L}^{-1}\left[e^{-s}\frac{\sqrt{2}}{s^2 + (\sqrt{2})^2}\right] + \mathcal{L}^{-1}\left[\frac{s}{s^2 + (\sqrt{2})^2}\right]$$

$$= \frac{\sqrt{2}}{2}u(t-1)\sin\sqrt{2}(t-1) + \cos\sqrt{2}t.$$

(3) 设 $\mathcal{L}[y(t)] = Y(s)$, 则方程两端同时取Laplace变换得

$$s^2 Y(s) - sy(0) - y'(0) - 2(sY(s) - y(0)) + 2Y(s) = \frac{2(s-1)}{(s-1)^2 + 1},$$

因此
$$Y(s) = \frac{2(s-1)}{\left[(s-1)^2+1\right]^2} = \left[-\frac{1}{(s-1)^2+1}\right]',$$

同时取Laplace逆变换得
$$y(t) = \mathcal{L}^{-1}\left[-\frac{1}{(s-1)^2+1}\right]' = t\mathcal{L}^{-1}\left[\frac{1}{(s-1)^2+1}\right] = te^t\sin t.$$

(4) 两边求Laplace变换, 得: $sF(s) - f(0) + 2 \cdot \frac{s}{s^2+1}F(s) = \frac{s}{s^2+1}$, 从而

$$\frac{s^3+3s}{s^2+1}F(s) = \frac{s}{s^2+1} \quad F(s) = \frac{1}{s^2+3} = \frac{1}{\sqrt{3}}\frac{\sqrt{3}}{s^2+3}.$$

故而
$$f(t) = \frac{1}{\sqrt{3}}\sin\sqrt{3}t.$$

(5) 设 $\begin{cases} L\left[x\left(t\right)\right] = X\left(s\right), \\ L\left[y\left(t\right)\right] = Y\left(s\right), \end{cases}$, 方程组两边取Laplace变换, 得

$$\begin{cases} sX\left(s\right) - x\left(0\right) + 2X\left(s\right) + 2Y\left(s\right) = 10\dfrac{1}{s-2}, \\ -2X\left(s\right) + sY\left(s\right) - y\left(0\right) + Y\left(s\right) = 7\dfrac{1}{s-2}. \end{cases}$$

从而有

$$\begin{cases} (s+2)X\left(s\right) + 2Y\left(s\right) = \dfrac{s+8}{s-2}, \\ -2X\left(s\right) + (s+1)Y\left(s\right) = \dfrac{3s+1}{s-2}. \end{cases}$$

得

$$\begin{cases} X\left(s\right) = \dfrac{1}{s-2}, \\ Y\left(s\right) = \dfrac{3}{s-2}, \end{cases}$$

故有

$$\begin{cases} x\left(t\right) = L^{-1}\left[X\left(s\right)\right] = \mathrm{e}^{2t}. \\ y\left(t\right) = L^{-1}\left[Y\left(s\right)\right] = 3\mathrm{e}^{2t}. \end{cases}$$

(6) 设 $X(s) = \mathcal{L}[x(t)]$, 对方程作Laplace变换得
$$s^2X(s) - 2s - 1 + 4X(s) = 0,$$

所以 $X(s) = \dfrac{2s+1}{s^2+4}$, 取Laplace逆变换得

$$x(t) = \cos 2t + \frac{1}{2}\sin 2t.$$

(7) 设
$$\mathcal{L}[y(t)] = Y(s), \ \mathcal{L}[(y'(t)] = sY(s) - y(0) = sY(s),$$
$$\mathcal{L}[(y''(t)] = s^2Y(s) - sy(0) - y'(0) = s^2Y(s) - 1,$$

方程两边取Laplace变换, 得

$$s^2 \cdot Y(s) - 1 + 2s \cdot Y(s) - 3Y(s) = \frac{1}{s+1},$$

$$Y(s) = \frac{s+2}{(s+1)(s^2+2s-3)} = \frac{s+2}{(s+1)(s-1)(s+3)},$$

$s_1 = -1, s_2 = 1, s_3 = -3$ 为 $Y(s)$ 的三个一级极点, 则

$$
\begin{aligned}
y(t) =& \mathcal{L}^{-1}[Y(s)] = \sum_{k=1}^{3} \operatorname{Res}[Y(s) \cdot e^{st}, s_k] \\
=& \operatorname{Res}\left[\frac{(s+2) \cdot e^{st}}{(s+1)(s-1)(s+3)}, -1\right] + \operatorname{Res}\left[\frac{(s+2) \cdot e^{st}}{(s+1)(s-1)(s+3)}, 1\right] \\
& + \operatorname{Res}\left[\frac{(s+2) \cdot e^{st}}{(s+1)(s-1)(s+3)}, -3\right] \\
=& -\frac{1}{4}e^{-t} + \frac{3}{8}e^{t} - \frac{1}{8}e^{-3t}.
\end{aligned}
$$

(8) 原方程两边取 Laplace 变换, 得

$$s^2 Y(s) - sy(0) - y'(0) + 4[sY(s) - y(0)] + 3Y(s) = \frac{1}{s+1},$$

将 $y(0) = y'(0) = 1$ 带入得:

$$Y(s) = \frac{s^2+6s+6}{(s+1)^2(s+3)} = \frac{7}{4(s+1)} + \frac{1}{2(s+1)^2} - \frac{3}{4(s+3)}.$$

求Laplace逆变换得原方程的解为

$$y(t) = \left(\frac{7}{4} + \frac{1}{2}t\right)e^{-t} - \frac{3}{4}e^{-3t}.$$

参考文献

[1]钟玉泉.复变函数论[M].5版.北京：高等教育出版社，2021.

[2]郝志峰.复变函数与积分变换[M].北京：北京大学出版社，2019.

[3]盖云英，邢宇明.复变函数与积分变换.北京：科学出版社，2007.

[4]余家荣.复变函数[M].5版.北京：高等教育出版社，2014.

[5]张元林.积分变换[M].5版.北京：高等教育出版社，2019.